Télécommunications par faisceau hertzien

Tour hertzienne de Télécommunications de CHENNEVIERES

Haute de 122 m, cette tour nodale, mise en service en 1975, est la plus importante de France. Située dans le département du Val-de-Marne, c'est l'une des trois grandes stations hertziennes de Télécommunications desservant la région parisienne. Les principales liaisons y aboutissant, d'une capacité potentielle de 50 000 communications téléphoniques chacune, relient Paris à Reims, Nancy, Dijon, Lyon, Troyes, Limoges, Orléans, Rouen.

(Cliché CNET)

Collection Technique et Scientifique des Télécommunications

Télécommunications par faisceau hertzien

MARC MATHIEU

Ancien élève de l'École Polytechnique
et de l'Ecole Nationale Supérieure des Télécommunications

Ingénieur des Télécommunications
à la Direction des Télécommunications du Réseau National

Préface de
J. VERRÉE
Ingénieur général des Télécommunications

dunod

DANS LA COLLECTION TECHNIQUE ET SCIENTIFIQUE DES TÉLÉCOMMUNICATIONS

Téléinformatique, sous la direction de C. Macchi et J.-F. Guilbert (Dunod)

Télécommunications par faisceau hertzien, par M. Mathieu (Dunod)

De la logique câblée aux microprocesseurs, par J. Hugon, J.-M. Bernard et R. Le Corvec (4 tomes) (Eyrolles)

Stéréophonie, cours de relief sonore théorique et appliqué, par R. Condamines (Masson)

Les réseaux pensants, Télécommunications et société, sous la direction de A. Giraud, J.-L. Missika, D. Wolton (Masson)

© BORDAS et C.N.E.T.-E.N.S.T., Paris, 1979 – 0116790301
ISBN 2-04-010493-3

" Toute représentation ou reproduction, intégrale ou partielle, faite sans le consentement de l'auteur, ou de ses ayants-droit, ou ayants-cause, est illicite (loi du 11 mars 1957, alinéa 1er de l'article 40). Cette représentation ou reproduction, par quelque procédé que ce soit, constituerait une contrefaçon sanctionnée par les articles 425 et suivants du Code pénal. La loi du 11 mars 1957 n'autorise, aux termes des alinéas 2 et 3 de l'article 41, que les copies ou reproductions strictement réservées à l'usage privé du copiste et non destinées à une utilisation collective d'une part, et, d'autre part, que les analyses et les courtes citations dans un but d'exemple et d'illustration "

Préface

Les livres français sur les faisceaux hertziens sont rares. Les ouvrages précédents de L. J. Libois ou de J. Fagot et P. Magne remontent à une vingtaine d'années : c'est dire combien a été profond le sous-développement des Télécommunications en France à partir de cette époque, sous-développement spécialement marqué en ce qui concerne les faisceaux hertziens.

Il y a vingt ans, un canal de faisceaux hertziens permettait de transmettre quelques centaines de voies téléphoniques ou un signal de télévision en noir et blanc ; les systèmes étaient établis principalement dans la bande des 4 GHz, avec quelques systèmes légers à 7 GHz et les matériels étaient entièrement équipés de tubes électroniques avec les lourdes contraintes d'exploitation et de maintenance qui en résultaient.

Le lancement en 1962 des études en vue de la réalisation d'un système hertzien à 1 800 voies de niveau international constituait pour l'époque un véritable acte de foi.

De cet effort devait résulter la naissance de la génération des systèmes hertziens entièrement transistorisés et des systèmes à grande capacité, dont l'emploi est aujourd'hui généralisé et qui ont permis la résurrection remarquable du réseau hertzien français des Télécommunications dont les bases ont été jetées il y a à peine dix ans.

Aujourd'hui les faisceaux hertziens sont établis dans diverses gammes de fréquences entre 2 à 15 GHz pour des capacités allant jusqu'à 2 700 voies par canal, ainsi que pour des signaux numériques dont le débit s'élève à plusieurs dizaines de Mégabits par seconde ; les études pour le développement d'un système hertzien à 11 GHz/140 Mbits/s sont en cours et des études préliminaires ont lieu en vue de l'emploi ultérieur de la bande des 18 GHz, ainsi que de fréquences encore plus élevées.

Le contexte dans lequel le présent ouvrage a été établi est donc radicalement différent de celui des deux ouvrages signalés ci-dessus, par la variété et la richesse des systèmes hertziens disponibles ou en préparation.

Une autre particularité importante distingue cet ouvrage de ses prédécesseurs : contrairement à ceux-ci, il n'est pas dû à des ingénieurs engagés dans les études de laboratoires ou dans les travaux de développement technique ou industriel des systèmes hertziens ; il est dû à un Ingénieur des Télécommunications, principalement utilisateur des matériels : M. Mathieu a en effet la charge à la Direction des Télécommunications du Réseau National des diverses activités liées à la mise en œuvre des faisceaux hertziens pour l'équipement du réseau.

Ce livre aborde donc les faisceaux hertziens sous un angle essentiellement pratique, en rassemblant les principales notions couvrant le vaste domaine actuel des faisceaux hertziens et nécessaires à l'ingénieur ou au technicien qui désirent utiliser avec succès ce moyen de transmission. Bien qu'il ne prétende pas traiter à fond tous les problèmes théoriques qui se posent dans la technique des faisceaux hertziens, pour lesquels les livres précédents conservent leur mérite, ce livre donne plusieurs aperçus théoriques utiles à la compréhension du sujet et il convient de signaler l'effort accompli par M. Mathieu à cet égard ; de plus, une importante bibliographie complète heureusement son livre sur ce point.

En revanche, l'utilisateur de faisceaux hertziens y trouvera un grand nombre d'informations directement utilisables, éclairées par des applications numériques nombreuses, permettant de situer les conditions techniques du bon fonctionnement des faisceaux hertziens et leurs possibilités d'emploi dans le réseau ; le découpage adopté en chapitres indépendants facilitera grandement la consultation de l'ouvrage par le lecteur.

Il convient de signaler que sont traités ici des problèmes qui étaient encore peu considérés il y a seulement quelques années et qui sont devenus d'actualité par suite de la croissance rapide du réseau hertzien : on peut citer à ce propos le calcul des perturbations entre systèmes et l'étude générale concernant les brouillages, dont l'acuité croît au fur et à mesure que le réseau devient plus dense ; il en est de même pour les considérations sur l'emploi des fréquences élevées, qui autorisent la constitution de relais passifs avec des réflecteurs de dimensions modérées mais pour lesquelles la réalisation des systèmes hertziens devient plus difficile.

Une place importante est faite à l'étude des problèmes posés par la réalisation des faisceaux hertziens à modulation numérique ; le développement des multiplex téléphoniques MIC et de la commutation temporelle, ainsi que la numérisation en cours de tous les signaux, y compris les signaux d'image, imposent cette évolution. Des chapitres sont donc consacrés aux techniques de modulation numériques ainsi qu'aux questions de qualité dans les systèmes numériques, aperçus sur des problèmes qui sont en pleine évolution.

On peut noter ici l'importance nouvelle que prend la linéarité en amplitude des divers éléments constitutifs de la chaîne hertzienne numérique. Après plus de 30 années de règne quasi-exclusif de la modulation de fréquence sur les faisceaux hertziens, l'avènement des techniques numériques renouvelle donc le champ des études techniques, la maîtrise des problèmes de linéarité conditionnant la mise en service des procédés de modulation à grand nombre d'états significatifs et à haute efficacité spectrale indispensables au développement des faisceaux hertziens numériques.

La consultation du livre de M. Mathieu permettra donc au plus grand nombre d'acquérir une connaissance pratique suffisamment étendue pour mettre en œuvre avec succès les faisceaux hertziens modernes. Ce livre est en fait le reflet d'une situation nouvelle — la technique des faisceaux hertziens n'est plus comme par le passé le domaine un peu à part de quelques spécialistes isolés et obstinés ; elle doit être désormais à la portée de tous ceux qui ont des responsabilités dans l'équipement et l'exploitation des divers niveaux du réseau des Télécommunications et être considérée par eux comme une solution attrayante et efficace à leurs problèmes.

Par l'exposé accessible qu'il en fait, le livre de M. Mathieu ne manquera pas d'y contribuer.

J. VERRÉE

Ingénieur général des Télécommunications.

Avant-propos

Ce livre a pour base le cours de Faisceaux Hertziens enseigné à l'Ecole Nationale Supérieure des Télécommunications. Destiné d'abord aux élèves de cette école, il s'adresse aussi aux ingénieurs en activité qui doivent étudier, équiper ou exploiter des liaisons hertziennes. C'est à l'attention de ces derniers que sont rappelées certaines connaissances de base concernant la modulation analogique et numérique et la propagation des ondes.

Ecrit dans un but essentiellement pratique — celui de donner à l'ingénieur les outils lui permettant de construire une liaison — ce livre contient peu de développements théoriques. Par contre, les exemples numériques et les examens de cas concrets y sont nombreux, voire redondants.

Les chapitres de ce livre peuvent être lus de façon indépendante les uns des autres ce qui devrait en faciliter la consultation.

Remerciements

Je tiens tout particulièrement à remercier M. Thué, ingénieur général au Centre National d'Etudes des Télécommunications, qui a relu l'ensemble de cet ouvrage et dont les remarques m'ont été fort précieuses. Je remercie aussi M. Boithias, ingénieur en chef au CNET, qui m'a conseillé pour les chapitres concernant les antennes et la propagation, M. Chatain, ingénieur en chef au CNET, dont la connaissance de la technique hertzienne m'a beaucoup servi, et M. Lombard, ingénieur au CNET, qui a relu le chapitre consacré à la modulation numérique.

Ce livre doit beaucoup à l'expérience des spécialistes du département Faisceaux Hertziens de la Direction des Télécommunications du Réseau National, et en particulier à M. Lamy de La Chapelle, ingénieur en chef, à M. Danflous, ingénieur, et à M. Lebœuf, inspecteur principal.

Je remercie M. du Mesnil, ingénieur général, directeur des Télécommunications du Réseau National, sous l'autorité duquel ont été conduits les travaux qui ont permis la rédaction de cet ouvrage.

Je suis reconnaissant à M. Verrée, ingénieur général à la Direction Générale des Télécommunications, d'avoir relu l'ouvrage et de m'avoir fait l'honneur d'en rédiger la préface.

Marc MATHIEU.

Table des matières

Chap. 1. — **Présentation des faisceaux hertziens** 1

1re partie : **LA MODULATION**

Chap. 2. — **Modulation et démodulation pour les faisceaux hertziens analogiques**.

1. *La modulation* ....
    1.1. Choix du type de modulation 8
    1.2. Modulation de fréquence et modulation de phase 9
2. *Rappel sur les signaux modulants* 11
    2.1. Multiplex téléphonique analogique 11
    2.2. Signal de télévision 12
3. *Modulation par un signal multiplex ou un signal de télévision* 15
    3.1. Spectre de la porteuse modulée 15
    3.2. Application au multiplex analogique 15
    3.3. Application au signal vidéo 16
    3.4. Choix des principaux paramètres de la modulation 16
        3.4.1. Fréquence à moduler 16
        3.4.2. Excursion de fréquence 17
4. *Structure des modulateurs et démodulateurs* 18
    4.1. Modulateurs 18
    4.2. Démodulateurs 19
5. *Démodulation en présence de bruit* 20
    5.1. Rappels de théorie du signal 20
    5.2. Calcul du bruit après démodulation 22
    5.3. Seuil de fonctionnement 24

Chap. 3. — **Modulation et démodulation pour les faisceaux hertziens numériques**.. 32

1. *Présentation* 32
2. *Modulation par déplacement de phase* 33
    2.1. Cohérence de la modulation 33
    2.2. Modulation à deux états avec codage direct 34
    2.3. Modulation à deux états avec codage par transition 35

	2.4.	Modulation à 4 états avec codage direct	36
	2.5.	Modulation à 4 états avec codage par transition	38
3.	Démodulation — Régénération — Décodage	39
	3.1.	Démodulation cohérente	39
		3.1.1. Cas de la modulation à 2 états	39
		3.1.2. Cas de la modulation à 4 états	40
	3.2.	Démodulation différentielle	41
		3.2.1. Cas de la modulation à 2 états	41
		3.2.2. Cas de la modulation à 4 états	42
	3.3.	Régénération	43
	3.4.	Décodage	44
4.	Constitution de la chaîne de transmission	45
5.	Occupation spectrale	46
6.	Démodulation en présence de bruit et de distorsions	47
	6.1.	Influence du bruit thermique	47
	6.2.	Influence des distorsions	49
7.	Evolution de la modulation numérique	49

Annexe 1 : 51

Annexe 2 : *Taux d'erreur en modulation numérique. Démodulation cohérente* 52

1.	Introduction	52
2.	Représentation vectorielle des signaux émis et du bruit	52
3.	Réductibilité	53
4.	Régions de décision	54
5.	Modulations numériques à deux états	54

Taux d'erreur en modulation par déplacement de phase à deux états. — Démodulation différentielle 59

1.	Position du problème. Régions de décision	59
2.	Taux d'erreur	60

2e partie : LES FRÉQUENCES PORTEUSES

Chap. 4. — **Plans de fréquence** 64

1.	*Domaine de fonctionnement des faisceaux hertziens*		64
2.	*Etablissement des plans de fréquences*		65
	2.1.	Fréquences nécessaires à la transmission bilatérale d'un signal	65
	2.2.	Transmission simultanée de plusieurs signaux	68
		2.2.1. Espacement minimal de canaux adjacents	68
		2.2.2. Demi-bandes	69
		2.2.3. Choix précis des fréquences porteuses	71
	2.3.	Exemples de plans de fréquences	72
		2.3.1. Bande 5,9-6,4 GHz	72
		2.3.2. Bande 12,75-13,25 GHz	72
	2.4.	Indice d'occupation d'un plan de fréquences	73
3.	*Utilisation des fréquences sur un territoire donné*		73

Table des matières

Chap. 5. — Propagation en espace libre ... 77

1. Rappels : *Gain et aire équivalente d'une antenne* ... 77
   - 1.1. Gain à l'émission et diagramme de directivité ... 77
     - 1.1.1. Définition du gain ... 77
   - 1.2. Aire équivalente à la réception ... 78
   - 1.3. Relation entre le gain et l'aire équivalente ... 79
2. *Bilan énergétique d'un bond sans relais passif* ... 79
   - 2.1. Calcul de la puissance reçue ... 79
   - 2.2. Exemple ... 80
3. *Bond avec relais passif* ... 81
   - 3.1. Calcul de la puissance reçue ... 81
   - 3.2. Domaine d'emploi des passifs ... 82
   - 3.3. Exemple de calcul ... 83
4. *Calcul de puissance perturbatrice reçue en espace libre* ... 83
   - 4.1. Types de brouillages ... 83
   - 4.2. Perturbateur et perturbé sont sur la même polarisation ... 84
   - 4.3. Perturbateur et perturbé sont sur des polarisations différentes ... 84
   - 4.4. Cas particulier du point nodal ... 85

Chap. 6. — Propagation des ondes centimétriques en visibilité ... 87

1. *Influence de l'atmosphère* ... 88
   - 1.1. La réfraction ... 88
     - 1.1.1. Courbure des rayons ... 88
     - 1.1.2. Atmosphère de gradient normal ... 90
     - 1.1.3. Terre fictive ... 90
     - 1.1.4. Variation apparente d'altitude des obstacles ... 91
     - 1.1.5. Propagation guidée ... 92
   - 1.2. Réflexions partielles ... 94
     - 1.2.1. Evanouissements dus aux trajets multiples dans l'atmosphère ... 94
     - 1.2.2. Sélectivité des évanouissements dus aux trajets multiples ... 96
     - 1.2.3. Techniques de diversité ... 97
   - 1.3. Absorption ... 98
     - 1.3.1. Absorption par les gaz de l'atmosphère ... 98
     - 1.3.2. Atténuation par les hydrométéores ... 101
2. *Influence de la terre* ... 103
   - 2.1. La diffraction ... 103
     - 2.1.1. Présentation ... 103
     - 2.1.2. Règles de dégagement ... 103
     - 2.1.3. Cas de l'obstruction du trajet ... 106
   - 2.2. Les réflexions sur le sol ... 108
     - 2.2.1. Analyse du phénomène ... 108
     - 2.2.2. Effet des réflexions sur la puissance reçue ... 110
3. *Conclusion* ... 113
   - 3.1. Lois de dégagement ... 113
   - 3.2. Absence de réflexions stables ... 113
   - 3.3. Loi de répartition des évanouissements dus aux trajets multiples ... 113
   - 3.4. Atténuation due à la pluie ... 114

Annexe 1 : *La diffraction* 114
  1. Principe de Huygens-Fresnel 114
  2. Eclairement par une source ponctuelle en présence d'un obstacle 115

Annexe 2 : *Statistiques de propagation* 118

3ᵉ partie : LES ÉQUIPEMENTS

Chap. 7. — **Emetteurs-récepteurs. Liaison entre les émetteurs-récepteurs et les antennes** 123

1. *Emetteurs-récepteurs* 124
   1.1. Fonctions principales 124
   1.2. Emetteurs-récepteurs à amplification directe 124
   1.3. Emetteurs-récepteurs à transposition en fréquence intermédiaire ... 128
      1.3.1. Emetteur 128
         1.3.1.1. Schéma général 128
         1.3.1.2. L'amplificateur pour mélangeur d'émission 129
         1.3.1.3. Le mélangeur d'émission 129
         1.3.1.4. L'oscillateur local d'émission 130
         1.3.1.5. L'amplificateur en hyperfréquence 131
      1.3.2. Récepteur 131
         1.3.2.1. Schéma général 131
         1.3.2.2. Le mélangeur de réception 132
         1.3.2.3. L'oscillateur local de réception 132
         1.3.2.4. Le préamplificateur en fréquence intermédiaire 133
         1.3.2.5. L'amplificateur en fréquence intermédiaire 133
         1.3.2.6. Filtrages en F.I. 133
         1.3.2.7. Correcteur de temps de propagation de groupe (CTPG) 133
   1.4. Fonctions annexes des émetteurs-récepteurs 134
      1.4.1. Fonctions annexes de l'émetteur 134
      1.4.2. Fonctions annexes du récepteur 134

2. *Liaison entre les émetteurs-récepteurs et les antennes* 135
   2.1. Branchements 135
   2.2. Lignes de transmission 139
      2.2.1. Guides d'onde 140
      2.2.2. Câbles coaxiaux 141
      2.2.3. Lignes de longueur réduite 141

Chap. 8. — **Antennes** 143

1. *Propriétés des ouvertures équiphases planes* 143
   1.1. Gain. Diagramme de rayonnement 143
   1.2. Formation du rayonnement d'une ouverture équiphase 145

2. *Antennes constituées par des ouvertures rayonnantes* 146
   2.1. Cornet rayonnant 146
   2.2. Antennes à réflecteurs 148
      2.2.1. Structure 148
      2.2.2. Rendement-Gain 152

	2.2.3.	Diagrammes de rayonnement	153
	2.2.4.	Adaptation	157
3.	*Réflecteurs plans*	158
	3.1.	Réflecteurs en champ proche	158
	3.2.	Réflecteur en champ lointain (relais passif)	161

Chap. 9. — **Systèmes auxiliaires** 164

1.	*Les informations de service*	164
	1.1. Catégories d'informations de service	164
	1.2. Caractéristiques des informations de service	165
	1.3. Transmission des informations de service	165
	1.3.1. Transmission indépendante de la liaison principale	165
	1.3.1.1. Transmission sur câble	165
	1.3.1.2. Faisceau hertzien auxiliaire	167
	1.3.2. Transmission sur la liaison principale	167
	1.3.2.1. Transmission en sous-bande de base	167
	1.3.2.2. Transmission en sur-bande de base	168
	1.3.2.3. Exemples d'autres solutions	168
2.	*Commutation de canaux*	168
	2.1. Présentation	168
	2.2. Nombre de canaux commutés	169
	2.3. Critère de commutation	169
	2.3.1. Multiplex analogiques de téléphonie	169
	2.3.2. Signal analogique de télévision	169
	2.3.3. Signaux numériques	170
	2.4. Point de commutation	170
	2.4.1. Commutation en bande de base	170
	2.4.2. Commutation en fréquence intermédiaire	170
	2.5. Séquence de commutation	172
	2.6. Exemple de structure de commutation	172

4e partie : QUALITÉ DES LIAISONS

Chap. 10. — **Faisceaux hertziens analogiques. Le bruit thermique** 176

1.	*Bruit thermique avant démodulation pour une liaison en un bond*	176
	1.1. Bruit capté par l'antenne	176
	1.2. Bruit à l'entrée du récepteur	180
	1.3. Bruit à l'entrée du démodulateur	181
2.	*Bruit thermique avant démodulation pour une liaison en plusieurs bonds*	182
3.	*Rapport signal/bruit en téléphonie*	184
	3.1. Calcul du rapport signal/bruit après démodulation	184
	3.2. Corrections	186
	3.2.1. Pondération psophométrique	186
	3.2.2. Préaccentuation-désaccentuation	187
	3.3. Bilan et méthodes pratiques de calcul	191
	3.4. Influence de la propagation	193

4. *Rapport signal/bruit en télévision* 196
   4.1. Calcul du rapport signal/bruit après démodulation 196
   4.2. Corrections 197
      4.2.1. Pondération vidéométrique 197
      4.2.2. Préaccentuation 198
      4.2.3. Effet cumulé de la pondération et de l'accentuation 199
   4.3. Bilan et méthodes pratiques de calcul 202
   4.4. Influence de la propagation 203
5. *Bruits des équipements en téléphonie et télévision* 203

Chap. 11. — **Distorsions des signaux analogiques** 205

1. *Etude générale* 205
   1.1. Transmission sans distorsions 205
   1.2. Transmission avec distorsions 207
2. *Les distorsions en téléphonie* 209
   2.1. Distorsion linéaire entre accès en bande de base 209
   2.2. Types de distorsions non linéaires 209
   2.3. Distorsions non linéaires de première espèce 210
   2.4. Distorsions non linéaires de deuxième espèce 212
      2.4.1. Effet des non-linéarités en amplitude 212
      2.4.2. Variations de gain et distorsion de phase 213
   2.5. Méthode pratique d'évaluation des distorsions 218
3. *Les distorsions en télévision* 219
   3.1. Classification des distorsions 219
   3.2. Distorsions linéaires 220
      3.2.1. Distorsion gain/fréquence 220
      3.2.2. Distortion de temps de propagation de groupe entre accès vidéo .. 221
      3.2.3. Distorsions du signal de luminance 221
      3.2.4. Distorsions du signal de chrominance 223
      3.2.5. Inégalité luminance-chrominance 223
   3.3. Distorsions non linéaires 224
      3.3.1. Distorsion d'amplitude du signal de luminance 225
      3.3.2. Distorsion d'amplitude et de phase du signal de chrominance .. 226
      3.3.3. Gain différentiel et phase différentielle 226
      3.3.4. Intermodulation du signal de chrominance sur le signal de luminance . 226
      3.3.5. Distorsions du signal de synchronisation 227
   3.4. Conclusion 227

Annexe : *Calcul du bruit dû aux distorsions d'un multiplex analogique de téléphonie* . 228
   1. Rappels mathématiques 228
   2. Distorsions de première espèce 229
   3. Distorsions de deuxième espèce 230

Chap. 12. — **Brouillage d'un faisceau hertzien analogique** 235

1. *Démodulation en présence d'un signal perturbateur* 235
   1.1. Position du problème 235

Table des matières

1.2. Calculs généraux	236
1.3. Rapport signal sur bruit dans les voies téléphoniques	237
1.4. Examen des cas courants	239
1.4.1. Perturbé non modulé. Perturbateur modulé	239
1.4.2. Perturbé modulé. Perturbateur non modulé	240
1.4.3. Perturbateur et perturbé modulés et de même type	242
1.4.4. Emploi de la dispersion d'énergie	242
1.5. Méthode pratique de calcul du bruit dans les voies téléphoniques	242
1.6. Effet de coupure	243
2. *Effet des brouillages sur la qualité d'une liaison*	244
2.1. Catégories de perturbateurs	244
2.1.1. Perturbateurs internes	244
2.1.2. Perturbateurs externes	246
2.2. Variation du bruit en fonction des conditions de propagation	247
2.2.1. Bruit dans les conditions normales	247
2.2.2. Bruit non dépassé pendant plus de 20 % du temps	247
2.2.3. Dépassement du bruit de 47 500 pWp	247
2.2.4. Coupure de la liaison	248
3. *Exemples*	249
3.1. Données	249
3.2. Bruit au niveau nominal	250
3.3. Bruit total non dépassé pendant plus de 20 % du temps	251
3.4. Valeur des seuils de coupure	251
3.5. Dépassement des 47 500 pWp	251
3.6. Remarque	252
Annexe : *Calculs de brouillages en l'absence de visibilité*	252
Chap. 13. — Qualité des liaisons analogiques	263
1. *Présentation générale*	263
1.1. Définition des paramètres de qualité	263
1.2. Niveau du signal après démodulation	264
1.3. Bruits et distorsions en téléphonie	264
1.4. Bruits et distorsions en télévision	265
1.5. Indisponibilité des liaisons	265
2. *Qualité d'une liaison de téléphonie*	266
2.1. Circuit de référence et liaisons réelles	266
2.2. Objectifs de qualité concernant les niveaux	267
2.3. Objectifs de qualité concernant le bruit	267
2.4. Méthode de calcul et exemple	269
2.4.1. Bruit total	269
2.4.2. Bruit non dépassé pendant plus de 20 % du mois le plus favorisé	270
2.4.3. Fraction du temps pendant laquelle le bruit de 47 500 pWp est dépassé	270
2.4.4. Amélioration due à la commutation	271
2.4.5. Exemple	271
2.5. Longueur optimale des bonds hertziens	272

2.6.	Influence de la fréquence d'émission sur la qualité	277
2.7.	Choix de la puissance d'émission et de l'excursion de fréquence	279

3. Qualité d'une liaison de télévision ... 281
   3.1. Circuit fictif de référence et liaisons réelles ... 281
   3.2. Objectifs de qualité concernant les niveaux ... 281
   3.3. Objectifs de qualité du CCIR concernant le bruit ... 281
   3.4. Objectifs de qualité du CCIR concernant les distorsions ... 282
   3.5. Méthode de calcul et exemple ... 283
      3.5.1. Méthode ... 283
      3.5.2. Exemple ... 283
   3.6. Longueur optimale des bonds hertziens ... 284
   3.7. Influence de la fréquence d'émission sur la qualité ... 285
   3.8. Utilisation d'une même liaison à la fois en téléphonie et en télévision ... 285

Chap. 14. — Qualité des liaisons numériques ... 286

1. *Structure des liaisons numériques* ... 286
2. *Qualité d'une liaison numérique* ... 287
   2.1. Qualité d'un signal numérique ... 287
   2.2. Définition de la qualité d'une liaison numérique ... 288
   2.3. Méthode de calcul de la qualité ... 289
   2.4. Brouillage d'une liaison numérique ... 290
   2.5. Longueur optimale des bonds et domaine d'emploi des liaisons numériques ... 291

Chap. 15. — Mesures ... 293

1. *Mesures communes à tous les systèmes* ... 293
   1.1. Mesures relatives aux antennes ... 293
      1.1.1. Caractéristiques radioélectriques ... 293
      1.1.2. Caractéristiques mécaniques ... 293
   1.2. Mesures relatives aux lignes en hyperfréquence ... 294
   1.3. Mesures sur les alimentations ... 294
   1.4. Mesures en hyperfréquence ... 295
      1.4.1. Puissance d'émission ... 295
      1.4.2. Affaiblissement de propagation ... 295
      1.4.3. Facteur de bruit du récepteur ... 296
   1.5. Mesures en fréquence intermédiaire ... 297
      1.5.1. Coefficients de réflexion ... 297
      1.5.2. Réponse en amplitude ... 297
      1.5.3. Distorsion de temps de propagation de groupe en fréquence intermédiaire ... 297
2. *Mesures spécifiques aux systèmes analogiques de téléphonie* ... 299
   2.1.—Mesures en fréquence intermédiaire ... 299
      2.1.1. Excursion de fréquence du modulateur ... 299
      2.1.2. Mesure de la non-linéarité entre accès en fréquence intermédiaire ... 300
      2.1.3. Mesure de la non-linéarité du modulateur ... 301
      2.1.4. Mesure de la non-linéarité du démodulateur ... 301

	2.2.	Mesures entre accès en bande de base	301
		2.2.1. Niveau et réponse en fréquence	301
		2.2.2. Mesure des parasites récurrents	301
		2.2.3. Mesure du bruit thermique	301
		2.2.4. Mesure du bruit total (thermique + intermodulation)	303
		2.2.5. Mesure de bruit en exploitation	304
3.	*Mesures spécifiques à la transmission télévisuelle*		305
	3.1.	Mesures en fréquence intermédiaire	305
		3.1.1. Mesure de l'excursion de fréquence du modulateur	305
		3.1.2. Non-linéarité entre accès en fréquence intermédiaire	305
	3.2.	Mesures entre accès vidéo	305
		3.2.1. Distorsion de temps de propagation de groupe	305
		3.2.2. Bruit erratique pondéré	305
		3.2.3. Mesures effectuées à l'aide de signaux d'essai	306
4.	*Mesures spécifiques aux systèmes numériques*		306
	4.1.	Mesure du taux d'erreurs	306
	4.2.	Mesure de la marge au seuil	306
Index			307

Chapitre 1

Présentation des faisceaux hertziens

On appelle faisceaux hertziens les supports de transmission utilisant les ondes radioélectriques de fréquence élevée pour établir des liaisons point-à-point.

A l'exception de quelques systèmes fonctionnant dans les bandes 70-80 MHz et 400-470 MHz, les faisceaux hertziens utilisent des fréquences supérieures à 2 GHz environ.

D'après leurs caractéristiques radioélectriques on peut classer les faisceaux hertziens en deux catégories : les faisceaux hertziens fonctionnant en visibilité directe et les faisceaux hertziens transhorizon.

On appelle liaison en visibilité une liaison dans laquelle le trajet entre antennes d'émission et de réception est suffisamment dégagé de tout obstacle pour que les phénomènes de diffraction sur le sol soient négligeables.

Les faisceaux hertziens transhorizon utilisent la diffusion et la diffraction des ondes électromagnétiques dans les zones turbulentes de la troposphère pour établir la liaison entre les antennes, conformément au schéma 1.1.

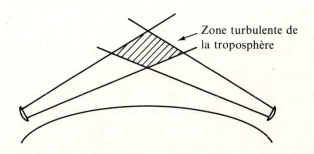

Fig. 1.1. Liaison transhorizon.

Cet ouvrage se limite à l'étude des faisceaux hertziens en visibilité directe — ce sont les plus répandus. On trouvera une étude complète des faisceaux hertziens transhorizon dans le livre de Du Castel (référence bibliographique (1.5)).

Un grand nombre de résultats exposés ici sont applicables à l'étude des liaisons du service fixe par satellites : elles utilisent en effet une technique voisine de celle des faisceaux hertziens en visibilité. On pourra en trouver une étude complète dans le livre de J. Pares et V. Toscer (référence bibliographique (1.4)).

Si on examine le type de modulation, on peut classer les faisceaux hertziens en deux catégories : les faisceaux hertziens analogiques et les faisceaux hertziens numériques.

Les faisceaux hertziens analogiques sont utilisés principalement pour transmettre :

— des multiplex analogiques de téléphonie (pouvant comporter du télex ou des transmissions de données à faible et moyenne vitesse) dont la capacité va de quelques voies téléphoniques à 2 700 voies téléphoniques ;

— des images de télévision et les voies de son qui leur sont associées.

Les faisceaux hertziens numériques acheminent principalement :

— des multiplex numériques de téléphonie, dont le débit va de 2 Mbits/s à 140 Mbits/s (dans l'état actuel de la technique) ;

— des transmissions de données à grande vitesse ;

— du visiophone et de la télévision codée.

La structure d'une liaison est imposée par la nature même du système : utilisant des ondes radioélectriques, une liaison doit comporter dans chaque sens de transmission un émetteur, un récepteur, des antennes, ainsi qu'un modulateur et un démodulateur conformément au schéma 1.2.

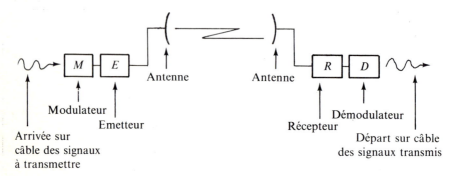

Fig. 1.2. Structure d'une liaison unilatérale.

Les fonctions de ces divers éléments, étudiées dans le cadre de cet ouvrage, sont les suivantes :

— *modulateur* : il modifie les caractéristiques d'une onde électromagnétique pour lui faire porter l'information à transmettre. Le *démodulateur* effectue l'opération inverse : aux distorsions et au bruit près, il fournit un signal identique à celui qui a été appliqué au modulateur. La modulation analogique est étudiée au chapitre 2, et la modulation numérique au chapitre 3 ;

— *émetteur* : à partir du signal fourni par le modulateur, il élabore une onde de puissance et de fréquence telle qu'elle puisse véhiculer l'information à travers l'atmosphère (cf. chapitre 7).

— *récepteur* : à partir de l'onde qu'il reçoit, il élabore un signal utilisable par le démodulateur (cf. chapitre 7) ;

— *antennes* : les antennes (cf. chapitre 8) sont des dispositifs de couplage entre une ligne de transmission et le milieu ambiant. A l'émission, elles assurent le rayonnement de l'onde électromagnétique qui les alimente, alors qu'à la réception elles captent l'énergie incidente. Les lignes de transmission reliant les émetteurs ou les récepteurs aux antennes sont des câbles coaxiaux ou, plus souvent, des guides d'ondes.

· La nécessité, pour les faisceaux en visibilité directe, d'avoir un dégagement suffisant du trajet radioélectrique implique que les antennes soient en général placées sur des points hauts, au sommet de tours ou de pylônes.

Une liaison hertzienne peut comporter un ou plusieurs bonds.

Si la distance entre les deux points à relier est suffisamment faible pour que le bilan de puissance soit convenable et si l'on peut trouver des emplacements tels que les antennes soient en visibilité l'une de l'autre, on établit la liaison en un seul bond.

Si au contraire la distance entre les deux points à relier est trop grande ou si des obstacles empêchent les antennes situées en ces deux points d'être en visibilité l'une de l'autre, il faut établir une liaison en plusieurs bonds en utilisant des stations relais (schéma 1.3).

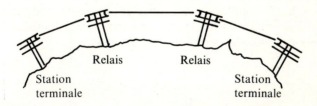

Schéma 1.3. Liaison en plusieurs bonds.

Les stations relais remplissent deux fonctions principales :

— une fonction que l'on peut qualifier d'optique : les antennes de chaque station sont en visibilité de celles des deux stations qui l'encadrent ;

— une fonction d'amplification : le signal reçu est amplifié avant d'être réémis. Il existe toutefois des stations relais passives, composées par exemple d'un miroir plan qui réfléchit les ondes (schéma 1.4), dans lesquelles la fonction d'amplification n'est pas remplie.

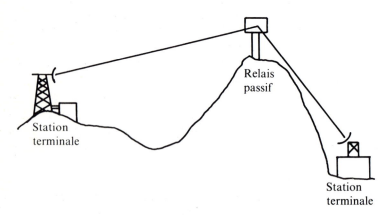

Schéma 1.4. Relais passif.

Lorsque les points entre lesquels doit être établie la liaison sont mal situés du point de vue géographique (par exemple dans une cuvette) les stations terminales peuvent être construites sur une hauteur avoisinante ; elles sont alors reliées par câble souterrain aux extrémités de la liaison.

Une liaison peut être unilatérale ou bilatérale. Les liaisons unilatérales sont fréquentes en transmission de télévision, par exemple entre le studio et l'émetteur ; elles sont de règle pour les déports d'images de radars.
Les liaisons de téléphonie ou de télex sont évidemment bilatérales. Une liaison bilatérale se réalise tout simplement en associant sur le même itinéraire deux liaisons monolatérales de sens inverse. Les deux sens d'une liaison bilatérale utilisent en général les mêmes antennes, lesquelles fonctionnent à la fois à l'émission et à la réception.

BIBLIOGRAPHIE GÉNÉRALE

(1.1) Libois (*), *Faisceaux hertziens et systèmes de modulation*, (Chiron, 1958).
(1.2) Fagot et Magne (*), *La modulation de fréquence. Théorie et application aux faisceaux hertziens*. Société française de documentation électronique, (1959).
(1.3) CCIR (**), *Avis et rapports de la XIIIe assemblée plénière*, (Genève, 1974), Volume IX : Service fixe utilisant les systèmes de faisceaux hertziens, Union internationale des télécommunications, (Genève, 1975).
(1.4) Pares et Toscer, *Les systèmes de télécommunications par satellites*, (Masson, 1975).
(1.5) Du Castel, *Propagation troposphérique et faisceaux hertziens transhorizon*, (Chiron, 1961).
(1.6) Bell Téléphone Laboratoires, *Transmission systems for communication*, (février 1970).
(1.7) Sotelec, *Manuel de faisceaux hertziens*, (à paraître).
(1.8) U.I.T., *Aspects économiques et techniques du choix des systèmes de transmission*.
(1.9) S. Yonezama, *Microwave Communication*, Maruzen Cie, (Tokyo, 1970).

ARTICLES ET REVUES

(1.10) R. Tarze et J. Lamy de La Chapelle, Les grandes étapes du développement du réseau hertzien français, *Câbles et transmission*, (octobre 1976).
(1.11) D. Chatain, Les équipements de faisceaux hertziens. Etat actuel et perspectives, (*Ibid.*).
(1.12) J. Bruyère, Infrastructure des liaisons hertziennes, (*Ibid.*).
(1.13) J. P. Gare, Les problèmes d'entretien des faisceaux hertziens, (*Ibid.*).
(1.14) R. Tribes, Les artères à très grande capacité par faisceaux hertziens, *Revue Technique THOMSON CSF*, vol. 7, n° 3, (septembre 1975).
(1.15) J. Verrée, L'évolution du réseau interurbain face aux besoins futurs des télécommunications, *Revue de la Fitce*, (mai, juin 1976).
(1.16) J. Verrée, Service fixe par faisceaux hertziens (*Journal des Télécommunications de l'U.I.T.*, numéro spécial du cinquantenaire du CCIR, 1978).

(*) Pour chacun des chapitres de ce cours, on pourra se référer aux livres (1.1) et (1.2).
(**) Les avis du CCIR cités dans ce livre sont ceux de la XIIIe assemblée plénière (Genève, 1974). On pourra se reporter à ceux de la XIVe assemblée plénière (Kyoto, 1978) après leur publication.

Première partie

La modulation

Chapitre 2 : **Modulation et démodulation pour les faisceaux hertziens analogiques**
Chapitre 3 : **Modulation et démodulation pour les faisceaux hertziens numériques**

Chapitre 2

Modulation et démodulation pour les faisceaux hertziens analogiques

1. LA MODULATION

1.1. Choix du type de modulation

La modulation est l'opération qui consiste à modifier les caractéristiques d'une onde appelée porteuse en fonction du signal que l'on désire transmettre. On distingue deux grandes catégories de modulation : la modulation d'amplitude et la modulation angulaire. Pour les faisceaux hertziens, comme pour tout système de transmission, il convient de choisir le type de modulation le mieux adapté, compte tenu de l'objectif de qualité recherché, des possibilités techniques et du coût du système.

Dans la modulation d'amplitude, l'information est portée par la valeur instantanée de l'amplitude de la porteuse.

La propagation de la porteuse dans l'atmosphère entraîne des variations du niveau de réception, ce qui se traduit par des variations parasites du niveau du signal après démodulation, à moins évidemment que l'on ne fasse appel à l'emploi d'amplificateurs à gain variable complexes. D'autre part, la qualité du signal est affectée par les non-linéarités de la réponse en amplitude des éléments traversés, et il s'avère très difficile de réaliser des émetteurs ou des récepteurs de gain élevé parfaitement linéaires sur une large bande. Ces deux problèmes techniques difficiles à résoudre — mais non point insolubles — font que la modulation d'amplitude est mal adaptée à la transmission sur faisceaux hertziens.

La quasi-totalité des faisceaux hertziens analogiques utilise la modulation angulaire, qui ne présente pas les deux défauts que nous venons de voir. Dans la modulation angulaire, l'information est portée par la valeur instantanée de la phase ou de la fréquence de la porteuse. L'information n'est pas altérée par les variations de puissance de la porteuse et la valeur du signal après démodulation est indépendante dans une large mesure des conditions de propagation. D'autre part, ce type de modulation est peu sensible aux non-linéarités en amplitude des équipements, et les dégradations pouvant venir des non-linéarités en phase sont assez faciles à corriger. Enfin, il offre une bonne protection contre le bruit et la plupart des brouillages.

La modulation angulaire présente toutefois le grave défaut de conduire à un encombrement spectral important, supérieur à celui de la modulation d'amplitude. C'est pourquoi des études sur l'utilisation en faisceaux hertziens de la modulation d'amplitude à bande latérale unique sont actuellement en cours.

1.2. Modulation de fréquence et modulation de phase

On distingue deux types de modulation angulaire dont les principes sont très voisins.

Dans la modulation de phase, on établit la proportionnalité entre la variation de la phase instantanée $\Phi_i(t)$ et le signal modulant $g(t)$.

Une porteuse, de pulsation Ω_0 en l'absence de modulation, a pour expression, lorsqu'elle est modulée en phase par un signal $g(t)$:

$$(2.1) \qquad s(t) = a \cos(\Omega_0 t + kg(t) + \varphi_0)$$

où k est un coefficient dépendant du modulateur.

Dans la modulation de fréquence, il y a proportionnalité entre la variation $f(t)$ de la fréquence instantanée et le signal modulant :

$$(2.2) \qquad f(t) = kg(t)$$

la fréquence instantanée $F(t)$ s'écrit, en appelant F_0 la fréquence de la porteuse non modulée :

$$(2.3) \qquad F(t) = F_0 + kg(t).$$

D'où la phase instantanée

$$(2.4) \qquad \Phi(t) = 2\pi F_0 t + 2\pi k \int_0^t g(\tau)\, d\tau + \varphi_0$$

l'expression d'une porteuse modulée en fréquence est donc :

$$(2.5) \qquad s(t) = a \cos\left[\Omega_0 t + 2\pi k \int_0^t g(\tau)\, d\tau + \varphi_0\right].$$

On constate que les expressions d'une onde modulée en fréquence et d'une onde modulée en phase sont voisines.

Pour des raisons de facilité de réalisation des modulateurs et démodulateurs ainsi que pour des raisons de qualité, les faisceaux hertziens utilisent en général la modulation de fréquence.

A titre d'exemple, on peut examiner la modulation par un signal sinusoïdal $g(t) = \cos \omega t$. La variation de fréquence instantanée vaut $f(t) = k \cos \omega t$.

En posant $k = \Delta F_0$, on voit que la fréquence instantanée varie sinusoïdalement de $F_0 - \Delta F_0$ à $F_0 + \Delta F_0$. On peut donc définir une excursion de crête ΔF_0 ou une excursion efficace $\Delta F_0/\sqrt{2}$ pour le signal étudié. *La connaissance de l'excursion provoquée par un signal sinusoïdal donné est le paramètre fondamental permettant de caractériser le fonctionnement d'un modulateur.*

On appelle indice de modulation pour un signal modulant de fréquence f la valeur $m = \Delta F_0/f$. Cet indice est fonction de la fréquence du signal modulant.

Avec cette notation, l'onde modulée par une sinusoïde s'écrit :

$$s(t) = a \cos (\Omega_0 t + m \sin \omega t + \varphi_0).$$

Cette expression permet de calculer la décomposition spectrale de l'onde modulée, en utilisant les fonctions de Bessel $J_i(m)$. On a en effet :

$$(2.6) \quad \begin{aligned} s(t) = {} & aJ_0(m) \cos (\Omega_0 t + \varphi_0) \\ & + a \sum_{n=1}^{\infty} J_n(m) \cos [(\Omega_0 + n\omega) t + \varphi_0] \\ & - a \sum_{n=1}^{\infty} J_n(m) \cos [(\Omega_0 - n\omega) t + \varphi_0]. \end{aligned}$$

On trouve un spectre de raies, de fréquences $F_0 \pm nf$. La forme de ce spectre dépend fortement de l'indice de modulation.

Pour une modulation à faible indice, on a $J_0(m) \simeq 1$ et $J_1(m) \simeq m/2$. Les termes suivants étant négligeables. Le spectre se compose d'une porteuse encadrée de deux raies latérales.

Quand l'indice croît, les raies d'ordre supérieur apparaissent et le spectre s'élargit.

Exemple :

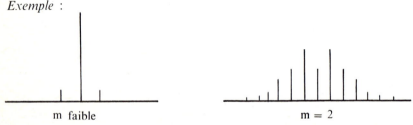

m faible   m = 2

Pour $m = 2{,}4048$, la composante du spectre à la fréquence de la porteuse disparaît.

2. RAPPEL SUR LES SIGNAUX MODULANTS

Les faisceaux hertziens analogiques sont le plus souvent utilisés pour la transmission de multiplex téléphoniques ou d'images de télévision.

2.1. Multiplex téléphonique analogique

Le multiplex analogique s'obtient par transposition et juxtaposition des voies téléphoniques.

Le tableau ci-dessous donne la bande occupée par les multiplex téléphoniques les plus courants (Avis A 380-3 du CCIR) :

Nombre de voies téléphoniques	24	60	120	300	600	960	1 260	1 800	2 700
Limite en kHz de la bande de fréquence occupée par les voies téléphoniques	12-108	12-252 60-300	12-552 60-552	60-1 300 64-1 296	60-2 540 64-2 660	60-4 028 316-4 188	60-5 636 60-5 564 316-5 564	312-8 204 316-8 204 312-8 120	312-12 388 316-12 388 312-12 336

Soit N le nombre de voies d'un multiplex. On peut représenter le multiplex par un bruit gaussien, blanc dans la bande occupée par les voies téléphoniques, dont la puissance moyenne P_{moy} vaut au cours de l'heure chargée :

$$10 \log P_{moy} = -1 + 4 \log N \text{ dBm 0}, \quad \text{si} \quad 12 \leqslant N \leqslant 240$$

$$10 \log P_{moy} = -15 + 10 \log N \text{ dBm 0}, \quad \text{si} \quad N > 240$$

(avis G 233 du CCITT).

On rappelle que la notation dBm 0 signifie que la puissance est exprimée en décibels par rapport à une puissance de référence de 1 mW, et que la mesure est faite en un point de niveau relatif zéro, c'est-à-dire en un point où le signal d'essai des voies téléphoniques a une puissance de 1 mW.

Exemples :

Capacité en nombre de voies	12	24	60	120	300	600	960	1 800	2 700
Niveau moyen en dBm 0	3,3	4,5	6,1	7,5	9,8	12,8	14,8	17,6	19,3

Il est important de connaître la puissance maximale de ce signal multiplex. Etant donné qu'il s'agit d'un signal aléatoire, on prend en général pour puissance « maximale » la puissance qui n'est pas dépassée pendant plus de 10^{-3} du temps à l'heure chargée.

Le rapport entre cette puissance et la puissance moyenne dépend du type de multiplex. Pour les multiplex à grand nombre de voies, ce niveau non dépassé pendant plus de 10^{-3} du temps se trouve environ 10 dB au-dessus du niveau moyen (*).

Nombre de voies	Puissance moyenne en dBm 0 (heure changée)	Rapport en dB P. max./P. moy.	Puissance maximale en dBm 0
60	6,1	12,3	18,4
120	7,3	11,4	18,7
300	9,8	10,6	20,4
600	12,8	10,4	23,2
960	14,8	10,3	25,1
1 800	17,6	10,15	27,8
2 700	19,3	10,1	29,4

2.2. Signal de télévision

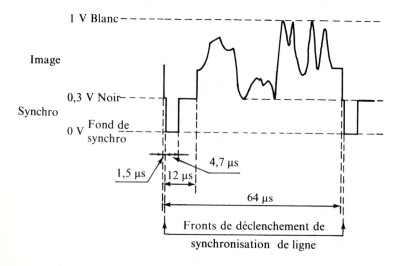

Fig. 2.1. Signal de télévision (625 lignes).

(*) La définition des propriétés statistiques du multiplex est un problème très complexe. On consultera avec profit la référence bibliographique (2.10) et les avis pertinents du CCITT.

Conformément à ce schéma, le signal de télévision en noir et blanc résulte de la superposition d'un signal d'image compris entre 0,3 V et 1 V et de signaux rectangulaires de synchronisation compris entre 0 V et 0,3 V, l'amplitude maximale crête-à-crête du signal étant parfaitement définie et valant 1 V aux points d'interconnexion vidéo.

A ce signal en noir et blanc on superpose éventuellement une sous-porteuse de chrominance — par exemple à 4,43 MHz pour le 625 lignes P.A.L. — pour obtenir une image en couleur, ainsi que une ou plusieurs sous-porteuses de fréquence supérieure à la limite supérieure de la bande vidéo, transmettant une ou plusieurs voies son.

La représentation spectrale du signal de télévision est complexe. La répartition moyenne de puissance en fonction de la fréquence pendant une durée donnée dépend du type d'image transmise.

Le signal d'image n'est pas périodique. Toutefois, il s'introduit dans la description de l'image une certaine récurrence due à la succession des lignes, et le spectre présente une structure dans laquelle l'énergie est concentrée autour des harmoniques de la fréquence de ligne.

En moyenne, l'enveloppe du spectre a l'aspect de la figure ci-dessous :

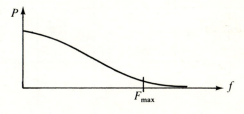

Fig. 2.2.

Dans les fréquences élevées, la décroissance est en $1/F^2$. On limite la bande à une fréquence F_{max} qui dépend du système choisi, et qui croît comme le carré du nombre de lignes.

2.3. Tableau donnant les principales caractéristiques des systèmes de télévision (EXTRAIT DU RAPPORT R 624 du CCIR)

N°	Caractéristiques	A	M	N	C	B, G	H	I	D, K	K1	L	E
1	Nombre de lignes par image	405	525	625	625	625	625	625	625	625	625	819
2	Fréquence de trame, valeur nominale (nombre de trames) (²)	50	60 (59,94)	50	50	50	50	50	50	50	50	50
3	Fréquence de ligne f_H et tolérance en fonctionnement non synchronisé (Hz) (²)	10 125	15 750 (valeur nominale) (±0,0003%)	15 625 ±0,15%	15 625 ±0,02%	15 625 ±0,02% (±0,0001%)	15 625 ±0,02% (±0,0001%)	15 625 ±0,0001%	15 625 ±0,02% (±0,0001%)	15 625 ±0,02% (±0,0001%)	15 625 ±0,02% (±0,0001%)	20 475
3 (a)	Vitesse de variation maximale de la fréquence de ligne (%/s) pour une transmission monochrome		0,15			0,05	0,05	0,05	0,05	0,05	0,05	
4 (¹)	Niveau de suppression (niveau de référence)	0	0	0	0	0	0	0	0	0	0	0
4 (¹)	Niveau maximal du blanc	100	100	100	100	100	100	100	100	100	100	100
4 (¹)	Niveau de synchronisation	−43	−40	−40	−43	−43	−43	−43	−43	−43	−43	−43
4 (¹)	Différence entre le niveau du noir et le niveau de suppression	0	7,5 ± 2,5	7,5 ± 2,5	0	0	0	0	0 à 7	0 (couleur) 0-7 (mono.)	0 (couleur) 0-7 (mono.)	0 à 5
5	Valeur admise pour le gamma de l'écran pour lequel on effectue la précorrection du signal monochrome	2,8	2,2	2,2				2,8				
6	Largeur de la bande nominale vidéo (MHz)	3	4,2	4,2	5	5	5	5,5	6	6	6	10

(¹) Il est également habituel de définir les amplitudes caractéristiques du signal de télévision à 625 lignes de la manière suivante :
Niveau de synchronisation = 0   Niveau de suppression = 30   Niveau du blanc maximal = 100

(²) Les valeurs entre parenthèses se rapportent à la transmission en couleur.

3. MODULATION PAR UN SIGNAL MULTIPLEX OU UN SIGNAL DE TÉLÉVISION

3.1. Spectre de la porteuse modulée

Le problème fondamental est celui de l'occupation spectrale de la porteuse modulée, puisque c'est à partir de cette donnée que l'on détermine les possibilités de filtrage et de juxtaposition de plusieurs porteuses modulées sur le même itinéraire, conformément aux règles exposées dans le chapitre consacré aux plans de fréquences (chapitre 4).

La bande occupée par une porteuse modulée en fréquence par un multiplex téléphonique ou un signal vidéo est en théorie infinie. En pratique, on peut se contenter d'une bande passante dont la largeur se détermine expérimentalement en fonction des distorsions que l'on tolère.

La bande nécessaire pour transmettre ces signaux avec des distorsions acceptables est donnée par la formule semi-empirique de Carson :

(2.7) $$\boxed{\mathscr{B}_c = 2(\Delta F_{max} + f_{max})}$$

où :

ΔF_{max} est l'excursion maximale de fréquence provoquée par le signal modulant. Cette valeur dépend à la fois de la tension de crête du signal modulant et du coefficient de proportionnalité qui relie ce signal à l'excursion de fréquence ; f_{max} est la fréquence maximale du signal modulant.

Si la porteuse modulée doit traverser plusieurs émetteurs et récepteurs en série, il va de soi que c'est la bande passante de l'ensemble du système qui doit être plus large que la bande de Carson. Ceci conduit à des largeurs de bande passante de chaque émetteur ou récepteur beaucoup plus importantes que celle de la bande de Carson.

3.2. Application au multiplex analogique

Alors que la fréquence maximale f_{max} est connue, l'excursion de fréquence est aléatoire ; la définition de l'excursion « maximale » de fréquence pose donc un problème. On prend pour ΔF_{max} la valeur qui n'est pas dépassée pendant plus de 10^{-3} du temps pendant l'heure chargée.

Nous pouvons calculer la bande de Carson à titre d'exemple pour un faisceau à 1 800 voies, en partant des données telles qu'elles se présentent couramment dans les notices techniques des matériels :

- f_{max} = 8 204 kHz
- puissance moyenne du multiplex :

$$-15 + 10 \log N = 17,6 \text{ dBm 0}$$

- la puissance « maximale » est environ 10,2 dB au-dessus de la puissance moyenne et vaut donc 27,8 dBm 0, soit 600 mW,
- pour les matériels courants, le signal sinusoïdal de référence de 1 mW en un point de niveau relatif zéro provoque une excursion efficace de fréquence de 140 kHz (valeur recommandée par le CCIR).

La bande de Carson se calcule en remarquant que les excursions de fréquence sont proportionnelles aux tensions, donc à la racine carrée des puissances des signaux

$$\Delta F_{max} = 140 \sqrt{600} \text{ kHz} \simeq 3\,430 \text{ kHz}$$
$$B_c \simeq 2(3,5 + 8,2) \text{ MHz}$$
$$B_c \simeq 23,4 \text{ MHz}.$$

La comparaison de cette largeur avec les 8,2 MHz occupés par le signal avant modulation montre que la modulation de fréquence a pour défaut un encombrement spectral élevé.

Le calcul théorique de la forme du spectre de la porteuse modulée par le multiplex est complexe. Des exemples de spectres sont donnés aux figures 2.14 à 2.17.

On remarque que leur forme dépend du coefficient de proportionnalité entre signal modulant et excursion de fréquence, c'est-à-dire de l'excursion efficace de fréquence provoquée par le signal de référence de 1 mW en un point de niveau relatif zéro. Pour les excursions faibles, l'énergie est très concentrée autour de la porteuse, alors que, pour des excursions plus fortes, le spectre s'élargit et le niveau de la porteuse diminue.

3.3. Application au signal vidéo

L'excursion maximale de fréquence est facile à définir, puisque l'amplitude crête-crête du signal est connue. Pour la plupart des systèmes, l'excursion maximale de crête provoquée par le signal vidéo vaut 4 MHz.

Considérons par exemple en 625 lignes les systèmes D, K ou L. La bande occupée par le signal vidéo étant de 6 MHz, on voit que la bande de Carson vaut 20 MHz. Si on ajoute les sous-porteuses de son, on obtient une largeur un peu plus grande, conformément à la figure 2.18.

3.4. Choix des principaux paramètres de la modulation

3.4.1. *Fréquence à moduler*

Il est possible de moduler directement la fréquence à émettre, mais l'emploi de cette méthode pose des problèmes de stabilité de fréquence, et conduit de plus à des structures différentes pour les équipements d'émission-réception dans les stations-terminales où l'on démodule et les stations-relais où l'on ne démodule en général pas.

Modulation et démodulation pour les faisceaux analogiques

On préfère en général séparer les fonctions de modulation et d'émission, en modulant une fréquence intermédiaire (F.I.) ; une transposition réalisée dans l'émetteur permet de passer à la fréquence porteuse radioélectrique. Pour la démodulation on passe aussi par le stade intermédiaire de la F.I., la transposition étant effectuée par le récepteur. Le choix de la F.I. résulte d'un compromis : trop haute, elle rend difficile la réalisation des amplificateurs, alors que trop basse, elle pose des problèmes de filtrage et de linéarité des modulateurs-démodulateurs. Pour la majorité des systèmes, la F.I. est de 70 MHz et cette normalisation est internationale. Il existe une exception pour les faisceaux téléphoniques à 2 700 voies dont la largeur de la bande de Carson impose le choix d'une F.I. plus élevée : 140 MHz.

3.4.2. *Excursion de fréquence*

Le choix de l'excursion de fréquence provoquée par un signal de référence, ou en d'autres termes le choix de l'indice de modulation résulte d'un compromis.

Si l'excursion de fréquence est trop importante, la bande de Carson est trop large, ce qui entraîne :

— une trop grande occupation du spectre radioélectrique
— une augmentation des distorsions dues aux difficultés rencontrées pour réaliser des modulateurs-démodulateurs parfaitement linéaires sur une très large bande (cf. chapitre 11) ;
— une plus grande sensibilité du signal aux évanouissements sélectifs provoqués par la propagation par trajets multiples (cf. chapitre 6). Ces raisons font que, lorsque la capacité d'un faisceau hertzien de téléphonie croît, on est amené à faire décroître l'excursion de fréquence provoquée par le signal de référence, conformément au tableau suivant qui résulte d'une normalisation internationale.

Capacité	Excursion efficace provoquée par le signal de référence (1 mW en un point de niveau relatif zéro)
600 voies	200 kHz ([1])
960 voies 1 260 voies	200 kHz
1 800 voies	140 kHz
2 700 voies	140 kHz

([1]) Certains systèmes ont une excursion de 400 kHz.

Inversement, le choix d'une excursion de fréquence trop faible se traduit par une dégradation du rapport signal sur bruit thermique obtenu après démodulation dans les voies téléphoniques ou la bande vidéo : on démontre en effet que le rapport signal sur bruit thermique est proportionnel au carré de l'excursion de fréquence (cf. chapitre 10).

4. STRUCTURE DES MODULATEURS ET DÉMODULATEURS

La structure des équipements évolue rapidement en fonction des progrès technologiques et nous nous contenterons de préciser les principes généraux de la conception d'un modulateur ou d'un démodulateur dans l'état actuel des règles de l'art.

4.1. Modulateurs

La majorité des modulateurs en service aujourd'hui utilise les propriétés des diodes varactor dont la capacité de jonction lorsqu'elle est polarisée en inverse dépend de la tension de polarisation, selon une courbe du type suivant

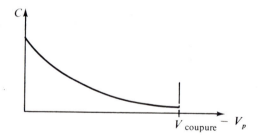

Fig. 2.3.

La diode varactor convenablement polarisée se comporte comme un condensateur variable et peut donc servir à modifier la fréquence d'accord d'un circuit oscillant. Aux fréquences élevées ($F > 50$ MHz) le fonctionnement du varactor est traduit par le schéma suivant :

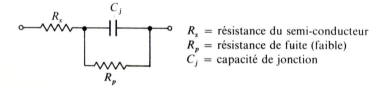

R_s = résistance du semi-conducteur
R_p = résistance de fuite (faible)
C_j = capacité de jonction

Fig. 2.4.

Si on superpose le signal modulant à la tension nominale de polarisation en inverse du varactor, on peut réaliser un circuit oscillant dont la fréquence d'oscillation dépend de la tension du signal modulant. Voici un exemple très simple de schéma de modulateur :

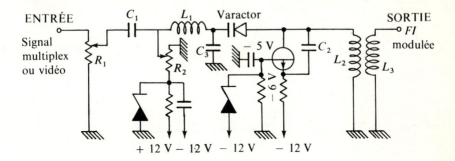

Fig. 2.5.

L'oscillateur est formé par le transistor avec le condensateur C_2 qui effectue une contre-réaction. Le circuit d'accord est formé par le varactor, le condensateur C_3 et l'inductance L_1.

Le potentiomètre R_2 règle la tension de polarisation du varactor, donc sa capacité nominale, et permet de choisir la fréquence d'oscillation du modulateur en l'absence de signal : c'est la F.I. (70 MHz en général).

La tension modulante est appliquée au varactor par l'intermédiaire de C_1 et provoque ainsi la variation de la fréquence d'oscillation.

La réalisation de modulateurs de très bonne qualité fonctionnant sur une large bande de fréquence est évidemment plus complexe. Les deux objectifs qu'il convient alors d'atteindre sont les suivants :

— la fréquence d'oscillation en l'absence de signal modulant, c'est-à-dire la F.I., doit être très stable.

— la proportionnalité doit être quasi parfaite entre les variations de la tension modulante et les variations de la fréquence instantanée d'oscillation.

4.2. Démodulateurs

Les démodulateurs se composent en général de trois étages distincts.

La porteuse qui se présente à l'entrée du démodulateur est affectée d'une modulation d'amplitude parasite due aux fluctuations de la propagation, aux bruits et aux diverses distorsions. Le premier étage du démodulateur est un limiteur qui élimine la modulation d'amplitude, du moins tant qu'elle n'est pas trop importante.

A la sortie du limiteur, la porteuse, modulée uniquement en fréquence, est envoyée dans le discriminateur qui transforme cette modulation de fréquence en modulation d'amplitude. Les discriminateurs utilisent en général la propriété selon laquelle la tension aux bornes d'un circuit bouchon alimenté à intensité constante varie en fonction de la fréquence du signal, conformément à la courbe ci-dessous :

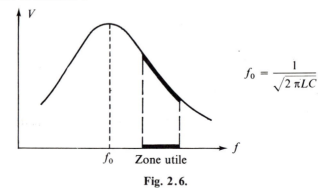

Fig. 2.6.

On voit qu'il existe une zone dans laquelle il y a quasi-proportionnalité entre la variation de tension et la variation de fréquence de la porteuse appliquée aux bornes du circuit. C'est dans cette zone que fonctionne le discriminateur. Bien que le principe de base soit fort simple, la réalisation de démodulateurs parfaitement linéaires sur une large bande est complexe.

Après le discriminateur, un dernier étage assure la détection du signal modulant.

Fig. 2.7. Schéma fonctionnel d'un démodulateur.

5. DÉMODULATION EN PRÉSENCE DE BRUIT

Tout système de transmission est bruyant : au signal se superposent des bruits dus aux rayonnements captés par le système, à l'agitation électronique ou aux brouilleurs. Le type de bruit le plus couramment rencontré est le bruit thermique dû à l'agitation électronique : il s'agit d'un bruit gaussien blanc dans les limites de la bande passante du matériel étudié. Il est donc important de connaître le fonctionnement des démodulateurs de fréquence en présence d'un bruit blanc gaussien, en appliquant les résultats de la théorie du signal rappelés brièvement ci-dessous.

5.1. Rappels de théorie du signal

On définit le spectre d'un signal aléatoire comme la transformée de Fourier de sa fonction d'autocorrélation. L'application du théorème de Wiener-Kintchine montre que ce spectre n'est autre que la distribution en fréquence de la puissance moyenne du signal appliqué à une résistance de 1 ohm, la moyenne étant prise statistiquement sur l'ensemble des réalisations possibles du signal aléatoire. La transformée de Fourier d'une fonction réelle étant une fonction paire, le spectre de puissance est *symétrique* et comprend donc des fréquences négatives.

Il convient de passer du spectre symétrique ainsi défini à la valeur de la puissance moyenne mesurée sur une résistance quelconque R à travers un filtre de bande passante donnée.

Un filtre réel a une bande passante symétrique (figure 2.8).

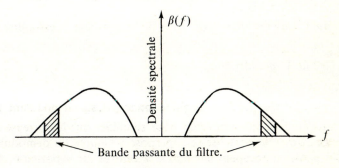

Fig. 2.8. Bande passante du filtre.

La puissance moyenne que fournit un signal de spectre symétrique $\beta(f)$ sur une résistance de 1 Ω dans une bande s'étendant de $F_0 - b/2$ à $F_0 + b/2$ vaut :

$$P = \int_{F_0 - b/2}^{F_0 + b/2} \beta(f)\, df + \int_{-F_0 - b/2}^{-F_0 + b/2} \beta(f)\, df.$$

Ce que la symétrie permet d'écrire :

$$P = 2 \int_{F_0 - b/2}^{F_0 + b/2} \beta(f)\, df.$$

Si la résistance a une valeur quelconque R, la puissance moyenne mesurée dans la bande $[F_0 - b/2, F_0 + b/2]$ vaut alors :

(2.8) $$\boxed{P = \frac{2}{R} \int_{F_0 - b/2}^{F_0 + b/2} \beta(f)\, df}.$$

Nous appellerons densité moyenne de puissance mesurée sur une résistance R la fonction $2\beta(f)/R$ définie pour $f > 0$.

5.2. Calcul du bruit après démodulation

La représentation mathématique du fonctionnement du démodulateur est la suivante : partant d'un signal modulé de la forme

$$s(t) = a(t) \cos \left(\Omega_0 t + 2\pi k \int_0^t g(\tau)\, d\tau + \varphi_0 \right)$$

le démodulateur :

— élimine la modulation d'amplitude $a(t)$ si celle-ci n'est pas trop importante (c'est l'action des limiteurs) ;
— extrait l'écart de phase avec celle de la porteuse, c'est-à-dire le terme

$$2\pi k \int_0^t g(\tau)\, d\tau + \varphi_0$$

— le dérive et divise par $2\pi k$, ce qui redonne $g(t)$, signal modulant d'origine.

Dans cette étude, nous supposons pour simplifier que la porteuse n'est pas modulée, et qu'à cette porteuse se superpose à l'entrée du démodulateur un bruit blanc gaussien occupant une bande $\mathcal{B}$ centrée sur la porteuse. Appelons N_0 sa densité moyenne de puissance, mesurée sur la résistance d'entrée R_e du démodulateur. D'après les résultats rappelés au paragraphe 5.1, le spectre symétrique de ce bruit a la forme suivante :

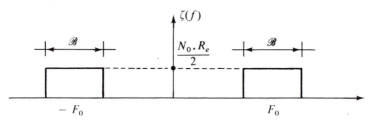

Fig. 2.9.

On démontre qu'un tel bruit peut s'écrire :

(2.9) $\qquad Z(t) = x(t) \cos (\Omega_0 t + \varphi_0) + y(t) \sin (\Omega_0 t + \varphi_0)$

où $x(t)$ et $y(t)$ sont des processus aléatoires :

— gaussiens
— indépendants
— de densité de puissance mesurée sur R_e constante et valant $2 N_0$
— occupant chacun la bande $[-\mathcal{B}/2, +\mathcal{B}/2]$.

Le démodulateur voit donc se présenter une porteuse bruitée $sb(t)$:

$$sb(t) = \mathfrak{s}(t) + Z(t).$$

Mettons cette porteuse bruitée sous la forme :

(2.10) $sb(t) = a(t) \cos [\Omega_0 t + \delta\varphi(t) + \varphi_0]$.

Le terme $\delta\varphi(t)$, variation de phase parasite provoquée par le bruit, est donné par :

(2.11) $\tg \delta\varphi(t) = \dfrac{y(t)}{a_0 + x(t)}$

où a_0 désigne l'amplitude de la porteuse en l'absence de bruit. Ce résultat peut se démontrer à partir de la décomposition du bruit en deux signaux $x(t)$ et $y(t)$, en utilisant par exemple une représentation de Fresnel :

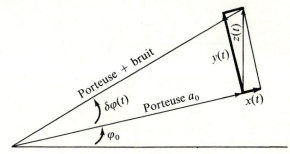

Fig. 2.10.

Supposons le bruit faible devant la puissance de la porteuse. Dans ces conditions, nous pouvons poser :

(2.12) $\delta\varphi(t) \simeq \dfrac{y(t)}{a_0}$.

Le terme de variation d'amplitude étant entièrement éliminé par les limiteurs, le démodulateur produit sur sa résistance de sortie R_s un bruit dont la tension vaut :

(2.13) $b(t) = \dfrac{1}{2\pi k} \cdot \dfrac{d\,\delta\varphi(t)}{dt}$

soit :

(2.14) $b(t) = \dfrac{1}{2\pi k a_0} y'(t)$.

Appelons $\beta(f)$ le spectre symétrique du bruit $b(t)$ et $\eta(f)$ celui de $y(t)$. On démontre que le spectre de la dérivée d'une fonction s'obtient en multipliant par $(2\pi f)^2$ le spectre de la fonction. L'équation (2.14) entraîne donc :

(2.15) $\beta(f) = \dfrac{1}{a_0^2 k^2} f^2 \eta(f)$

24   **La modulation**

ce qui donne :

(2.16) $\begin{cases} \beta(f) = 0 & \text{si} \quad f \notin [-\mathscr{B}/2, +\mathscr{B}/2] \\ \beta(f) = \dfrac{N_0 R_e}{a_0^2 k^2} f^2 & \text{si} \quad f \in \left[-\dfrac{\mathscr{B}}{2}, +\dfrac{\mathscr{B}}{2}\right] \end{cases}$

Le spectre obtenu à la sortie du démodulateur a une forme parabolique :

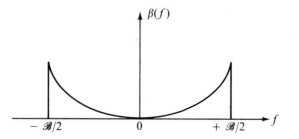

Fig. 2.11.

La puissance de bruit sur la résistance de sortie R_s du démodulateur dans une bande $(F - b/2, F + b/2)$ vaut donc :

(2.17) $\boxed{\,B = \dfrac{2 N_0 R_e}{a_0^2 k^2 R_s} \int_{F-b/2}^{F+b/2} f^2 \, \mathrm{d}f\,}$.

5.3. Seuil de fonctionnement

Le calcul précédent suppose que la tension « maximale » du bruit $Z(t)$ est faible devant l'amplitude de la porteuse. Dans le cas contraire, les phénomènes suivants se produisent :

— le limiteur ne fonctionne plus correctement. La valeur moyenne de la modulation d'amplitude parasite étant trop forte, il ne l'élimine plus entièrement, ce qui empêche le discriminateur de fonctionner normalement, et de plus il la convertit en partie en modulation de phase parasite ;

— des sauts de bruit peuvent provoquer des rotations de phase de 2π de la porteuse bruitée, comme le montre le schéma ci-dessous :

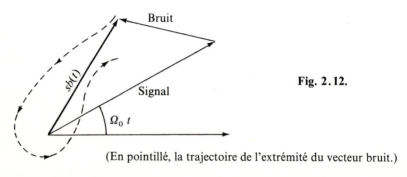

Fig. 2.12.

(En pointillé, la trajectoire de l'extrémité du vecteur bruit.)

Ceci provoque des pointes de bruit à la sortie du démodulateur. En pratique, compte tenu des caractéristiques des limiteurs et des propriétés statistiques du bruit, ces phénomènes apparaissent à un niveau gênant lorsque la puissance moyenne N de bruit à l'entrée du démodulateur est inférieure de moins de 10 dB à la puissance C de la porteuse en ce point.

Supposons que la puissance C de la porteuse soit constante et faisons varier le bruit N. La densité spectrale de bruit après démodulation $\beta(f_0)$ mesurée à une fréquence f_0 donnée varie de la façon suivante :

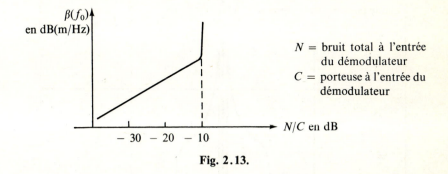

Fig. 2.13.

Quand la puissance moyenne N de bruit à l'entrée du démodulateur dépasse $C/10$, la densité spectrale de bruit $\beta(f_0)$ à une fréquence quelconque f_0 croît non linéairement et de façon rapide ce qui provoque la coupure de la liaison.

Le point défini par $C/N = 10$ dB correspond au seuil de fonctionnement du démodulateur.

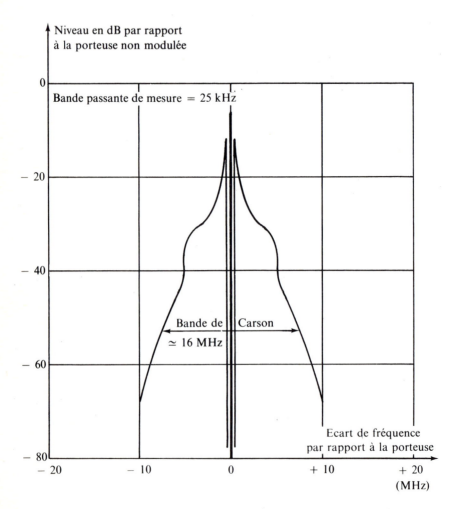

Fig. 2.14. Spectre de modulation 960 voies, $\Delta F = 200$ kHz eff.

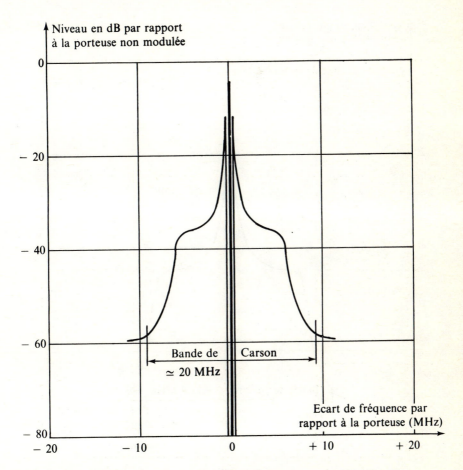

Fig. 2.15. Spectre de modulation 1 260 voies, $\Delta F = 200$ kHz eff.

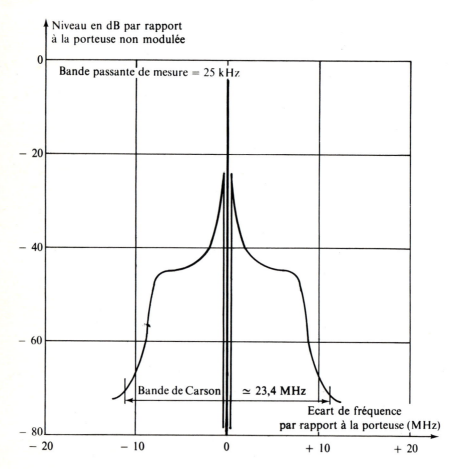

Fig. 2.16. Spectre de modulation 1 800 voies, $\Delta f = 140$ kHz eff.

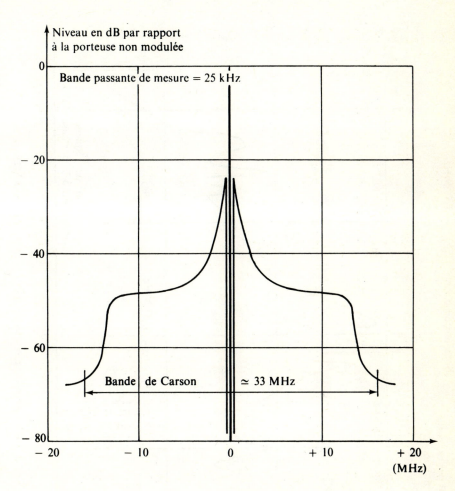

Fig. 2.17. Spectre de modulation 2 700 voies, $\Delta f = 140$ kHz eff.

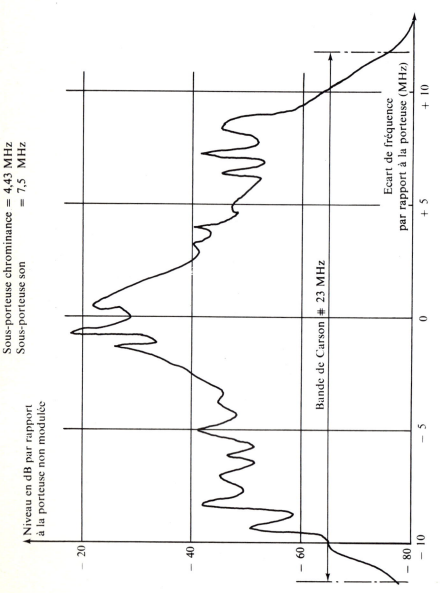

Fig. 2.18. Spectre de modulation TV + 1 SON, Δf_{cc} = 8 MHz.

BIBLIOGRAPHIE

LIVRES

(2.1) B. Picinbono, *Introduction à l'étude des signaux et phénomènes aléatoires*, (Dunod, 1971).
(2.2) J. Dupraz, *Théorie de la communication*, (Eyrolles, 1973).
(2.3) L. Schwartz, *Méthodes mathématiques pour les sciences physiques*, (Hermann, 1965).
(2.4) J. M. Wozencraft, I. M. Jacobs, *Principles of communication engineering*, (John Wiley, 1965).
(2.5) D. Middleton, *Introduction to the statistical communication theory*, (McGraw-Hill, 1960).
(2.6) E. Roubine, *Introduction à la théorie de la communication*, tome II : Signaux aléatoires, Masson, (1970).

REVUES ET ARTICLES

(2.7) *CCIR*, Genève 1974, volume IX avis 404.2. Faisceaux hertziens de téléphonie à multiplexage par répartition de fréquence : excursion de fréquence.
(2.8) Picinbono, *Théorie du signal et détection de l'information*, Cours de l'ENST.
(2.9) Angel, *Signaux analogiques et modulation*, Cours de l'ENST.
(2.10) Soulié, *Transmission analogique*, (Cours de l'ENST).

Chapitre 3

Modulation et démodulation pour les faisceaux hertziens numériques

1. PRÉSENTATION

Les faisceaux hertziens conçus pour la transmission de signaux analogiques sont mal adaptés à la transmission de signaux numériques à fort débit encore que, dans certains cas, on puisse faire passer des signaux numériques sur des faisceaux hertziens analogiques de largeur de bande suffisante, en appliquant le train numérique convenablement codé à l'entrée du modulateur analogique.

Le développement que connaît le codage numérique des signaux — multiplex téléphoniques, télévision codée, visiophone, transmission de données... — a pour conséquence la mise au point de systèmes hertziens spécialement adaptés à ce type de transmission. Ces systèmes présentent une grande diversité de conception en particulier au niveau de la modulation et de la démodulation, et dans ce domaine la technique évolue très rapidement. Aussi nous bornerons-nous à présenter les principaux types de modulation et démodulation utilisés.

La majorité des faisceaux hertziens fonctionne en modulation angulaire qui présente l'avantage d'être peu sensible aux non-linéarités en amplitude des équipements et d'assurer un niveau de sortie du démodulateur indépendant des fluctuations de la propagation. Le choix se porte le plus souvent sur la modulation par déplacement de phase qui est d'une mise en œuvre aisée.

Pour bien délimiter l'objet de ce chapitre, il est utile de rappeler quelques définitions.

Un signal analogique subit plusieurs opérations lors de sa transformation en signal numérique :

— un échantillonnage, à une fréquence qui est au moins le double de la fréquence maximale du signal analogique. Pour les voies téléphoniques de bande 300 Hz-3 400 Hz, la fréquence d'échantillonnage est de 8 kHz ;

— la quantification, processus dans lequel les échantillons sont répartis en des intervalles adjacents, dont chacun est représenté par une valeur numérique unique, appelée échantillon quantifié ;

— le codage, qui fait correspondre un ensemble de caractères (0 et 1) à chaque échantillon quantifié.

Les opérations d'échantillonnage, de quantification et de codage font donc correspondre un ensemble de caractères numériques à un signal analogique.

Le décodage est l'opération par laquelle on fait correspondre un échantillon analogique à un ensemble de caractères numériques donné. Suivi d'un filtrage convenable, le décodage permet de restituer le signal analogique d'origine (au bruit et aux distorsions près).

On peut effectuer des changements de code, comme par exemple :

— l'introduction d'une redondance dans le code d'origine, au prix d'une augmentation du débit binaire. Cette redondance permet de détecter des erreurs (codes correcteurs d'erreur) ;

— le codage par transition, qui fait correspondre à un élément binaire ou un groupe d'éléments binaires du code d'origine la transition entre deux éléments binaires ou deux groupes d'éléments binaires du code résultant.

Le changement de code s'appelle transcodage.

L'opération qui permet de retrouver le code d'origine à partir du code obtenu par transcodage s'appelle souvent décodage (à ne pas confondre avec le décodage défini précédemment).

Les éléments binaires ou les groupes d'éléments binaires obtenus après codage ont une certaine représentation physique, sous forme de signaux électriques à transmettre.

On appelle code en ligne le code choisi en fonction du moyen de transmission et donnant l'équivalence entre les éléments numériques à transmettre et des signaux électriques qui les représentent. Il existe un très grand nombre de codes en ligne, adaptés aux caractéristiques physiques du support de transmission.

Dans ce chapitre, on supposera que le signal numérique obtenu par échantillonnage, quantification et codage se présente à l'entrée du faisceau hertzien sous forme d'un certain code en ligne, dont la connaissance n'a pas d'intérêt : le signal présent à l'entrée du modulateur sera représenté en effet par une succession d'éléments binaires. Nous ne nous occuperons pas de la signification de ces 0 et ces 1 : la seule caractéristique importante est leur débit. Nous examinerons comment on peut les transmettre par modulation d'une porteuse, et comment on peut les restituer à l'extrémité de la liaison.

2. MODULATION PAR DÉPLACEMENT DE PHASE

2.1. Cohérence de la modulation

La modulation cohérente est caractérisée par le fait que la fréquence de la porteuse est un multiple de la fréquence de rythme du signal binaire à transmettre. Pour des débits numériques élevés, la cohérence est difficile à conserver et la modulation est de type *non cohérent* : les sauts de phase ont lieu à des instants où la phase de la porteuse a une valeur aléatoire φ équirépartie sur $[0, 2\pi]$.

2.2. Modulation à deux états avec codage direct

Représentons le signal à transmettre par une succession de 0 et de 1 de durée T. (Ce signal se présente sous une certaine forme physique et une adaptation est en général nécessaire pour le mettre sous une forme physique utilisable directement par le modulateur.)

Dans la modulation avec codage direct à deux états de phase, on établit une correspondance entre la valeur 0 ou 1 de l'élément binaire et un état de phase choisi parmi deux ; pour faciliter la reconnaissance à la démodulation il est évident que l'éloignement entre les deux états doit être maximal : nous représenterons donc les états par 0 et π.

Le modulateur établit une correspondance du type suivant :

Elément binaire	Porteuse modulée
0	$s_0(t) = a \cos(\Omega_0 t + \varphi)$
1	$s_1(t) = a \cos(\Omega_0 t + \pi + \varphi)$

où φ est une phase aléatoire équirépartie sur $(0, 2\pi)$ et qui exprime la non-cohérence entre la fréquence de la porteuse et celle de la modulation.

Exemple :

	T									
Message	0	1	1	1	0	1	0	1	0	0
Phase (à φ près)	0	π	π	π	0	π	0	π	0	0

Le principe de la réalisation d'un tel modulateur est très simple. Le signal numérique est codé selon un code NRZ (non retour à zéro) : les 1 sont représentés par la tension $-a$ et les 0 par la tension $+a$, ces tensions étant constantes pendant la durée T d'un élément binaire. Un oscillateur fournit la porteuse. Le signal numérique et la porteuse sont appliqués à un multiplicateur, à la sortie de celui-ci se présente la porteuse modulée par saut de phase.

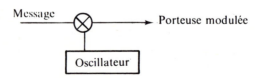

Fig. 3.1.

Examinons la représentation de la porteuse modulée :

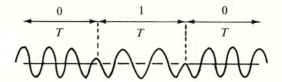

On constate que chaque transition de phase s'accompagne d'une brève modulation d'amplitude et, après filtrage, on observe des fluctuations d'amplitude pendant tout l'intervalle binaire. Ce phénomène est très important : les équipements hertziens devront être capables de transmettre cette modulation d'amplitude sans introduire de distorsions sur la phase du signal.

2.3. Modulation à deux états avec codage par transition

On établit une correspondance entre la valeur de l'élément binaire 0 ou 1 et le *déplacement de phase* de la porteuse à un instant séparant deux éléments binaires successifs de la façon suivante :

Elément binaire	Saut de phase
0	0
1	π

Reprenons le même exemple qu'en 2.2, en supposant qu'à l'instant initial la phase valait 0 :

Message	0	1	1	1	0	1	0	1	0	0
Phase en sortie à chaque instant nT, au terme φ près	0	π	0	π	π	0	0	π	π	π

C'est donc bien le déplacement de phase ou l'absence de déplacement de phase — et non la valeur de la phase — qui est caractéristique de l'élément binaire : à la réception, pour restituer l'information, il n'est pas nécessaire de connaître la valeur absolue de la phase mais uniquement la valeur du déplacement de phase.

Voici une réalisation possible pour un modulateur par transition :

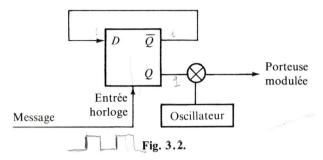

Fig. 3.2.

Le message est codé selon un code RZ (retour à zéro) avec la correspondance :

$0 \to$ tension nulle pendant T
$1 \to$ tension :

Ce signal est appliqué à l'entrée horloge d'une bascule D, conformément au schéma 3.2. Quand un 0 se présente, le système reste en l'état où il était. Quand un 1 se présente, le front de montée déclenche le transfert sur la sortie Q de l'information présente en D, c'est-à-dire de $\overline{Q}$: la sortie Q change donc d'état. La tension disponible sur Q alimente un multiplicateur selon le même principe qu'au paragraphe précédent.

2.4. Modulation à 4 états avec codage direct

On regroupe les éléments binaires par deux, et on établit une correspondance entre chaque doublet de durée $2T$ et la valeur de la phase. Les 4 états de phase peuvent être représentés par 0, $\pi/2$, π et $3\pi/2$, avec par exemple la correspondance suivante :

Doublet	Porteuse modulée
00	$s_{00}(t) = a \cos(\Omega_0 t + \varphi_0)$
01	$s_{01}(t) = a \cos(\Omega_0 t + \pi/2 + \varphi_0)$
11	$s_{11}(t) = a \cos(\Omega_0 t + \pi + \varphi_0)$
10	$s_{10}(t) = a \cos(\Omega_0 t + 3\pi/2 + \varphi_0)$.

Exemple :

Message	0 1	1 1	0 1	0 1	0 0
Phase (au terme φ près)	$\pi/2$	π	$\pi/2$	$\pi/2$	0

(largeur 2 T par paire)

Examinons un exemple de modulateur à 4 états avec codage direct. La première opération réalisée est la division du train numérique en deux trains A et B par sélection d'un élément binaire du train principal sur deux. La durée des éléments binaires de chaque train est rendue égale à $2\,T$, et les trains sont rendus synchrones par retard de T de l'un d'entre eux :

Exemple :

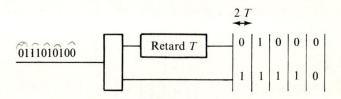

Fig. 3.3.

Les trains A et B sont codés en NRZ ; les signaux 0 et 1 de chaque train correspondent aux mêmes tensions respectives $+ a$ et $- a$.

Ces signaux sont appliqués à deux multiplicateurs alimentés par deux porteuses de même fréquence déphasées de $\pi/2$:

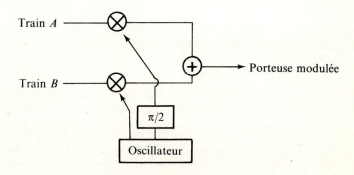

Fig. 3.4.

Les signaux sortant des multiplicateurs sont additionnés. A la sortie de l'additionneur, on trouve la porteuse modulée à 4 états espacés de $\pi/2$.

2.5. Modulation à 4 états avec codage par transition

On établit une correspondance entre la valeur du doublet et la transition entre deux états de phase successifs de la porteuse de la façon suivante :

Doublet	Déplacement de phase
00	0
01	$\pi/2$
11	π
10	$3\pi/2$

Exemple :

Message	0 1	1 1	0 1	0 1	0 0
Phase (au terme φ près)	0	π	$3\pi/2$	0	0

(avec $2T$ indiqué au-dessus du premier doublet)

Le système logique qui régit le fonctionnement d'un modulateur par transition à 4 états est assez complexe. Le premier étage effectue la séparation du train principal en deux trains A et B, conformément à la même loi que dans le cas de la modulation directe. Le deuxième étage comprend une entrée pour chaque train et deux sorties sur chacune desquelles sont disponibles les tensions $+a$ et $-a$.

Appelons α_0 l'état de la première sortie et β_0 celle de la deuxième à l'instant donné. Le système doit réaliser la fonction logique suivante :

Valeur de l'élément binaire du train A	Valeur de l'élément binaire du train B	Nouvelle valeur de la sortie 1	Nouvelle valeur de la sortie 2
0	0	α_0	β_0
0	1	$\overline{\beta_0}$	α_0
1	1	$\overline{\alpha_0}$	$\overline{\beta_0}$
1	0	β_0	$\overline{\alpha_0}$

Les deux sorties sont ensuite appliquées à deux multiplicateurs alimentés par deux porteuses décalées de π/2.

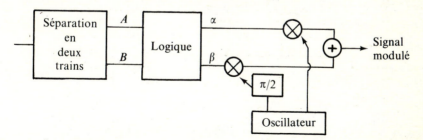

Fig. 3.5.

3. DÉMODULATION. RÉGÉNÉRATION. DÉCODAGE

Trois opérations sont nécessaires pour retrouver les éléments binaires émis :
— *la démodulation* : elle donne la phase du signal modulé, ou la différence de phase entre deux instants consécutifs ;
— *la régénération* : la phase du signal modulé ne devrait avoir qu'un nombre fini de valeurs, caractéristiques du signal numérique émis. Dans la réalité, le bruit et les distorsions modifient la valeur de la phase de la porteuse ; la régénération permet de retrouver la valeur de la phase qui a la plus grande probabilité d'avoir été émise ;
— *le décodage* : en modulation à 2^n états, le décodeur restitue les n éléments binaires qui ont la plus grande probabilité d'avoir été émis, à partir de la valeur de la phase donnée par le régénérateur.

3.1. Démodulation cohérente

On compare la porteuse modulée avec un signal de référence produit par un oscillateur local de réception synchronisé par la porteuse reçue, toute la difficulté résidant dans la réalisation de cette synchronisation. Ce paragraphe donne des exemples de réalisation de démodulateurs (d'autres montages sont évidemment possibles).

3.1.1. . *Cas de la modulation à deux états*

Si la porteuse est modulée à deux états de phase, on compare le double de sa fréquence au double de celle de l'oscillateur local (ceci élimine les sauts de phase) ; la tension d'erreur asservit l'oscillateur local. Ce système n'assure la mise en phase des deux ondes qu'à π près. Les deux ondes sont ensuite multipliées, puis un filtre sélectionne la composante continue.

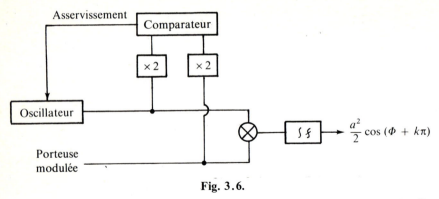

Fig. 3.6.

Les équations du système sont :
- valeur de la porteuse modulée $s(t) = a \cos(\Omega_0 t + \Phi + \varphi)$, Φ étant la phase cherchée et φ une phase aléatoire ;
- valeur du signal de référence $r(t) = a \cos(\Omega_0 t + k\pi + \varphi)$; le terme φ est le même que pour $s(t)$ et le terme k vaut 0 ou $+1$, mais reste constant pendant toute la durée de fonctionnement.

A la sortie du filtre passe-bas, on trouve :

$$V(t) = \frac{a^2}{2} \cos(\Phi + k\pi)$$

si $k = 0$ $\quad \Phi = 0 \Rightarrow V(t) > 0$
$\qquad\qquad \Phi = \pi \Rightarrow V(t) < 0$,
si $k = 1$ $\quad \Phi = 0 \Rightarrow V(t) < 0$
$\qquad\qquad \Phi = \pi \Rightarrow V(t) > 0$.

Le rapport entre le signe de $V(t)$ et la valeur de Φ dépend de la valeur prise par k lors de la mise en phase des ondes à π près. Un tel démodulateur doit être suivi d'un système logique qui permette de retrouver le signal émis, malgré cette ambiguïté (c'est le rôle du décodeur).

3.1.2. *Cas de la modulation à 4 états*

Si la porteuse est modulée à 4 états de phase, ce sont les fréquences quadruples de la porteuse modulée et du signal de référence que l'on compare, ce qui n'assure leur mise en phase qu'à $\pi/2$ près. La porteuse modulée est appliquée à deux démodulateurs dont l'un est alimenté par le signal de référence et l'autre par ce même signal déphasé de $\pi/2$. En sortie de ces deux démodulateurs après filtrage on trouve les signaux :

(3.2) $\qquad \begin{cases} V_1(t) = \dfrac{a^2}{2} \cos(\Phi + k\pi/2) \\[2mm] V_2(t) = \dfrac{a^2}{2} \sin(\Phi + k\pi/2) \end{cases}$

(3.3)

où k est une constante arbitraire.

Modulation et démodulation pour les faisceaux numériques

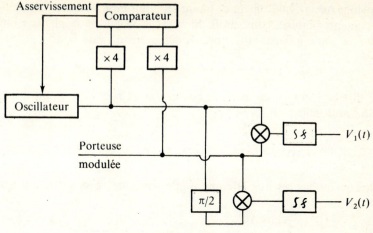

Fig. 3.7.

Ceci détermine $\Phi + k\pi/2$, et, comme dans l'exemple précédent, il reste à lever l'ambiguïté due au terme k.

3.2. Démodulation différentielle

Dans ce type de démodulation on compare deux états successifs de la porteuse. Ces démodulateurs donnent la différence entre deux états successifs et ne sont utilisés que lorsque la modulation a été précédée d'un codage par transition. Voici des exemples de réalisations de démodulateurs différentiels.

3.2.1. *Cas de la modulation à deux états*

On choisit une durée T_1, la plus proche possible de T, telle que :

(3.4) $\quad \begin{cases} T_1 < T \\ \Omega_0 T_1 = 2 k\pi \, . \end{cases}$

Comme $\Omega_0 T$ est très supérieur à l'unité, on a évidemment $T_1 \simeq T$.

On multiplie la valeur de la porteuse modulée à l'instant t par sa valeur à l'instant $t - T_1$. Pour cela, la porteuse est acheminée vers un multiplicateur par deux chemins dont l'un comprend une ligne à retard de durée T_1.

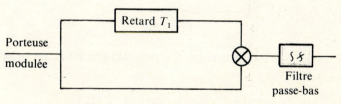

Fig. 3.8.

Appelons $\Delta\Phi$ le déplacement de phase de la porteuse à un instant t_0 séparant deux éléments binaires consécutifs. Si φ est la valeur de la phase à l'instant $t_0 - T_1$, la phase à l'instant t_0, après le déplacement, vaut donc

$$\varphi + \Omega_0 T_1 + \Delta\Phi,$$

c'est-à-dire $\varphi + \Delta\Phi$. A un instant t compris entre t_0 et $t_0 + T$, on trouve à la sortie du multiplicateur :

(3.5) $\qquad s(t) = \dfrac{a^2}{2} \left[\cos(2\Omega_0 t + 2\varphi + \Delta\Phi) + \cos(\Delta\Phi) \right].$

Un filtre passe-bas restitue la composante continue ; à sa sortie, on trouve :

$$V(t) = \dfrac{a^2}{2} \cos \Delta\Phi.$$

Le signe de $V(t)$ permet de savoir si $\Delta\Phi = 0$ ou si $\Delta\Phi = \pi$. Un tel démodulateur fournit donc la valeur du déplacement de phase entre deux éléments consécutifs.

3.2.2. *Cas de la modulation à 4 états*

On choisit deux durées T_1 et T_2 encadrant $2T$ au plus près telles que :

(3.6) $\qquad \begin{cases} \Omega_0 T_1 = 2m\pi - \pi/4 \\ \Omega_0 T_2 = 2m\pi + \pi/4. \end{cases}$

On a $T_1 \simeq T_2 \simeq 2T$. D'autre part, le terme m est fixé par le choix de T_1 et T_2.

On multiplie la valeur de la porteuse modulée à l'instant t par, d'une part sa valeur à l'instant $t - T_1$, et d'autre part sa valeur à l'instant $t - T_2$.

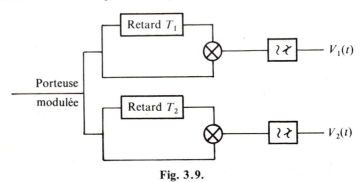

Fig. 3.9.

Des filtres passe-bas restituent les composantes continues des deux signaux obtenus. On trouve :

— à la sortie du premier $V_1(t) = \dfrac{a^2}{2} \cos(\Delta\Phi + \Omega_0 T_1)$

— à la sortie du deuxième $V_2(t) = \dfrac{a^2}{2} \cos(\Delta\Phi + \Omega_0 T_2)$.

D'où :

(3.7) $V_1(t) = \dfrac{a^2}{2} \cos(\Delta\Phi - \pi/4)$

(3.8) $V_2(t) = \dfrac{a^2}{2} \cos(\Delta\Phi + \pi/4)$.

Les signes de $V_1(t)$ et $V_2(t)$ permettent de savoir si $\Delta\Phi = 0, \pi/2, \pi, 3\pi/2$, conformément au tableau suivant :

$V_1(t)$	$V_2(t)$	$\Delta\Phi$
+	+	0
+	−	$\pi/2$
−	−	π
−	+	$3\pi/2$

Ce démodulateur fournit donc la valeur du déplacement de phase entre deux éléments consécutifs.

3.3. Régénération

La régénération de signaux rectangulaires à partir des signaux distordus disponibles à la sortie du démodulateur est fondée sur l'estimation, à des instants convenablement choisis, du signal rectangulaire qui a la plus grande probabilité d'être représenté par le signal distordu obtenu.

Dans les démodulateurs que nous venons d'étudier, la tension disponible sur la sortie en modulation à deux états, ou sur les 2 sorties en modulation à 4 états, ne devrait avoir que deux valeurs $\pm V_0$ possibles s'il n'y avait ni bruit ni distorsions. Ces valeurs devraient être constantes pendant la durée T en modulation à deux états et pendant la durée $2T$ en modulation à 4 états. Le régénérateur détermine, au moment le plus favorable et avec un temps d'acquisition le plus bref possible, si la tension est positive ou négative : si elle est positive, un système logique fournit une tension $+ V_0$ constante pendant T (ou $2T$) et si elle est négative il fournit une tension $- V_0$ constante pendant T (ou $2T$).

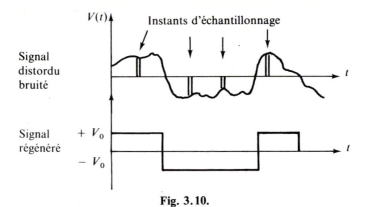

Fig. 3.10.

Les instants d'échantillonnage sont choisis par une horloge qui est synchronisée sur le rythme du signal modulé.

L'association démodulateur-régénérateur est par exemple la suivante en modulation à 4 états :

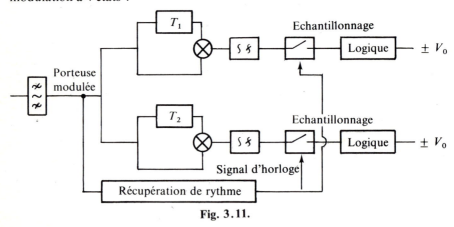

Fig. 3.11.

3.4. Décodage

Le décodage est une opération logique.

Le décodeur établit une correspondance entre les signaux rectangulaires fournis par le régénérateur et les éléments binaires 0 et 1, (sous une forme électrique appropriée à l'usage que l'on doit en faire) de telle façon que l'on retrouve les éléments binaires émis, aux erreurs dues au régénérateur près.

On distingue deux types de décodage :

— Le *décodage direct* établit une correspondance entre le signal à la sortie du régénérateur et un élément binaire (modulation à deux états) ou 2 éléments binaires (modulation à 4 états).

— Le *décodage par transition* établit une correspondance entre la transition entre deux signaux consécutifs à la sortie du régénérateur et un élément binaire (modulation à deux états) ou 2 éléments binaires (modulation à 4 états).

4. CONSTITUTION DE LA CHAINE DE TRANSMISSION

Le choix du type de codage, de démodulation et de décodage sont liés, certaines combinaisons étant interdites alors que d'autres nécessitent des conditions spéciales d'exploitation. Le tableau ci-dessous présente les combinaisons possibles, chaque système pouvant fonctionner avec une modulation à 2, 4, voire 2^n états de phase.

Pour un nombre d'états donné, les trois combinaisons sont classées par résistance au bruit décroissante mais aussi par facilité de mise en œuvre croissante.

	Codage	Démodulation	Décodage
1	direct	cohérente	direct
2	par transition	cohérente	par transition
3	par transition	différentielle	direct

Le cas n° 1 est d'une réalisation difficile. En effet la cohérence de la démodulation n'implique que l'identité des fréquences entre la porteuse de référence engendrée par le démodulateur et la porteuse émise, avec un déphasage qui est égal à un multiple entier du déplacement de phase. C'est ainsi qu'en modulation à deux états la porteuse du démodulateur pourrait être en opposition de phase avec la porteuse émise, ce qui aurait pour effet d'échanger tous les 0 et 1. Pour éviter cette erreur, il faut examiner la validité du message reçu. Deux solutions sont possibles :

— interruption périodique du message utile pour envoi de messages caractéristiques qui permettent au démodulateur de se mettre en phase sans ambiguïté ;

— si le message utile dispose lui-même d'une redondance telle que l'échange de 0 et de 1 soit reconnaissable, on peut utiliser ces propriétés pour la mise en phase.

Dans les deux cas, il n'y a pas indépendance entre le support de transmission et le contenu du message, et les systèmes sont de conception complexe. Pour ces raisons, la structure codage direct + démodulation cohérente + décodage direct n'est pas employée pour les faisceaux hertziens numériques.

Le cas n° 2 ne pose pas de problèmes particuliers. Le démodulateur cohérent peut faire une erreur égale à un multiple entier du déplacement de phase sur la phase de la porteuse, mais ceci n'a pas d'importance : ce n'est en effet pas la phase de la porteuse qui contient l'information mais le déplacement de phase entre deux états consécutifs, et le décodeur par transition rétablit le signal. Dans le cas n° 3, le démodulateur décode le signal et la mise en œuvre de cette solution est facile : on n'a pas besoin, contrairement au cas n° 2, de disposer d'une porteuse de référence à la réception.

La modulation

On remarquera que la configuration : codage direct-démodulation différentielle-décodage par transition ne figure pas dans le tableau : elle ne permet pas de retrouver le signal émis (elle se caractérise par une propagation infinie des erreurs).

5. OCCUPATION SPECTRALE

L'occupation spectrale d'une porteuse modulée en phase conformément aux principes exposés ci-dessus dépend uniquement de la vitesse de modulation.

Posons :

A = amplitude de la porteuse
f_0 = fréquence de la porteuse
θ = intervalle de temps séparant deux sauts de phase consécutifs
T = durée d'un élément binaire.

En modulation à deux états, $\theta = T$. En modulation à quatre états, $\theta = 2T$; on montre que l'équation du spectre s'écrit, en notant $\delta(f)$ la distribution de Dirac et $*$ le produit de convolution :

$$(3.9) \quad \gamma(f) = \frac{A^2 \theta}{4} \left(\frac{\sin \pi\theta f}{\pi\theta f} \right)^2 * [\delta(f - f_0) + \delta(f + f_0)].$$

Ceci entraîne que, à débit binaire égal, le spectre d'une onde modulée en phase à 4 états est deux fois moins large que celui d'une onde modulée en phase à deux états, comme le montrent les schémas ci-dessous :

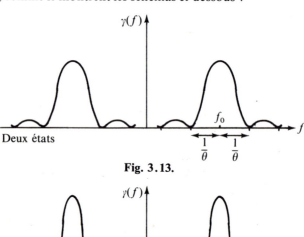

Fig. 3.13.

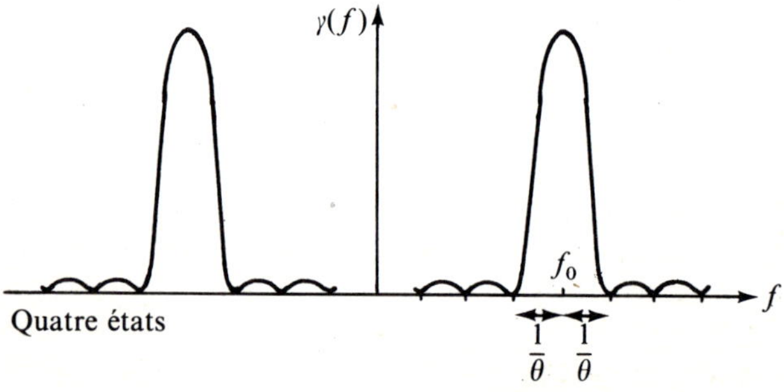

Fig. 3.14.

Il est évident que l'on ne transmet pas un tel spectre, de largeur infinie. La théorie montre que les performances du système se conservent si l'on filtre à l'aide d'un filtre de Nyquist de largeur égale à la moitié de celle de l'arche principale. Dans la pratique, il est nécessaire d'utiliser un filtrage de largeur un peu supérieure au filtre théorique : l'optimum se situe souvent aux environs de 0,6 fois la largeur de l'arche centrale.

Nous retiendrons donc que la largeur de bande nécessaire à la transmission d'un signal numérique modulé en phase est approximativement :

— $1,2/T$ en modulation à 2 états ;
— $0,6/T$ en modulation à 4 états.

Par exemple, un système fonctionnant à 140 Mbits/s (ce qui permet le codage de 1 920 voies téléphoniques) occupe une largeur de bande qui vaut environ 170 MHz en modulation à deux états, et 85 MHz en modulation à quatre états. Ces considérations sur les largeurs de bande expliquent pourquoi les faisceaux hertziens numériques à fort débit utilisent de préférence la modulation à quatre états.

Ces résultats ne sont valables que si le signal modulant est aléatoire ; or ce n'est pas le cas du signal à transmettre. En effet, lors de l'absence de message ou lors de la transmission de messages particuliers, des configurations spéciales, telles que la succession d'une longue série de 0 ou de 1, telles que des alternances régulières... peuvent se produire. La modification des propriétés spectrales qui en résulte (présence de raies, ou élargissement du spectre...) peut s'avérer gênante, puisque le matériel est étudié pour transmettre un signal aléatoire de spectre donné ; de plus, cela peut entraîner la perte du rythme du régénérateur.

Pour résoudre ce problème, on transforme les signaux réels en signaux pseudo-aléatoires correspondant à une séquence de longueur donnée, par une opération inversible. Cette transformation s'appelle le brassage ; on la réalise avant la modulation. L'opération inverse, appelée débrassage, est réalisée après le décodage, à la réception du dernier bond.

6. DÉMODULATION EN PRÉSENCE DE BRUIT ET DE DISTORSIONS

6.1. Influence du bruit thermique

Un certain bruit gaussien, blanc, de bande limitée par filtrage à la bande occupée par la porteuse modulée, se présente à l'entrée du démodulateur et altère les sauts de phase de la porteuse, ce qui provoque l'apparition d'erreurs.

La probabilité d'erreur due au bruit s'exprime en fonction du rapport E/N_0 de l'énergie par élément binaire à la densité spectrale de bruit. Cette fonction dépend du type de modulation, du nombre d'états et du type de démodulation.

En modulation directe à 2 ou 4 états avec démodulation cohérente, la probabilité d'erreur vaut :

$$(3.10) \quad P(\varepsilon) = \mathrm{erf}\left(\sqrt{\frac{2\,E}{N_0}}\right) \quad \text{avec} \quad \mathrm{erf}(x) = \frac{1}{\sqrt{2\,\pi}}\int_x^\infty e^{-u^2/2}\,du\ .$$

En modulation avec codage par transition à 2 états avec démodulation différentielle, la valeur approchée de la probabilité d'erreur est :

$$(3.11) \quad P(\varepsilon) \simeq \frac{1}{2} \exp\left(-\frac{E}{No}\right).$$

Il y a une dégradation des performances par rapport à la démodulation cohérente : ceci est normal, puisque le signal modulé reçu et le signal de référence sont tous deux bruités et distordus.

En modulation avec codage par transition avec démodulation cohérente et décodage par transition, la probabilité d'erreur sur la phase est évidemment la même que celle obtenue avec une modulation directe et démodulation cohérente. Mais au niveau du décodage, une erreur sur la phase se traduit par deux erreurs consécutives sur les éléments binaires. La probabilité d'erreur vaut donc :

$$(3.12) \quad P(\varepsilon) = 2 \operatorname{erf}\left(\sqrt{2\,E/No}\right).$$

Ces fonctions ont une caractéristique commune : *la probabilité d'erreur varie très vite en fonction de E/N_0*. Une dégradation de quelques décibels de E/No fait passer d'une probabilité d'erreur non mesurable simplement, à une probabilité d'erreur correspondant à la coupure de la liaison.

Le tableau ci-dessous permet la comparaison de la résistance au bruit thermique des divers types de codage, modulation, démodulation et décodage. On y trouve, pour chaque combinaison, le rapport E/No nécessaire pour assurer une probabilité d'erreur de 10^{-4}.

Codage	Nombre d'états de la modulation	Démodulation	Décodage	E/No nécessaire pour un taux d'erreur de 10^{-4} (en dB)
Direct	2 ou 4	cohérente	direct	8,4
Par transition	2 ou 4	cohérente	par transition	8,8
Par transition	2	différentielle	direct	9,3
Par transition	4	différentielle	direct	10,7
Direct	8	cohérente	direct	11,7
Par transition	8	cohérente	par transition	12,1
Par transition	8	différentielle	direct	14,7
Direct	16	cohérente	direct	16,1

Il s'agit là de performances théoriques : les performances réelles des équipements sont un peu moins bonnes à cause des distorsions.

6.2. Influence des distorsions

La porteuse modulée subit des filtrages dans la chaîne de transmission, ce qui en modifie évidemment les caractéristiques. Il ne faut toutefois pas confondre les distorsions subies par la porteuse modulée et celles que subit l'information qu'elle transporte. En transmission numérique, l'information n'est pas distordue si, à chaque instant d'échantillonnage à la réception le signal binaire a la valeur qu'il avait à l'émission aux instants correspondants. On démontre que certains filtrages, s'ils modifient bien la valeur du signal modulé, ne modifient pas celle que prend le signal modulant aux instants d'échantillonnage. C'est en particulier le cas pour un filtre rectangulaire idéal, de largeur de bande égale à la moitié de l'intervalle séparant les deux premiers zéros du spectre (filtre de Nyquist).

Les filtres réels ont des caractéristiques qui sont évidemment différentes de celles des filtres idéaux, et ils provoquent des distorsions de l'information. Après démodulation, ces distorsions se traduisent par :
— une modification de la valeur de chaque élément binaire aux instants d'échantillonnage ;
— un débordement de chaque élément binaire hors de la durée T, avec des valeurs non nulles aux instants d'échantillonnage des signaux voisins, ce qui perturbe ces signaux.

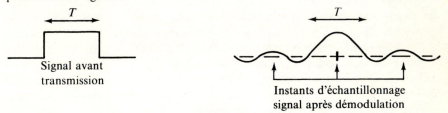

Fig. 3.15.

Ce phénomène porte le nom d'intermodulation intersymboles.

Les variations de valeur des signaux que provoque l'intermodulation intersymboles aux instants d'échantillonnage rendent le système plus sensible au bruit thermique : on évalue l'influence de l'intermodulation intersymboles en comparant la courbe théorique donnant le taux d'erreur en fonction du bruit thermique à la courbe réellement mesurée sur un ensemble modulateur-émetteur-récepteur-démodulateur.

7. ÉVOLUTION DE LA MODULATION NUMÉRIQUE

Les capacités à transmettre croissant, des études en cours portent sur le développement de systèmes hertziens dont l'occupation spectrale soit la plus faible possible tout en étant compatibles avec une bonne qualité et une complexité, donc un coût, acceptable.

La modulation à 8 états de phase permet une réduction appréciable de la bande passante, mais la conception du système est difficile car les phases ne sont plus espacées que de $\pi/4$, et les erreurs sont plus délicates à éviter qu'en modulation à 4 états.

Dans certaines conditions, la modulation par déplacement de fréquence donne une occupation spectrale plus faible que la modulation par déplacement de phase. On démontre en effet que, si un signal est discontinu, son spectre décroît en $1/F^2$ à l'infini, alors que s'il est continu et si seule sa dérivée est discontinue, son spectre décroît en $1/F^4$ à l'infini. On peut rendre les variations de phase du signal modulé continues en faisant de la modulation de fréquence (pour certaines valeurs de l'excursion de fréquence). Pour obtenir le maximum de variation de phase pendant la durée d'un élément binaire, l'excursion de fréquence crête-à-crête est égale à la moitié du débit binaire.

Le signal modulé a pour équation pendant la durée $[KT, (K+1)T]$ correspondant à la transmission du K-ème élément binaire :

(3.13) $\quad s(t) = A \cos(\Omega_0 t + 2\pi \Delta F_K t + \varphi)$

avec :

$$\begin{cases} \Delta F_K = +1/4T \text{ pour la transmission d'un 0} \\ \Delta F_K = -1/4T \text{ pour la transmission d'un 1} \end{cases}$$

La variation de phase pendant la durée d'un élément binaire vaut : $+\pi/2$ pour la transmission d'un 0, et $-\pi/2$ pour la transmission d'un 1.

Une telle modulation de fréquence peut être associée à une démodulation de phase : les instants d'échantillonnage sont choisis de telle façon qu'ils correspondent aux moments où la phase a varié de $+\pi/2$ ou de $-\pi/2$.

Pour les très fortes capacités (140 Mbits/s ou plus), on peut envisager des systèmes où l'on module à la fois la phase et l'amplitude, à 9 ou à 16 états. Les difficultés rencontrées viennent, d'une part de la complexité de conception des modulateurs et démodulateurs, et d'autre part de la nécessité de transmettre la modulation d'amplitude sans trop de distorsions, alors que de nombreux éléments de la chaîne de transmission, tels que les mélangeurs et surtout les amplificateurs de puissance ont des courbes de réponse amplitude-amplitude naturellement non linéaires.

La réduction de l'occupation spectrale peut également s'obtenir avec la modulation à réponse partielle. Le signal binaire est transformé en signal à plusieurs niveaux, de même rapidité de modulation. Cette redondance est utilisée pour créer une corrélation entre les valeurs successives du signal ainsi obtenu. La corrélation se traduit par une diminution de l'occupation spectrale.

On remarquera que dans la modulation par déplacement de fréquence, dans la modulation à grand nombre d'états ou dans la modulation à réponse partielle, on fait subir au signal modulant un traitement qui tend à diminuer son aspect « numérique » en atténuant ou en faisant disparaître complètement les discontinuités qui caractérisent les signaux numériques : la modulation qui en résulte est de caractère plutôt analogique, ce qui permet une réduction de la largeur de bande.

ANNEXE 1

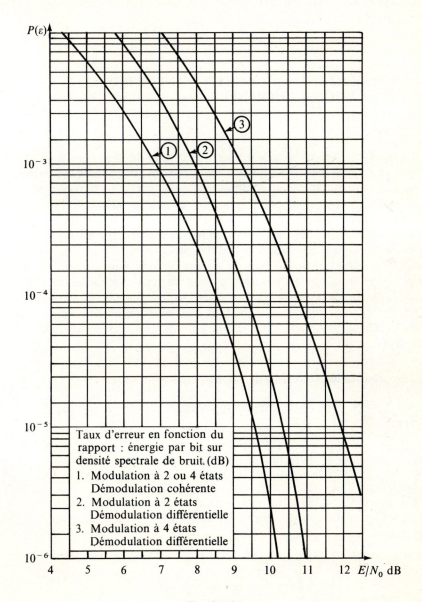

Fig. 3.16.

ANNEXE 2 (Extrait de la note CNET/EST/EFT/56 de D. Lombard : « codage et modulation d'une information numérique en transmission radio-électrique »)

TAUX D'ERREUR EN MODULATION NUMÉRIQUE. DÉMODULATION COHÉRENTE

1. Introduction

La représentation vectorielle des signaux émis et du bruit permet un exposé simple et de grande valeur heuristique des principaux résultats concernant la modulation numérique. On commencera donc par la justification de cette représentation. On indiquera ensuite pourquoi le problème de la réception optimale peut être traité dans le sous-espace des vecteurs émis. La réception consiste alors en la détermination d'une partition dans cet espace. Les régions de décision étant délimitées, le calcul des probabilités d'erreur est alors très simple. On calcule à titre d'exemple le taux d'erreur pour les modulations à deux états. On peut alors comparer les taux d'erreur en modulations d'amplitude, de fréquence et de phase à deux états. On détermine également l'influence d'une modulation imparfaite sur le taux d'erreur en modulation par déplacement de phase à deux états. On donne enfin le taux d'erreur en modulation par déplacement de phase à quatre états.

2. Représentation vectorielle des signaux émis et du bruit

Les signaux émis $S_i(t)$ forment un ensemble discret de signaux d'énergie finie E_i de durée T :

$$(1) \qquad E_i = \int_0^T S_i^2(t)\, dt.$$

Cet ensemble est donc un sous-espace de dimension finie de l'espace de Hilbert H des fonctions d'énergie finie sur $(0, T)$. Le produit scalaire est défini sur H par :

$$(2) \qquad \langle x, y \rangle = \int_0^T x(t)\, y(t)\, dt.$$

Notons que les normes des vecteurs sont égales aux racines carrées des énergies.

Soit $\langle \varphi_k(t) \rangle$ une base orthonormée de cet espace

$$(3) \qquad \langle \varphi_k, \varphi_e \rangle = \delta_{ke}.$$

Toute fonction certaine ou aléatoire d'énergie finie sur $(0, T)$ peut être considérée comme un vecteur de H

(4) $$X(t) = \mathbf{X} = \sum_1^\infty X_k \varphi_k(t) \quad \text{avec} \quad X_k = \langle \varphi_k, X \rangle.$$

C'est en particulier le cas du bruit $B(t)$ introduit par la transmission ; les projections B_k sont alors des variables aléatoires.

(5) $$B(t) = \sum_1^\infty B_k \varphi_k(t) \quad \text{avec} \quad B_k = \langle \varphi_k, B \rangle.$$

Si on suppose, comme c'est l'usage, que $B(t)$ est un bruit blanc gaussien densité spectrale :

(6) $$\gamma(v) = No/2$$

donc de fonction de corrélation :

(7) $$C_B(\tau) = (No/2)\,\delta(\tau)$$

la corrélation entre deux échantillons B_k et B_e s'exprime par :

(8) $$E(B_k B_e) = \int_0^T \int_0^T \varphi_k(t)\,\varphi_e(\theta)\,C_B(t - \theta)\,dt\,d\theta.$$

D'où, d'après (7) :

(9) $$E(B_k B_e) = (No/2)\,\delta_{ke}.$$

Le bruit $B(t)$ est donc représenté par un vecteur aléatoire $\mathbf{B}$ dont les composantes B_k sont des variables aléatoires gaussiennes indépendantes, de variance $No/2$.

Le récepteur, en présence d'un vecteur $\mathbf{X} = \mathbf{S}_i + \mathbf{B}$ appartenant à H doit conclure à l'émission probable d'un des vecteurs $\mathbf{S}_i$.

Le récepteur établit donc une partition de H en n régions correspondant chacune à un signal émis.

3. Réductibilité

On peut décomposer le vecteur reçu $\mathbf{X}$ en deux parties :

$$\mathbf{X} = \mathbf{X}_1 + \mathbf{X}_2$$

où $\mathbf{X}_1$ est la projection du vecteur reçu sur le sous-espace des états émis et $\mathbf{X}_2$ est la projection du vecteur reçu sur le sous-espace orthogonal.

Les projections du vecteur bruit sur ces deux sous-espaces sont indépendantes. Le vecteur $\mathbf{X}_2$ résulte donc uniquement du bruit et n'apporte aucune information utilisable. Le problème de la décision est donc réduit au sous-espace des signaux émis H' ; les régions de décision sont cylindriques d'axe orthogonal à l'espace H'. On peut donc limiter l'étude au sous-espace H'.

4. Régions de décision

Soit D_i la région de H' où le récepteur décide S_i. Appelons $\psi_i(\mathbf{x})$ l'indicatrice de D_i

$$\begin{cases} \psi_i(\mathbf{x}) = 1 & \text{si} \quad \mathbf{x} \in D_i \\ \psi_i(\mathbf{x}) = 0 & \text{si} \quad \mathbf{x} \notin D_i \end{cases}.$$

Posons $p_i(\mathbf{x}) = Pb\ (\mathbf{x}/S_i$ a été émis$)$ et p_i probabilité pour que le signal S_i soit émis.

La probabilité de décision correcte s'exprime par :

$$(10) \qquad P(C) = \sum_{i=1}^{n} p_i \int_{H'} p_i(\mathbf{x})\, \psi_i(\mathbf{x})\, d\mathbf{x}\,.$$

Si les signaux S_i sont équiprobables ($p_i = 1/n$), on a :

$$(11) \qquad P(C) = \frac{1}{n} \int_{H'} \sum_{i=1}^{n} p_i(\mathbf{x})\, \psi_i(\mathbf{x})\, d\mathbf{x}\,.$$

On cherche à maximiser cette probabilité par un choix judicieux des régions de décision.

Dans chaque région, une fonction $\psi_i(\mathbf{x})$, et une seule, est non nulle (les D_i réalisent une partition de l'espace). On a donc intérêt à conclure à l'émission de l'état dont la valeur $p_i(\mathbf{x})$ est la plus grande en $\mathbf{x}$. La frontière des régions de décision est donnée par

$$(12) \qquad p_i(\mathbf{x}) = p_j(\mathbf{x}) \qquad i \neq j\,.$$

5. Modulations numériques à deux états

L'espace H' des vecteurs émis est au plus à deux dimensions. Si les signaux sont équiprobables et le bruit blanc et Gaussien, la séparatrice est la médiatrice du segment $S_1 S_2$.

La probabilité de décision correcte quand S_1 a été émis s'exprime donc par :

$$(13) \qquad Pb(C/S_1) = \int_{D_1} p_1(\mathbf{x})\, d\mathbf{x}\,.$$

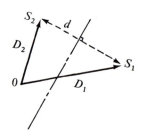

Appelons d la distance $S_1 S_2$. En prenant comme axe la direction $\mathbf{S}_2\mathbf{S}_1$, on a :

$$(14) \qquad p_1(\mathbf{x}) = \frac{1}{\sqrt{2\pi}\,\sigma} \exp\left[-\frac{1}{2\sigma^2}(\mathbf{x} - \mathbf{S}_1\mathbf{S}_2/2)^2\right]$$

d'où

$$(15) \qquad Pb(C/S_1) = \int_0^{+\infty} \frac{1}{\sqrt{2\pi}\,\sigma} \exp\left[-\frac{1}{2\sigma^2}(x - d/2)^2\right] dx$$

$$(16) \qquad Pb(C/S_1) = \int_{-d/2}^{+\infty} \frac{1}{\sqrt{2\pi}\,\sigma} \exp\left[-\frac{x^2}{2\sigma^2}\right] dx\,.$$

On en déduit la probabilité d'erreur quand S_1 a été émis :

$$(17) \qquad Pb(\varepsilon/S_1) = \int_{-\infty}^{-d/2} \frac{1}{\sqrt{2\pi}\,\sigma} \exp\left[-\frac{x^2}{2\sigma^2}\right] dx\,.$$

C'est aussi la probabilité d'erreur globale puisque les deux symboles sont équiprobables. En remarquant de plus que $\sigma^2 = No/2$ d'après (9), on obtient :

$$(18) \qquad P(\varepsilon) = \theta(d/\sqrt{2\,No})$$

avec

$$\theta(x) \triangleq \frac{1}{\sqrt{2\pi}} \int_x^{\infty} e^{-u^2/2}\, du$$

$E \triangleq$ énergie du signal par élément binaire
$No \triangleq$ densité spectrale du bruit (monolatérale).

APPLICATIONS : 1) *Modulation d'amplitude par tout ou rien.*
Les deux signaux possibles sont :

$$\begin{cases} S_1(t) = \sqrt{2E/T}\,\cos\omega_0 t & 0 < t \leq T \\ S_2(t) = 0 & 0 < t \leq T\,. \end{cases}$$

Ces deux signaux engendrent un espace de dimension 1 ; le vecteur unitaire de base est $\varphi_1(t) = \sqrt{2/T}\,\cos\omega_0 t$

$$\mathbf{S}_1 = (\sqrt{E})\,\boldsymbol{\varphi}_1$$
$$\mathbf{S}_2 = (0)\,.$$

Dans ce cas $d = \sqrt{E}$; d'où le taux d'erreur :

$$(19) \qquad P(\varepsilon) = \theta\left(\sqrt{\frac{E}{2\,No}}\right).$$

2) *Modulation par déplacement de fréquence*

Les deux signaux possibles sont :

$$\begin{cases} S_1(t) = \sqrt{2\,E/T}\cos\omega_1 t & 0 < t \leqslant T \\ S_2(t) = \sqrt{2\,E/T}\cos\omega_2 t & 0 < t \leqslant T. \end{cases}$$

On supposera la modulation cohérente (T multiple de $2\pi/\omega_1$ et de $2\pi/\omega_2$).

Les deux fonctions $\varphi_i(t) = \sqrt{2/T}\cos\omega_i t$ ($i = 1, 2$) sont normées ; leur produit scalaire s'exprime par :

$$\langle \varphi_1 . \varphi_2 \rangle = \frac{2}{T}\int_0^T \cos\omega_1 t \cos\omega_2 t\, \mathrm{d}t = 0$$

car $\omega_1 T$ et $\omega_2 T$ sont multiples de 2π.

(φ_1, φ_2) constitue donc une base orthonormée de l'espace des signaux possibles

$$\begin{cases} \mathbf{S}_1 = \sqrt{E}\varphi_1 \\ \mathbf{S}_2 = \sqrt{E}\varphi_2 \end{cases}$$
$$d = \sqrt{2\,E}.$$

D'où le taux d'erreur en présence de bruit blanc gaussien de densité spectrale $No/2$:

(20) $\qquad P(\varepsilon) = \theta(\sqrt{E/No})$.

3) *Modulation par déplacement de phase*

Les deux signaux possibles sont

$$S_1(t) = \sqrt{2\,E/T}\cos\omega_0 t$$
$$S_2(t) = \sqrt{2\,E/T}\cos(\omega_0 t + \pi) = -S_1(t).$$

Ces deux signaux engendrent un espace de dimension 1 ; le vecteur unitaire de base est $\varphi_1(t) = \sqrt{2/T}\cos\omega_0 t$

$$\begin{cases} \mathbf{S}_1 = \sqrt{E}\varphi_1 \\ \mathbf{S}_2 = -\sqrt{E}\varphi_1 \end{cases}$$
$$d = 2\sqrt{E}.$$

D'où le taux d'erreur en présence de bruit blanc gaussien, de densité spectrale $No/2$:

(21) $\qquad P(\varepsilon) = \theta(\sqrt{2\,E/No})$.

4) *Influence de l'imperfection du modulateur sur le taux d'erreur en modulation par déplacement de phase à deux états.*

Les deux principaux défauts introduits par les modulateurs réels sont :
— un déphasage différent de π entre les signaux émis
— une modulation d'amplitude entre ces signaux.

On a alors :

$$\begin{cases} S_1(t) = \sqrt{2\,E_1/T}\,\cos \omega_0 t \\ S_2(t) = \sqrt{2\,E_2/T}\,\cos(\omega_0 t + \pi - \beta) \end{cases}$$

avec

$$\begin{cases} E_1 = E(1 - \alpha) \\ E_2 = E(1 + \alpha) \end{cases}$$

L'espace des signaux émis est alors à deux dimensions.

$$d^2 = 2\,E(1 + \sqrt{1 - \alpha^2}\,\cos \beta).$$

D'où le taux d'erreur :

(22) $\qquad P(\varepsilon) = \theta\left[\sqrt{\dfrac{2\,E(1 + \sqrt{1 - \alpha^2}\,\cos \beta)}{No}}\right].$

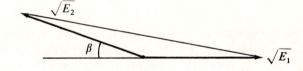

Pour α et β petits on obtient :

$$d^2 = 2\,E\left[1 + \left(1 - \dfrac{\alpha^2}{2}\right)\left(1 - \dfrac{\beta^2}{2}\right)\right].$$

On pourra ainsi déterminer un compromis pour le réglage du modulateur.

5) *Modulation par déplacement de phase à quatre états.*

Les quatre signaux possibles sont :

(23) $\qquad S_i(t) = \sqrt{2\,E_1/T}\,\cos(\omega_0 t + i\,\pi/2) \quad i = 0, 1, 2, 3.$

Le système

$$\varphi_1(t) = \sqrt{2/T}\,\cos(\omega_0 t - \pi/4)$$
$$\varphi_2(t) = \sqrt{2/T}\,\cos(\omega_0 t + \pi/4)$$

constitue une base orthonormée. On en déduit la représentation vectorielle des signaux $S_i(t)$:

$$S_0 = [\sqrt{E_1/2}, \sqrt{E_1/2}]$$
$$S_1 = [-\sqrt{E_1/2}, \sqrt{E_1/2}]$$
$$S_2 = [-\sqrt{E_1/2}, -\sqrt{E_1/2}]$$
$$S_3 = [\sqrt{E_1/2}, -\sqrt{E_1/2}].$$

Les régions de décision associées sont délimitées par les axes φ_1 et φ_2.

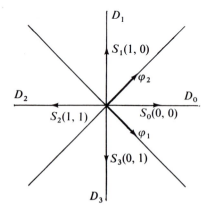

Chaque signal représente un groupe de deux éléments binaires. Supposons la correspondance telle qu'en passant du signal $S_i(t)$ à l'un des deux signaux adjacents S_{i+1} ou S_{i-1}, un seul des éléments binaires associés change (Code de Gray). Calculons la probabilité d'erreur : celle-ci est égale à la probabilité d'erreur sur l'un des signaux émis, car ceux-ci sont équiprobables.

$$P(\varepsilon) = P(\varepsilon/S_i) \quad \forall i$$

S_0 étant transmis, on commet une erreur quand le vecteur reçu $\mathbf{x}$ est dans D_1 et D_3 et deux erreurs s'il est dans D_2 :

$$P(\varepsilon/S_0) = \frac{1}{2}\left[Pb(\mathbf{x} \in D_1) + Pb(\mathbf{x} \in D_3) + 2\,Pb(\mathbf{x} \in D_2)\right].$$

En utilisant la symétrie, on peut écrire :

$$P_1(\varepsilon/S_0) = \left[Pb(\mathbf{x} \in D_1) + Pb(\mathbf{x} \in D_2)\right].$$

Ou encore :

$$P(\varepsilon) = Pb[\mathbf{x} \in (D_1 \cup D_2)].$$

Or S_0 étant émis, x sera dans le demi-plan $D_1 D_2$ si sa composante sur φ_1 est négative. Cette composante est un signal modulé par déplacement de phase à deux états d'énergie $E_1/2$.

Le taux d'erreur vaut donc :

$$P(\varepsilon) = \theta(\sqrt{E_1/No})$$

E_1 étant l'énergie du signal S_i. Si on introduit l'énergie par l'élément binaire E on obtient :

(24) $\qquad P(\varepsilon) = \theta(\sqrt{2\,E/No})$

où $\qquad \theta(x) = \dfrac{1}{\sqrt{2\pi}} \displaystyle\int_x^\infty e^{-u^2/2}\,du$.

Schématiquement, chaque élément binaire est alors codé par une projection sur un des secteurs de base (φ_1 ou φ_2). La décision sur chaque phase est indépendante de la décision sur l'autre. Cette décision se fait à partir d'un vecteur $\sqrt{E_1/2} = \sqrt{E}$. On doit donc retrouver le même taux d'erreur qu'en modulation par déplacement de phase à deux états.

Remarquons qu'il n'en serait pas de même si le codage binaire à signal n'était pas un codage de Gray, c'est-à-dire s'il n'associait pas des phases opposées aux blocs de deux éléments binaires « opposés » (Fig. 1.2). Pour des taux d'erreur faibles la dégradation serait alors de l'ordre de 50 %.

TAUX D'ERREUR EN MODULATION PAR DÉPLACEMENT DE PHASE A DEUX ÉTATS. DÉMODULATION DIFFÉRENTIELLE

1. Position du problème - Régions de décision

En démodulation différentielle, on ne dispose pas à la réception de la référence de phase ; à chaque instant, la décision sera prise en fonction du signal reçu pendant l'intervalle caractéristique précédent.

La notion de région de décision doit être adaptée. Une décision sera prise en comparant deux échantillons consécutifs $\mathbf{X}_k$ et $\mathbf{X}_{k+1}$. On conclura à l'émission de deux signaux de même phase si $\mathbf{X}_{k+1}$ est dans le demi-plan dont la séparatrice est orthogonale à $\mathbf{X}_k$ et qui contient $\mathbf{X}_k$. Dans le cas contraire, on conclura à l'émission de deux phases différentes. A chaque instant de décision, la frontière de la région de décision occupe une position dépendant de l'échantillon précédent.

2. Taux d'erreur

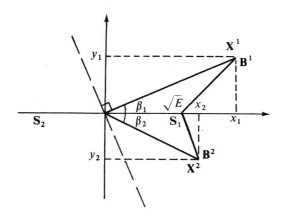

Supposons que les deux phases émises successivement aient été identiques. Les signaux reçus sont

(32) $\quad \mathbf{X}^1 = \mathbf{S} + \mathbf{B}^1$
$\quad\quad \mathbf{X}^2 = \mathbf{S} + \mathbf{B}^2 .$

On prendra une décision correcte si

(33) $\quad \pi/2 < \theta_2 - \theta_1 < \pi/2 .$

On démontre (4) que la densité de probabilité de l'argument θ du vecteur reçu $\mathbf{X} = \mathbf{S} + \mathbf{B}$ est de la forme

(34) $\quad p(\theta) = \dfrac{1}{2\pi} e^{-E/No} \times$
$$\left[1 + \sqrt{4\pi E/No} \cos\theta \, e^{E/No \cos^2\theta} \left(1 - \theta\left(\sqrt{\dfrac{2E}{No}} \cos\theta\right)\right)\right].$$

La densité de probabilité de la variable aléatoire $\theta_2 - \theta_1 = \varphi$ est la convolution de $p(\theta)$ par lui-même :

(35) $\quad P_{\theta_1 - \theta_2}(\varphi) = \displaystyle\int_0^{2\pi} p(\theta + \varphi)\, p(\theta)\, d\theta = \int_0^{2\pi} p(\varphi - \theta)\, p(\theta)\, d\theta .$

La probabilité d'erreur est égale à :

(36) $\quad P(\varepsilon) = 1 - \displaystyle\int_{-\pi/2}^{\pi/2} P_{\theta_2 - \theta_1}(\varphi)\, d\varphi .$

Dans le cas de la modulation par déplacement de phase à deux états, une approximation de (34) permet d'obtenir une expression analytique de $P(\varepsilon)$. On trouve (2)

$$(37) \qquad P(\varepsilon) = \frac{1}{2} \exp(-E/No) \, .$$

Si on avait supposé les deux phases successives émises distinctes, on trouverait la même probabilité d'erreur. Les deux éventualités étant équiprobables, on en déduit la probabilité d'erreur après démodulation différentielle :

$$(38) \qquad P(\varepsilon) \simeq \frac{1}{2} \exp(-E/No) \, .$$

La méthode ébauchée ci-dessus est d'application générale. En modulation de phase à quatre états, on aura :

$$(39) \qquad P_{4P}(\varepsilon) = 1 - \int_{-\pi/4}^{+\pi/4} P_{\theta_2 - \theta_1}(\varphi) \, d\varphi$$

où $P_{4P}(\varepsilon)$ est la probabilité d'erreur sur les phases reçues.

On aura alors :

$$(40) \qquad P_{4B}(\varepsilon) = 1 - \int_{-3\pi/4}^{\pi/4} P_{\theta_2 - \theta_1}(\varphi) \, d\varphi$$

où $P_{4B}(\varepsilon)$ est la probabilité d'erreur sur les éléments binaires (voir annexe I).

BIBLIOGRAPHIE

LIVRES

(3.1) Bennet et Davey, *Data transmission*, McGraw-Hill, (1965).
(3.2) J. Dupraz, *Théorie de la communication*, Eyrolles, (1973).
(3.3) Bell Telephone Laboratories. *Transmission systems for communications*, (février 1970).

ARTICLES ET REVUES

(3.4) M. Joindot, Un modèle théorique du canal de transmission en modulation différentielle à quatre états de sauts de phase, *Annales des télécommunications*, (septembre-octobre 1974).
(3.5) M. Joindot, *Cours de transmission numérique*, Direction de l'enseignement supérieur technique des PTT, (mai 1975).
(3.6) Liger, *Influence des procédés de modulation sur l'efficacité de l'utilisation des bandes de fréquence allouées dans les transmissions digitales*, Contribution à la conférence Digital satellite communication (Londres, novembre 1969).

(3.7) F. Platet, La modulation par impulsion et codage, *Câbles et transmission*, (décembre 1975).
(3.8) Y. Madec et C. Aillet, Le multiplexage des signaux numériques, (*Ibid.*).
(3.9) P. Dupuis et B. Druais, Transmission numérique par faisceaux hertziens, (Ibid.).
(3.10) M. Gendraud, R. François, J. L. Damblin, Faisceaux hertziens numériques FHD 22.28 (*Ibid.*).
(3.11) Y. Schiffres et P. Dupuis, le FLD 15, (*Ibid.*).
(3.12) D. Lombard, Codage et modulation d'une information numérique en transmission radioélectrique, *Note technique du CNET*, (EST/EFT/56 de janvier 1971).
(3.13) M. Joindot, Calcul du taux d'erreur sur un canal numérique en modulation de phase en présence de filtrage, et influence de quelques défauts, *Note technique du CNET*, (TMA/ETL/9 de février 1971).
(3.14) Picinbono, *Théorie du signal et détection de l'information*, Cours de l'ENST.
(3.15) P. Magne, Faisceaux hertziens numériques, *Note Technique Thomson-CSF*, DT-DFH-PHM 2346.

Deuxième partie

Les fréquences porteuses

Chapitre 4 : **Plans de fréquences**
Chapitre 5 : **Propagation en espace libre**
Chapitre 6 : **Propagation des ondes centimétriques en visibilité**

Chapitre 4

Plans de fréquences

1. DOMAINE DE FONCTIONNEMENT DES FAISCEAUX HERTZIENS

Des bandes de fréquences sont attribuées aux faisceaux hertziens :
— dans le domaine des ondes métriques : bande 70-80 MHz,
— dans le domaine des ondes décimétriques : bande 400-470 MHz, bande 1 700-2 300 MHz,
— dans le domaine des ondes centimétriques.

Les bandes 70-80 MHz et 400-470 MHz sont très étroites et ne sont utilisables que pour des liaisons de faible capacité.

Ce n'est que dans les fréquences supérieures à 1 700 MHz que l'on trouve les largeurs de bande nécessaires à la transmission de multiplex téléphoniques de moyenne et grande capacité et d'images de télévision. La plupart des faisceaux hertziens fonctionnent donc à plus de 1,7 GHz.

C'est l'emploi de fréquences élevées qui conditionne la structure des liaisons hertziennes. En effet, la diffraction des ondes centimétriques au-delà de l'horizon s'accompagne d'un affaiblissement considérable. Par conséquent, si l'on désire établir une liaison en n'émettant que de faibles puissances (de l'ordre du watt), il est nécessaire qu'il n'y ait aucun obstacle entre les antennes (les faisceaux hertziens troposphériques qui utilisent la diffusion et la réfraction des ondes dans les zones turbulentes de la troposphère mettent en jeu des puissances considérables).

L'emploi de fréquences élevées présente des avantages liés aux performances des antennes : celles-ci sont d'autant meilleures que le rapport entre la surface rayonnante et le carré de la longueur d'onde est plus élevé. On obtient d'excellents résultats, tant du point de vue du gain que de la directivité, avec des antennes dont le diamètre n'excède pas 4 m.

La limite supérieure de la bande utilisable est fixée par les conditions de propagation.

Entre 2 et 11 GHz, l'établissement de liaisons ne pose pas de problèmes particuliers.

A partir de 11 GHz (environ), il faut tenir compte de l'absorption de l'énergie par les hydrométéores. Cette absorption croît avec la fréquence, et la réalisation des liaisons devient d'autant plus difficile que leur fréquence se rapproche de 22 GHz, valeur de la fréquence de résonance de la molécule de vapeur d'eau.

Nous pouvons donc considérer que le domaine de fonctionnement des faisceaux hertziens en visibilité réalisés avec la technologie actuelle s'étend de 1,7 GHz à 22 GHz.

Cet ouvrage se limite à l'étude des systèmes utilisant cette gamme de fréquences.

Il est possible d'utiliser des fréquences supérieures à 22 GHz. Les bandes correspondantes sont encore presque totalement vierges, et il est prévisible que les systèmes qui les utiliseront auront une structure et des conditions d'emploi tout à fait différentes de ceux qui sont étudiés ici.

En France, la répartition des fréquences entre les divers utilisateurs est précisée par un organisme interministériel, le Comité de Coordination des Télécommunications.

Le tableau 4.2 donne les grandes lignes du partage du spectre, pour les liaisons hertziennes.

2. ÉTABLISSEMENT DES PLANS DE FRÉQUENCES

Il convient d'optimiser l'utilisation du spectre radioélectrique, c'est-à-dire de trouver des méthodes qui permettent de transmettre le maximum de signaux sur un trajet donné, avec la bande la plus étroite possible, et des brouillages acceptables. L'encombrement spectral des signaux émis et le nombre important de liaisons établies dans les pays à forte densité de population rend ce problème fondamental.

Aussi, après de nombreuses études techniques, et dans un but de rationnalisation globale des réseaux, le CCIR a précisé les méthodes d'utilisation des bandes de fréquences en publiant des plans de fréquences. La suite de ce chapitre présente quelques considérations permettant l'établissement de plans de fréquences.

2.1. Fréquences nécessaires à la transmission bilatérale d'un signal

Il est évident qu'il faut au moins deux fréquences porteuses pour transmettre bilatéralement un signal sur un trajet donné.

La solution qui consiste à affecter une fréquence à un sens de transmission, conformément à la figure 4.1 n'est pas acceptable.

Fig. 4.1.

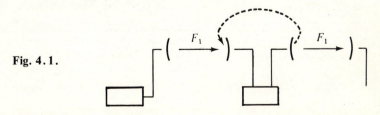

Les fréquences porteuses

Bande GHz	Utilisateurs prioritaires	Principaux autres utilisateurs
1,912 2,100	Forces armées. Divers. Télécom.	Centre d'études spatiales
2,100 2,290	Télécom.	Forces Armées
3,400 3,800	Télédiffusion de France	Aviation civile Télécom. Divers
3,800 4,200	Télécom. (Faisceaux hertziens et liaisons par satellite)	Télédiffusion de France Aviation civile
5,925 6,425	Télécom. (Faisceaux hertziens et liaisons par satellite)	
6,425 7,110	Télécom.	
7,300 7,750	Télécom., Forces Armées, Météo. nationale, Aviation civile, particuliers, Télédiffusion de France, divers	
8,025 8,400	Télédiffusion de France	Télécom., Forces Armées, Météo, Centre d'études spatiales
10,7 11,7	Télécom. (Faisceaux hertziens et liaisons par satellite)	Télédiffusion de France, particuliers, Forces Armées, Aviation civile
12,75 13,25	Télécom.	Particuliers, Aviation civile, Forces Armées
14,4 14,5	Télécom. (Faisceaux hertziens et liaisons par satellite)	Radioastronomie
15,25 15,35	Télécom.	Forces Armées
17,7 19,7	Télécom.	Forces Armées

Fig. 4.2.

plans de fréquences

En effet, dans une station-relais, le signal est reçu à une puissance extrêmement faible qui peut descendre jusqu'à 10^{-12} W et réémis à une puissance de l'ordre du watt. Dans ces conditions, le moindre couplage entre les antennes situées sur le même support provoque des brouillages inadmissibles.

On peut alors songer à utiliser la même fréquence à l'émission dans les deux sens pour une station donnée, l'autre fréquence servant à la réception, conformément au schéma 4.3.

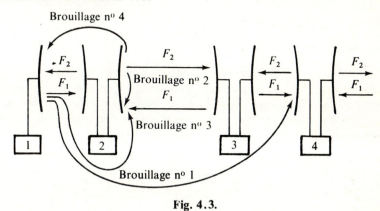

Fig. 4.3.

Les brouillages possibles sont les suivants :

n° 1 : Brouillage de la réception en 4 par l'émission en 1. Etant donné la distance qui sépare les stations et l'absence de propagation notable au-delà de l'horizon, ce brouillage s'évite facilement : il suffit que les antennes correspondantes ne soient pas en visibilité directe l'une de l'autre et, pour éviter tout brouillage en cas de propagation anormale, que les bonds ne soient pas alignés.

n° 2 : Brouillage par couplage de la réception en 2 à la fréquence F_1 par l'émission en 2 à la fréquence F_2. Ce type de brouillage se produit lorsqu'une partie de l'énergie émise est réinjectée au niveau des branchements sur les guides d'onde dans la chaîne de réception. Ce phénomène est toujours présent. Un écart convenable des fréquences F_1 et F_2 ainsi qu'un bon filtrage des signaux reçus permet d'éviter ce brouillage.

n° 3 : Brouillage de la réception en 2 venant de 3 par l'émission de 1 vers 2. Ce brouillage vient du fait que la directivité des antennes est imparfaite et que l'antenne 2 orientée vers 3 capte quand même une certaine énergie par son lobe arrière. Pour éviter ce brouillage, il convient d'utiliser des antennes extrêmement directives.

n° 4 : Brouillage de la réception en 1 par l'énergie rayonnée par le lobe arrière de l'antenne 2 dirigée vers 3. Ce phénomène identique au précédent, est justiciable du même remède.

On constate donc que l'emploi d'antennes très directives permet de n'utiliser que deux fréquences porteuses pour la transmission bilatérale d'un signal.

Dans chaque station, il y a croisement de fréquences entre les deux sens de transmission, conformément au schéma 4.4 :

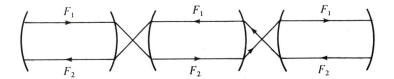

Fig. 4.4.

Cette solution est excellente sur le plan de l'encombrement spectral mais est relativement onéreuse puisqu'elle nécessite l'emploi d'antennes très directives, donc d'antennes chères. Les utilisateurs qui ont un réseau peu dense se contentent parfois de réaliser des plans à 4 fréquences qui évitent les cas de brouillage n°s 3 et 4 conformément au schéma 4.5.

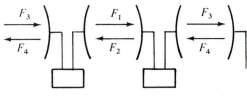

Fig. 4.5.

2.2. Transmission simultanée de plusieurs signaux

2.2.1. *Espacement minimal de canaux adjacents*

Pour augmenter la capacité des systèmes hertziens on regroupe sur un même trajet la transmission de plusieurs signaux du même type, à des fréquences voisines.

On appelle canal bilatéral le couple de fréquences qui caractérise la transmission bilatérale d'un signal donné. La réalisation de faisceaux hertziens à plusieurs canaux s'effectue en tenant compte de l'impératif d'optimisation de l'utilisation du spectre. On veille à ce que les porteuses véhiculant les signaux soient les plus rapprochées possible, l'espacement minimal dépendant de la largeur du spectre de l'onde modulée, des possibilités de filtrage et de la sensibilité des signaux aux brouillages.

On peut obtenir d'excellents résultats en alternant les polarisations des ondes émises : sur un bond donné dans un sens donné si le canal n° 1 est émis en polarisation horizontale, le n° 2 est émis en polarisation verticale, etc.

Pour cela, on emploie, soit une antenne par polarisation (ce qui est onéreux), soit une antenne à deux accès qui émet une partie des signaux sur une polarisation, et l'autre partie sur l'autre polarisation (cf. chapitre 8).

plans de fréquences

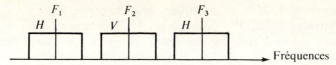

Fig. 4.6. Alternance des polarisations.

A la réception, l'emploi d'antennes à double polarisation permet de séparer les canaux.

Ce type d'antennes dispose de deux accès bénéficiant d'un découplage important, qui vaut fréquemment 30 dB. Sur l'accès horizontal, on trouve par exemple les canaux de rang impair à leur niveau nominal, les canaux de rang pair étant très affaiblis ; sur l'accès vertical, la situation est inversée.

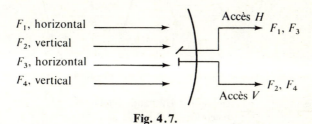

Fig. 4.7.

Cette technique qui permet d'affaiblir un canal sur deux à la réception sur un accès donné facilite donc la réalisation des filtrages et le rapprochement des canaux.

2.2.2. *Demi-bandes*

Pour éviter tout danger de brouillage d'émission sur réception par couplage dans une même station, on a intérêt à regrouper toutes les fréquences servant à l'émission dans une station et toutes celles servant à la réception, et à éloigner ces deux groupes de telle façon qu'ils puissent être séparés par filtrage.

On obtient des configurations de ce type dans une station donnée :

— Canal 1 : Fréquence : Emission F_1, Réception F'_1
  — 2 :   —   — F_2, — F'_2
  — 3 :   —   — F_3, — F'_3,
etc.

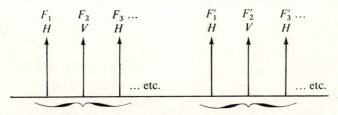

Fig. 4.8.

Les fréquences 1, 2, 3 ... constituent la demi-bande basse.
Les fréquences 1', 2', 3' ... constituent la demi-bande haute.
Chaque station émet dans une demi-bande et reçoit dans l'autre demi-bande (Fig. 4.9). A la station suivante, la situation est inversée.

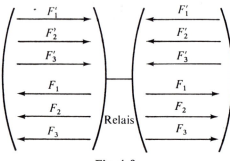

Fig. 4.9.

Géographiquement, la situation se présente de la façon suivante :

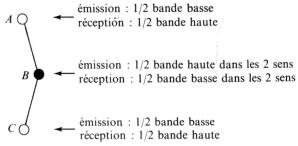

Fig. 4.10.

Le choix des polarisations respectives des demi-bandes influe sur les infrastructures (antennes, guides d'ondes). Deux cas se présentent :

Si les polarisations des fréquences F_n et F'_n sont les mêmes (Fig. 4.11), l'émission et la réception ont lieu sur le même accès pour un canal donné. Il y a donc un accès de l'antenne destiné aux canaux de rang pair et un autre à ceux de rang impair. Une seule antenne à double accès et deux lignes en hyperfréquence (guides d'onde par exemple) reliant l'antenne et les équipements radio suffisent. Des dispositifs unidirectionnels, comme les ferrites, permettent de séparer les deux sens de transmission acheminés sur un guide.

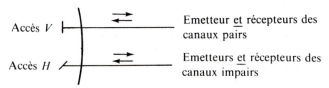

Fig. 4.11.

Cette organisation est économique, mais l'acheminement de deux sens de transmission sur un seul guide d'onde présente des inconvénients : le vieillissement des guides entraîne souvent l'apparition d'intermodulation entre les deux sens, ce phénomène étant d'autant plus gênant que la puissance acheminée et la capacité transmise sont plus élevées.

Pour les faisceaux de forte capacité et de grande qualité, il est indispensable de recourir à des plans de fréquence où les polarisations de F_n et F'_n sont différentes (Fig. 4.12).

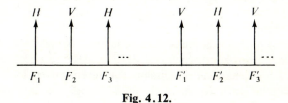

Fig. 4.12.

Chaque guide d'onde n'achemine qu'un seul sens de transmission. Il faut deux antennes et quatre guides d'ondes par station et par direction (Fig. 4.13).

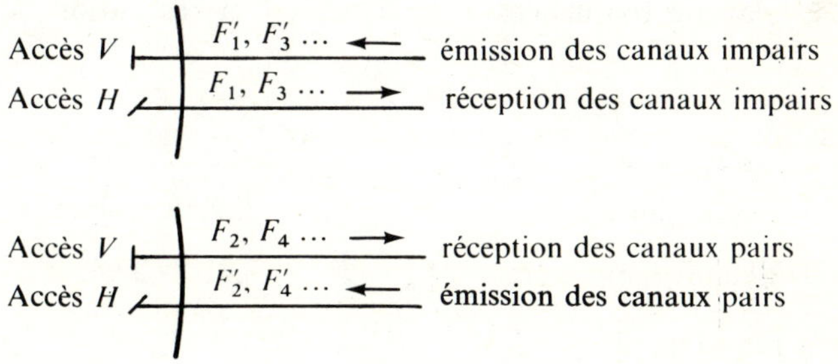

Accès V ⊢─┤ $F'_1, F'_3 ...$ ←── émission des canaux impairs
Accès H ⊢─┤ $F_1, F_3 ...$ ──→ réception des canaux impairs

Accès V ⊢─┤ $F_2, F_4 ...$ ──→ réception des canaux pairs
Accès H ⊢─┤ $F'_2, F'_4 ...$ ←── émission des canaux pairs

Fig. 4.13.

Une telle organisation est plus onéreuse que la précédente. Lorsque les canaux doivent être installés progressivement on met évidemment en place les canaux d'une parité donnée dans une première phase, ce qui correspond à l'installation d'une antenne et de deux guides à titre de premier investissement ; la deuxième antenne et les deux guides associés ne viennent alors qu'en phase ultérieure.

2.2.3. *Choix précis des fréquences porteuses*

L'examen des possibilités de filtrage entre canaux permet de calculer l'espacement minimum entre canaux adjacents compte tenu des brouillages admissibles. Le choix des valeurs précises des fréquences porteuses nécessite la prise en considération d'autres contraintes. Il convient en particulier d'éviter que les diverses fréquences engendrées dans la chaîne de transmission ne tombent dans les bandes utiles à des niveaux gênants, et que les intermodulations possibles entre les canaux ne provoquent des brouillages. Le calcul d'un plan de fréquences est donc un problème complexe.

2.3. Exemples de plans de fréquences

2.3.1. *Bande* 5,9-6,4 GHz

En France, conformément à l'avis 383.1 du CCIR, la bande 5,9-6,4 GHz est utilisée pour la téléphonie analogique à 1 800 voies par canal.

Avec un indice de modulation assez faible (140 kHz efficaces pour le signal de référence de 0 dBm0), la bande de Carson d'un canal modulé vaut 23,4 MHz. Le croisement des polarisations entre canaux adjacents permet un espacement des porteuses à peine supérieur à la bande de Carson : on a choisi 29,65 MHz.

L'écart entre la porteuse la plus élevée de la demi-bande basse et la porteuse la plus basse de la demi-bande haute est de 44,5 MHz : cet écart est nécessaire pour éviter les perturbations d'émission sur réception en local.

Les polarisations des fréquences de même rang sont inversées en demi-bande haute par rapport à la demi-bande basse : l'émission et la réception d'un canal donné se font sur des guides différents, et il est donc nécessaire d'avoir deux antennes par station et par direction.

Etant donné que la bande allouée à ce type de faisceaux hertziens est de 500 MHz, le plan de fréquences adopté permet la réalisation de 8 canaux bilatéraux.

La fréquence des porteuses est donnée par :

$$1/2 \text{ bande inférieure} \qquad F_n = F_0 - 259{,}45 + 29{,}65\, n$$

$$1/2 \text{ bande supérieure} \qquad F'_n = F_0 - 7{,}41 + 29{,}65\, n$$

avec $F_0 = 6\,175$ MHz.

Ce plan figure en annexe (Fig. 4.14).

2.3.2. *Bande* 12,75-13,25 GHz

En France, la bande 12,75-13,25 GHz est utilisée principalement pour la téléphonie numérique à 720 voies par canal, ce qui correspond à un débit de 52 Mbits/s.

En modulation par déplacement de phase à quatre états, pour un débit de 52 Mbits/s, la bande de Nyquist d'un canal vaut 26 MHz. Pour éviter les brouillages on a choisi un écartement entre porteuses adjacentes de 35 MHz, et deux porteuses voisines sont évidemment émises sur des polarisations croisées.

Deux porteuses de même rang en demi-bande haute et en demi-bande basse fonctionnent sur la même polarisation sur un bond donné. Une antenne suffit donc par station et par direction, et, pour un canal donné, émission et réception se font sur le même guide d'ondes.

L'écart entre la porteuse la plus haute de la demi-bande basse et la porteuse la plus basse de la demi-bande haute est de 105 MHz. Cet écart relativement important s'explique par le fait que les brouillages d'émission sur réception se sont avérés difficiles à maîtriser en technique numérique, à cause de la largeur des spectres des signaux.

Dans la bande allouée, ce plan de fréquences permet 6 canaux bilatéraux. Les fréquences des porteuses sont données par :

Demi-bande basse : $F_n = F_0 - 262{,}5 + 35\,n$

Demi-bande haute : $F'_n = F_0 + 17{,}5 + 35\,n$

avec $F_0 = 12\,999{,}5$ MHz.

Ce plan est représenté à la figure 4.15 (annexe).

2.4. Indice d'occupation spectrale d'un plan de fréquences

En téléphonie, pour juger l'efficacité d'un plan de fréquences dans le domaine de l'encombrement spectral, on définit l'indice d'occupation spectrale comme le rapport : $i = B/4\,n$, où B (kHz) est la largeur de bande totale du plan de fréquences et n le nombre de voies téléphoniques bilatérales de 4 kHz qu'il est possible de transmettre en utilisant ce plan de fréquences.

Voici les indices d'occupation spectrale pour les principaux plans de fréquence utilisés en France :

Bande	Capacité par canal	Nombre de canaux	Indice d'occupation
3,8-4,2 GHz	960 voies analogiques	6	17,5
3,8-4,2 GHz	1 260 voies —	6	13,3
5,9-6,4 GHz	1 800 voies —	8	8,7
6,4-7,1 GHz	2 700 voies —	8	8,1
12,75-13,25 GHz	720 voies numériques (52 Mbits/s)	6	29

On constate que l'indice d'occupation décroît quand la capacité augmente. Cette loi, presque toujours vérifiée, montre que l'utilisation de faisceaux à très forte capacité optimise l'encombrement spectral.

On constate aussi que les systèmes analogiques ont un meilleur indice d'occupation que les systèmes numériques : ceci est normal, puisque le spectre d'une onde modulée par un signal numérique est plus large que celui d'une onde modulée par un signal analogique.

3. UTILISATION DES FRÉQUENCES SUR UN TERRITOIRE DONNÉ

A partir du moment où un pays désire développer un réseau hertzien très dense, il ne peut y avoir de partage géographique des fréquences : tous les faisceaux d'un type donné doivent fonctionner dans la même bande, et sont par conséquent susceptibles de se brouiller.

L'étude des perturbations entre liaisons hertziennes (chapitre 12) montre que l'on a intérêt dans la plupart des cas à ce que tous les faisceaux fonctionnant dans la même bande utilisent exactement les mêmes fréquences porteuses. C'est ainsi que tous les faisceaux de téléphonie analogique à 1 800 voies dans la bande 5,9-6,2 utilisent en France les 8 couples de porteuses définies au paragraphe II.

Toutefois, dans certaines conditions, on peut avoir intérêt à recourir à un plan de fréquences décalé par rapport au plan principal d'une quantité égale au demi-espacement entre deux porteuses adjacentes.

Les problèmes de brouillages se résolvent en employant des antennes très directives, et en jouant sur les polarisations respectives des bonds qui se perturbent.

On montre que, sous certaines conditions angulaires liées à la qualité des antennes, des faisceaux de même plan de fréquences peuvent se croiser en une station commune. Il est évident que cette station commune émet dans la même demi-bande (haute ou basse) dans toutes les directions, dans une bande de fréquences donnée.

Si l'on désire relier deux stations A et B par lesquelles passent des liaisons existantes, on constate aisément que :

— si les demi-bandes d'émission de A et B sont les mêmes, le nombre de bonds qui les relient doit être pair ;

— si les demi-bandes d'émission de A et B sont différentes, le nombre de bonds qui les relient doit être impair.

La parité du nombre de bonds d'une liaison dont les extrémités existent est donc fixée. Ce résultat est extrêmement important pour l'insertion d'une liaison dans un réseau existant et fonctionnant dans la même bande de fréquences que la liaison étudiée.

plans de fréquences

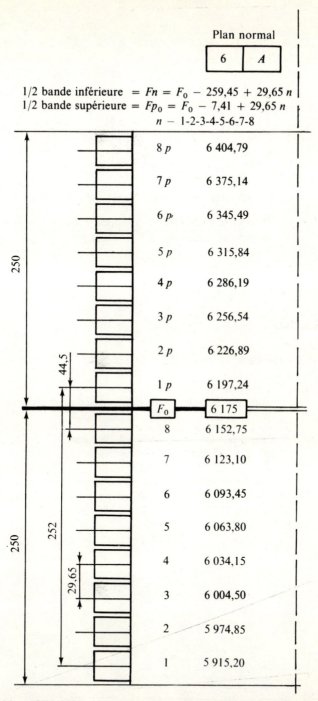

Fig. 4.14. AVIS 383/1-5925-6425. Disposition des canaux radioélectriques pour les faisceaux hertziens ayant une capacité de 1 800 voies téléphoniques, ou leur équivalent, fonctionnant dans la bande des 6 GHz.

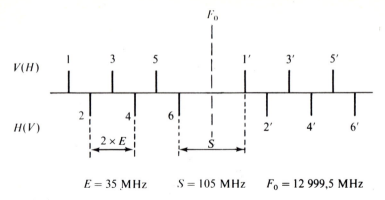

Fig. 4.15. Bande 12,75 GHz-13,25 GHz. Disposition des canaux radioélectriques pour faisceau numérique à 52 Mbits/s par canal.

BIBLIOGRAPHIE

ARTICLES ET REVUES

CCIR : Genève 1974, volume IX.

De nombreux avis et rapports de ce volume sont consacrés aux plans de fréquences, en particulier :

Avis 382.2	Bandes 2 et 4 GHz	600 à 1 800 voies
Avis 383.1	Bande des 6 GHz	1 800 voies
Avis 384.2	Bande des 6 GHz	2 700 voies
Avis 385	Bande des 7 GHz	60, 120, 300 voies
Avis 386.1	Bande des 8 GHz	960 voies
Avis 387.2	Bande des 11 GHz	600 à 1 800 voies.

Chapitre 5

Propagation en espace libre

Ce chapitre est consacré au calcul de la puissance reçue sur un bond hertzien en fonction de la puissance émise, des caractéristiques des antennes et du bond, dans un cas idéal appelé espace libre, où l'on suppose que les antennes sont seules dans l'espace.

Il ne faut pas confondre un bond en espace libre et un bond en visibilité : dans ce dernier cas, bien qu'il n'y ait pas d'obstacle entre les antennes, la traversée de l'atmosphère et le voisinage de la Terre influent considérablement sur la puissance reçue (cette influence est étudiée au chapitre 6).

1. RAPPELS : GAIN ET AIRE ÉQUIVALENTE D'UNE ANTENNE (*)

1.1. Gain à l'émission et diagramme de directivité

1.1.1. *Définition du gain*

Pour définir la façon dont une antenne rayonne la puissance qui lui est appliquée, on la compare généralement à une antenne fictive qui rayonnerait de la même façon dans toutes les directions : l'antenne isotrope.

Par définition, le gain d'une antenne dans une direction **u** est le rapport de la densité de puissance P_A par unité de surface produite par l'antenne dans cette direction **u** à la distance d lorsqu'on lui applique une puissance P_0, à la densité de puissance P_I par unité de surface que produirait l'antenne isotrope au même point et dans les mêmes conditions :

(5.1) $\quad G(\mathbf{u}) = \dfrac{P_A}{P_I}.$

(*) La réalisation pratique des antennes est étudiée en détail au chapitre 8.

Ce rapport est évidemment indépendant de P_0 et de la distance d dès que l'on est suffisamment loin de l'antenne pour qu'elle puisse être considérée comme ponctuelle.

On exprime souvent le gain en décibels :

$$(5.2) \qquad g(\mathbf{u})_{dB} = 10 \log \frac{P_A}{P_I}.$$

Le gain d'une antenne étant fonction de la direction dans laquelle on le mesure, si l'on porte dans cette direction à partir d'un point un vecteur de longueur proportionnelle au gain ou au logarithme du gain, la surface engendrée par l'extrémité du vecteur s'appelle surface caractéristique de directivité de l'antenne. Sa coupe par un plan s'appelle diagramme de directivité. La connaissance des diagrammes de directivité sert à calculer des brouillages : comme les antennes susceptibles d'être brouillées sont en général dans un plan horizontal, le diagramme de directivité dans ce plan (diagramme en azimut) suffit à caractériser l'antenne pour les calculs de brouillages.

On distingue deux diagrammes de directivité dans un plan donné : le diagramme copolaire, mesuré sur la polarisation à laquelle fonctionne l'antenne à la fréquence étudiée, et le diagramme contrapolaire mesuré sur la polarisation orthogonale à celle-ci (*).

On appelle découplage de directivité d'une antenne dans une direction donnée le rapport entre le gain de l'antenne dans l'axe et son gain dans la direction étudiée. On distingue le découplage de directivité copolaire et le découplage de directivité contrapolaire.

1.2. Aire équivalente à la réception

A la réception, une antenne capte une certaine puissance qui est proportionnelle :

— à la densité de puissance par unité de surface du champ dans lequel elle est placée ;

— à un coefficient dépendant de l'antenne et homogène à une aire que l'on appelle aire équivalente de l'antenne.

Si l'antenne pouvait être assimilée à une ouverture plane captant intégralement l'énergie incidente, l'aire équivalente ne serait autre que l'aire réelle de l'ouverture. En pratique, l'aire équivalente dépend de l'aire réelle et des caractéristiques de l'antenne ; le rapport entre l'aire équivalente et l'aire réelle est en général de l'ordre de 0,5 à 0,6. Ce rapport s'appelle rendement de l'antenne.

(*) On montre au chapitre 8 qu'une antenne émet sur plusieurs polarisations selon la direction étudiée. Dans l'axe, à une fréquence donnée, les antennes de faisceaux hertziens sont construites pour n'émettre que selon une seule polarisation, que nous appellerons polarisation de l'onde émise par l'antenne à la fréquence étudiée.

1.3. Relation entre le gain et l'aire équivalente

Une même antenne peut être utilisée à la réception ou à l'émission. Le principe de réciprocité permet d'établir une relation entre le gain qui caractérise le fonctionnement à l'émission et l'aire équivalente S_e qui caractérise le fonctionnement à la réception.

On démontre que

(5.3) $\qquad G = 4\pi S_e/\lambda^2$.

2. BILAN ÉNERGÉTIQUE D'UN BOND SANS RELAIS PASSIF

2.1. Calcul de la puissance reçue

Considérons deux antennes de gains G_1 et G_2 et d'aires équivalentes S_{e1} et S_{e2}, distantes de d. Soit P_e la puissance appliquée à la première antenne. Cherchons la puissance P_r reçue sur la deuxième :

La densité de puissance par unité de surface que créerait l'antenne isotrope à la distance d lorsqu'on lui applique la puissance P_e vaut

$$P_I = \frac{P_e}{4\pi d^2}.$$

D'après la définition du gain, la densité de puissance par unité de surface créée par l'antenne 1 à la distance d vaut :

$$W = \frac{P_e G_1}{4\pi d^2}.$$

D'après la définition de l'aire équivalente, l'antenne 2 capte la puissance :

(5.4) $\qquad P_r = \dfrac{P_e G_1 S_{e2}}{4\pi d^2}.$

Inversons le fonctionnement, en appliquant la puissance P_e à l'antenne 2. La puissance reçue doit valoir P_r, d'après le principe de réciprocité.

On vérifie bien que :

$$\frac{P_e}{4\pi d^2} G_1 S_{e2} = \frac{P_e}{4\pi d^2} G_2 S_{e1}.$$

Les fréquences porteuses

On met souvent la formule (5.4) sous forme symétrique : en remplaçant l'aire équivalente par son expression en fonction du gain, on obtient :

(5.5) $\qquad P_r = P_e \, G_1 \, G_2 (\lambda/4\pi d)^2 \,.$

Dans la pratique, le problème se pose en termes un peu différents. On connaît la puissance P_E à la sortie de l'émetteur, et on cherche la puissance P_R à l'entrée du récepteur.

Entre l'émetteur et l'antenne se trouvent des branchements et des lignes de transmission en hyperfréquence (cf. chapitre 7). Il en est de même entre l'antenne et le récepteur. Ces dispositifs provoquent des pertes, parfois importantes, qu'il convient de comptabiliser.

Appelons α_B l'affaiblissement dû aux branchements, et α_G l'affaiblissement dû aux lignes de transmission (émission + réception).

La formule (5.5) devient :

(5.6) $\qquad \boxed{\; P_{\text{Récepteur}} = P_{\text{Emetteur}} \cdot G_1 \, G_2 \left(\dfrac{\lambda}{4\pi d}\right)^2 \dfrac{1}{\alpha_B \, \alpha_G} \;}\,.$

2.2. Exemple

Les données sont les suivantes :

— fréquence : 6 GHz
— longueur du bond : 50 km
— puissance d'émission : 10 W, soit 40 dBm
— gain des antennes : 45,5 dB chacune
— longueur des guides d'ondes : 30 m à l'émission
                                         70 m à la réception
— perte dans les guides : 5 dB par 100 m
— perte dans les branchements
  (à l'émission + à la réception) : 5,9 dB

A partir de ces données, nous pouvons calculer la puissance reçue :

$10 \log p_E$	: $\quad$ 40 dBm
$- 10 \log (\lambda/4\pi d)^2$	: -142 dB
$10 \log (G_1 . G_2)$	: $+91$ dB
Pertes en guide α_G	: -5 dB
Pertes de branchement α_B	: $-5{,}9$ dB
$10 \log P_R$	: $-21{,}9$ dBm

La puissance reçue vaut donc :

$$P_R = 6{,}5 \cdot 10^{-3} \text{ mW} \,.$$

3. BOND AVEC RELAIS PASSIF

3.1. Calcul de la puissance reçue

Nous avons vu qu'il pouvait être intéressant, lorsque les antennes ne sont pas en visibilité l'une de l'autre, d'utiliser la réflexion (*) sur un passif plan conformément au schéma :

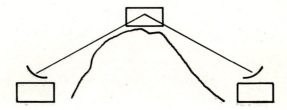

On peut aussi employer un relais passif constitué par deux antennes dos à dos.

Calculons le bilan énergétique d'un tel bond, dans le cas de l'emploi d'un réflecteur plan.

Les notations sont les suivantes :

- 2β : angle dont le réflecteur dévie les rayons
- d_1 : distance du réflecteur à l'antenne 1
- d_2 : distance du réflecteur à l'antenne 2
- G_1 et G_2 : gain des antennes
- S : aire du réflecteur
- η : rendement de surface du réflecteur, dû aux irrégularités de surface et aux pertes par effet Joule (ce terme est proche de l'unité).

La projection de la surface du passif sur la direction de propagation vaut $S \cos \beta$.

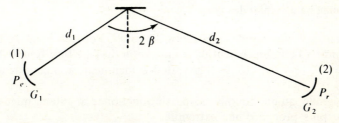

L'aire équivalente du passif vaut $\eta S \cos \beta$.

(*) Etant donné que les dimensions du passif ne sont pas infiniment grandes devant la longueur d'onde, il s'agit en fait d'un phénomène de diffraction.

La puissance reçue sur le passif vaut d'après (5.4) :

$$(5.7) \qquad P_1 = \frac{P_e G_1}{4 \pi d_1^2} \eta S \cos \beta .$$

A l'émission, le passif a un gain G qui vaut d'après (5.3)

$$(5.8) \qquad G = \eta \frac{4 \pi S \cos \beta}{\lambda^2} .$$

La puissance P_r reçue sur l'antenne 2 vaut, par application des formules (5.5) et (5.7) :

$$P_r = \left(\frac{P_e G_1}{4 \pi d_1^2} \eta S \cos \beta \right) \left(\eta \frac{4 \pi S \cos \beta}{\lambda^2} \right) G_2 \left(\frac{\lambda}{4 \pi d_2} \right)^2 .$$

Ce qui s'écrit, en faisant intervenir les pertes dans les branchements et dans les lignes de transmission et en regroupant les facteurs :

$$(5.9) \qquad \boxed{P_R = P_E G_1 G_2 \left(\frac{\eta S \cos \beta}{4 \pi d_1 d_2} \right)^2 \frac{1}{\alpha_B \alpha_G}} .$$

On écrit parfois cette expression sous la forme :

$$(5.10) \qquad P_R = \left[P_E G_1 G_2 \left(\frac{\lambda}{4 \pi (d_1 + d_2)} \right)^2 \frac{1}{\alpha_B \alpha_G} \right] \left[\frac{(\eta S \cos \beta)(d_1 + d_2)}{\lambda d_1 d_2} \right]^2 .$$

Le premier terme entre crochets représente le bilan énergétique d'un bond de longueur $d_1 + d_2$, sans passif. Le second représente l'affaiblissement provoqué par l'insertion du passif.

3.2. Domaine d'emploi des passifs

Examinons l'influence de la position du passif. Pour un bond de longueur totale donnée, l'affaiblissement dû à l'insertion du passif est minimal lorsque $d_1 = 0$ ou $d_2 = 0$ (ce qui ne correspond évidemment à aucune réalité physique !).

Ceci signifie qu'un bond avec passif fonctionne d'autant mieux que le passif est plus proche d'une extrémité.

Passons à l'influence de la fréquence. La formule (5.9), s'écrit, en faisant intervenir les aires équivalentes S_{e1} et S_{e2} des antennes de gain G_1 et G_2 :

$$(5.10) \qquad P_R = P_E \frac{(\eta S \cos \beta)^2 . S_{e1} S_{e2}}{\lambda^4 d_1^2 d_2^2} \cdot \frac{1}{\alpha_B \alpha_G} .$$

Ceci montre que, pour un passif de dimensions données et des antennes de dimensions et de rendements donnés, la puissance reçue est proportionnelle à la puissance quatrième de la fréquence, cette affirmation devant être nuancée par le fait que, pour des fréquences élevées, on est amené à utiliser des passifs et des antennes de dimensions plus faibles que pour les fréquences basses, afin d'éviter les dépointages d'antennes qui ne manquent pas de se produire lorsque le lobe principal est trop étroit. L'emploi de passifs est tout à fait exceptionnel à 2 GHz ou 4 GHz, alors qu'il est courant à 13 ou 15 GHz.

3.3. Exemple de calcul

Reprenons le bond de l'exemple précédent, en supposant qu'un passif de 10 m² est inséré à 1 km d'une extrémité et qu'il dévie le faisceau de 40°. Son rendement est de 90 %. Calculons l'affaiblissement qu'il introduit :

$$S \cos \beta = 9{,}4 \text{ m}^2$$
$$20 \log \frac{\lambda d_1 d_2}{(S \cos \beta)(d_1 + d_2)} = 14{,}2 \text{ dB}$$
$$-10 \log \eta^2 = 1 \text{ dB}.$$

Affaiblissement supplémentaire dû au passif : 15,2 dB. Puissance reçue : $-37{,}2$ dBm, soit $1{,}9 \cdot 10^{-4}$ mW.

L'affaiblissement supplémentaire est loin d'être négligeable. L'introduction d'un passif pèse lourdement sur le bilan énergétique d'un bond.

4. CALCUL DE PUISSANCE PERTURBATRICE REÇUE EN ESPACE LIBRE

4.1. Types de brouillages

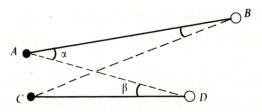

Les stations A et C fonctionnent dans la même demi-bande.
Il existe 4 brouillages possibles :
- brouillage de la réception en A par l'émission de D vers C,
- brouillage de la réception en D par l'émission de A vers B,
- brouillage de la réception en C par l'émission de B vers A,
- brouillage de la réception en B par l'émission de C vers D.

Nous calculerons le premier avec les notations suivantes :
— α : angle (AB, AD),
— β : angle (DA, DC),
— G_A, G_B, G_C, G_D : gain des antennes dans l'axe,
— $DD_A(\alpha), DD_D(\beta)$: découplages de directivité copolaires des antennes A et D dans les directions α et β par rapport à leur axe,
— $DC_A(\alpha), DC_D(\beta)$: découplages de directivité contrapolaires des antennes A et D dans les directions α et β par rapport à leur axe,
— P_{EA}, etc. : puissance émise en A, etc.
— P_{RA} : puissance du signal perturbé reçue en A,
— P'_{RA} : puissance du signal perturbateur reçue en A,
— d_{AB}, etc. : distance AB, etc.

Pour alléger les calculs, on omettra les pertes en guides et dans les branchements.

4.2. Perturbateur et perturbé sont sur la même polarisation

Le gain de l'antenne D dans la direction A sur sa polarisation de fonctionnement vaut : $\dfrac{G_D}{DD_D(\beta)}$ et celui de l'antenne A dans la direction de D vaut : $\dfrac{G_A}{DD_A(\alpha)}$.

La puissance de perturbateur reçue en A vaut donc :

$$(5.11) \quad \boxed{P'_{RA} = P_{ED} \frac{G_D}{DD_D(\beta)} \frac{G_A}{DD_A(\alpha)} \left(\frac{\lambda}{4\pi d_{DA}}\right)^2}.$$

4.3. Perturbateur et perturbé sont sur des polarisations différentes

La résolution rigoureuse du problème est complexe. On peut le simplifier par les considérations suivantes :

— l'antenne D émet sur sa polarisation de fonctionnement avec le gain $\dfrac{G_D}{DD_D(\beta)}$ dans la direction de A, et l'antenne A reçoit ce signal sur sa polarisation orthogonale, donc avec le gain $\dfrac{G_A}{DC_A(\alpha)}$;

— l'antenne D émet sur sa polarisation orthogonale avec le gain $\dfrac{G_D}{DC_D(\beta)}$ dans la direction de A, et l'antenne de A reçoit ce signal avec le gain $\dfrac{G_A}{DD_A(\alpha)}$ sur sa polarisation de fonctionnement.

Le signal perturbateur est la somme de ces deux signaux. Il vaut :

(5.12)
$$P'_{RA} = P_{ED}\, G_A\, G_D \left(\frac{\lambda}{4\pi d_{DA}}\right)^2 \left[\frac{1}{DD_D(\beta)\, DC_A(\alpha)} + \frac{1}{DC_D(\beta)\, DD_A(\alpha)}\right]$$

4.4. Cas particulier du point nodal

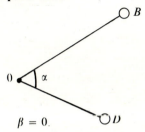

A et C sont confondus en O. Calculons le brouillage de la réception en O du signal venant de B par le signal émis de D vers O.

Si les deux bonds fonctionnent sur la même polarisation :

(5.13)
$$P'_{RO} = P_{ED}\, G_D\, \frac{G_O}{DD_O(\alpha)} \left(\frac{1}{4\pi d_{DO}}\right)^2$$

Si les deux bonds fonctionnent sur des polarisations différentes, le raisonnement du paragraphe 3.3 s'applique. La formule (5.12) devient :

(5.14) $$P'_{RO} = P_{ED}\, G_D\, G_O \left(\frac{\lambda}{4\pi d_{DO}}\right)^2 \left[\frac{1}{DC_O(\alpha)} + \frac{1}{DD_O(\alpha)\, DC_D(0)}\right]$$

Le terme $DC_D(0)$ représente le rapport entre les puissances rayonnées dans l'axe par l'antenne D, sur sa polarisation de fonctionnement et sur la polarisation orthogonale à celle-ci. Pour des antennes idéales, ce rapport est infini ; dans la réalité, il est très grand et le terme $DD_O(\alpha)\, DC_D(0)$ est toujours grand devant $DC_O(\alpha)$. La formule (5.14) se simplifie et devient donc :

(5.15)
$$P'_{RO} = P_{ED}\, G_D\, \frac{G_O}{DC_O(\alpha)} \left(\frac{\lambda}{4\pi d_{DO}}\right)^2$$

Un cas particulier intéressant est celui où les équipements sont identiques et les longueurs des bonds $\vec{OD}$ et OB égales (ce qui est souvent réalisé avec une bonne approximation dans la pratique). On voit que le rapport perturbateur sur perturbé mesuré en O est égal à l'inverse du découplage de directivité de l'antenne de O pour l'angle α (copolaire ou contrapolaire suivant le cas) :

$$\frac{\text{perturbateur}}{\text{perturbé}} = \frac{1}{\text{découplage de directivité de l'antenne perturbée}}.$$

Cette formule permet de traiter rapidement et avec une bonne approximation la majorité des cas courants.

Chapitre 6

Propagation des ondes centimétriques en visibilité

La propagation d'une onde électromagnétique est déterminée par :
— les propriétés du milieu de propagation,
— les propriétés de la frontière du milieu de propagation.

Il faut donc étudier l'influence de la proximité de la Terre et de la traversée de l'atmosphère sur la propagation. Dans le domaine des faisceaux hertziens en visibilité, nous nous limiterons à :
— des ondes de fréquence supérieure à 2 GHz environ,
— des antennes situées à une distance au-dessus du sol grande par rapport à la longueur d'onde mais très petite devant la longueur du bond.

Nous examinerons principalement la propagation en visibilité. Toutefois, pour pouvoir traiter des problèmes de brouillages, nous examinerons succinctement des cas de propagation au-delà de l'horizon.

Une étude théorique rigoureuse de la propagation est évidemment impossible, puisqu'il faudrait connaître à chaque instant et en chaque point les propriétés du sol et de l'atmosphère.

On doit se contenter, après avoir fait une analyse physique des phénomènes, de recourir à des méthodes statistiques pour les quantifier. Les résultats ne sont valables que si on a pu effectuer des mesures de longue durée et si on a pu étudier l'influence de l'état du sol, du relief et du climat. Dans ces conditions, les valeurs numériques données dans ce chapitre sont susceptibles d'évoluer au fur et à mesure que le capital des données expérimentales s'accroîtra. Ces valeurs numériques sont tirées des travaux du Centre National d'Etudes des Télécommunications (*).

(*) Il s'agit en particulier de travaux de MM. Boithias, Battesti, Fimbel et Misme. Les références en figurent dans la bibliographie.

88 Les fréquences porteuses

1. INFLUENCE DE L'ATMOSPHÈRE

1.1. La réfraction

1.1.1. *Courbure des rayons*

L'établissement d'un projet de faisceaux hertziens nécessite la connaissance de la valeur moyenne et des variations possibles de la courbure des rayons. Des mesures de l'indice de réfraction ont mis en évidence que, dans une zone donnée et dans les premières couches atmosphériques, l'indice pouvait souvent être considéré de façon très approximative comme une fonction linéaire de l'altitude (Fig. 6.1).

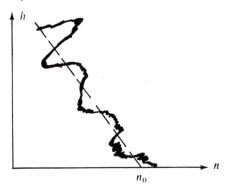

Fig. 6.1. Exemple d'enregistrement d'indice en fonction de l'altitude.

Etudions la propagation d'un rayon dans une atmosphère dont l'indice est fonction de l'altitude h. Soit R_0 le rayon de la terre ($R_0 = 6\,400$ km), φ l'angle du rayon avec l'horizontale et s l'abscisse curviligne (Fig. 6.2).

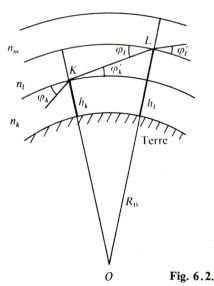

Fig. 6.2.

La loi de Descartes appliquée au point K donne :

(6.1) $\quad n_k \cos \varphi_k = n_l \cos \varphi'_k$.

Dans le triangle OKL, on a :

$$\frac{\cos \varphi'_k}{R_0 + h_l} = \frac{\cos \varphi_l}{R_0 + h_k}.$$

On en déduit :

$$n_k \cos \varphi_k (R_0 + h_k) = n_l \cos \varphi_l (R_0 + h_l).$$

D'où la relation fondamentale qui régit la propagation dans ce type d'atmosphère :

(6.2) $\quad \boxed{n(R_0 + h) \cos \varphi = \text{Cte}}$.

Dérivons l'équation (6.2) par rapport à l'abscisse curviligne s :

(6.3) $\quad (R_0 + h) \cos \varphi \dfrac{dn}{ds} - n(R_0 + h) \sin \varphi \dfrac{d\varphi}{ds} + n \cos \varphi \dfrac{dh}{ds} = 0$.

Or :
- les rayons sont peu inclinés sur l'horizontale, donc $\cos \varphi \simeq 1$,
- l'indice n est proche de l'unité,
- $d\varphi/ds$ n'est autre que la courbure σ du rayon par rapport à la terre, puisque φ est l'angle du rayon par rapport à la terre,
- $R_0 + h \simeq R_0$,
- $dh = ds \sin \varphi$.

L'équation (6.3) s'écrit, en faisant les approximations énoncées ci-dessus :

(6.4) $\quad R_0 \dfrac{dn}{dh} \sin \varphi - R_0 \sin \varphi \sigma + \sin \varphi = 0$.

D'où la courbure relative du rayon par rapport à la terre :

(6.5) $\quad \sigma = \dfrac{dn}{dh} + \dfrac{1}{R_0}$.

Nous supposons que l'indice est approximativement une fonction linéaire de l'altitude, donc que $dn/dh = \text{Cte}$.

Les figures 6.3, 6.4, 6.5 donnent la trajectoire des rayons en fonction du signe de dn/dh.

Trois cas se présentent :

— cas 1 (Fig. 6.3), $\quad dn/dh = 0$;

La trajectoire des rayons est rectiligne.

— cas 2 (Fig. 6.4), $dn/dh > 0$;
Les rayons ont une courbure positive.

— cas 3 (Fig. 6.5), $dn/dh < 0$.
Les rayons ont une courbure négative.

(Dans les figures 6.3, 6.4, 6.5, α représente l'ouverture à 3 dB du faisceau rayonné.)

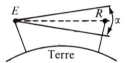
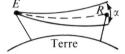
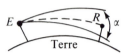

Fig. 6.3. Cas 1.   **Fig. 6.4.** Cas 2.   **Fig. 6.5.** Cas 3.

Les valeurs les plus courantes de dn/dh sont négatives, ce qui signifie qu'en général l'indice décroît en fonction de l'altitude. Le cas le plus courant est donc le cas n° 3 : les rayons se propagent plus loin que si leur propagation se faisait en ligne droite et ils ont un meilleur dégagement au-dessus du sol.

1.1.2. *Atmosphère de gradient normal*

Pour établir des projets, il est intéressant de connaître la valeur moyenne du gradient d'indice dans le premier kilomètre d'altitude.

L'indice *n* de l'air est voisin de l'unité ; on l'écrit :

(6.6) $n = 1 + N \cdot 10^{-6}$.

On appelle atmosphère de gradient normal une atmosphère sphérique de gradient vertical constant de valeur :

(6.7) $dn/dh = -39$ unités *N* par kilomètre.

Cette valeur correspond aux caractéristiques moyennes de l'atmosphère en climat tempéré.

1.1.3. *Terre fictive*

Il est malaisé d'établir un projet de faisceau hertzien en tenant compte de la courbure des rayons. Un artifice de calcul permet de simplifier le problème. Le paramètre important est la courbure relative des rayons par rapport à la Terre : il est donc possible, sans changer le dégagement du rayon, de rem-remplacer la Terre réelle entourée de l'atmosphère de loi $n_0(h)$ par une Terre fictive de rayon $R \neq R_0$ à condition que la courbure relative $\sigma = (dn/dh) + 1/R$ reste constante.

On choisit évidemment la Terre fictive et l'atmosphère fictive de telle façon que la propagation des rayons y soit rectiligne, c'est-à-dire que $dn/dh = 0$.

Le rayon de cette Terre fictive est donné par :

(6.8) $$\frac{1}{R} = \frac{1}{R_0} + \frac{dn_0}{dh}.$$

En faisant intervenir un coefficient k défini par

(6.9) $$k = \frac{1}{1 + R_0(dn_0/dh)},$$

(6.8) s'écrit :

(6.9) $$\boxed{R = kR_0}.$$

On peut donc remplacer le cas réel par un cas équivalent où :
— la propagation des rayons est rectiligne,
— le rayon de la Terre fictive varie en fonction de la propagation conformément à la loi $R = kR_0$.

En portant dans (6.8) la valeur du gradient normal tiré de (6.7), on voit que *l'atmosphère de gradient normal correspond à une Terre fictive de rayon* $4/3\ R_0$: lorsqu'on désire tenir compte des caractéristiques moyennes de l'atmosphère, on trace le profil entre les antennes sur une Terre dont le rayon vaut $4/3\ R_0$.

1.1.4. *Variation apparente d'altitude des obstacles*

● *Superréfraction* (cas n° 3).

Si $k > 1$, $R > R_0$. Il y a un abaissement apparent des obstacles situés sur le trajet du faisceau.

● *Infraréfraction* (cas n° 2)

Si $k < 1$, $R < R_0$. Il y a un relèvement apparent des obstacles. Ce relèvement peut s'avérer gênant pour le dégagement du rayon entre les antennes.

Pour établir un projet, il convient de connaître le relèvement « maximal » des obstacles ; il s'agit là d'une fonction aléatoire, et on peut considérer comme relèvement maximal celui qui n'est pas dépassé pendant plus de 10^{-4} du temps. On trouve à la figure 6.6 la valeur au-dessous de laquelle le coefficient $k = R/R_0$ ne descend que pendant moins de 10^{-4} du temps, en climat tempéré, sur relief normalement vallonné, en fonction de la longueur du bond.

Evaluons la variation apparente de hauteur d'un obstacle situé à la distance d_1 de l'extrémité d'un bond hertzien et à la distance d_2 de l'autre, en fonction de la variation du rayon de la Terre fictive.

En considérant d_1 et d_2 comme très petits devant R_0, on calcule aisément que la variation apparente de hauteur de l'obstacle lorsque le rayon de la Terre fictive passe de R_0 à R vaut :

$$\Delta h = \frac{d_1 d_2}{2}\left[\frac{1}{R} - \frac{1}{R_0}\right].$$

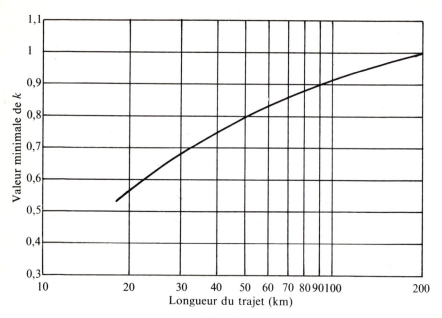

Fig. 6.6.

Ou, en fonction du coefficient $k = R/R_0$:

(6.10) $$\Delta h = \frac{d_1 d_2}{2 R_0} \left[\frac{1-k}{k} \right].$$

Soit par exemple un obstacle équidistant des extrémités d'un bond de 50 km de long. Lorsque le rayon passe de R_0 à $4/3$ de R_0, l'obstacle s'abaisse de 12 m, et lorsque le rayon prend la valeur $0,8\ R_0$, il s'élève de 12 m. Cet exemple montre que les variations de hauteur de l'obstacle ne peuvent être négligées.

1.1.5. *Propagation guidée*

En général, la courbure des rayons est faible. Toutefois, dans certaines conditions météorologiques, des gradients d'indice susceptibles de dévier considérablement les rayons apparaissent.

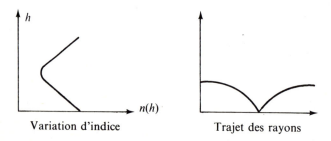

Fig. 6.7.

Lorsque la valeur algébrique du gradient d'indice est inférieure à − 157 (N/km) sur tout le trajet, la courbure des rayons est supérieure à celle de la Terre. Les rayons sont donc rabattus vers le sol et s'y réfléchissent (Fig. 6.7).

Il apparaît une propagation guidée, gênante à deux points de vue :

— les rayons, rabattus, peuvent passer à côté de l'antenne de réception ;
— le conduit permet une propagation sans beaucoup de pertes au-delà de l'horizon, ce qui peut provoquer des brouillages.

Un conduit peut aussi apparaître à une certaine hauteur, si la loi de variation d'indice est celle de la figure 6.8.

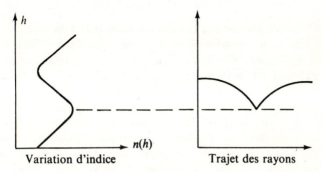

Variation d'indice Trajet des rayons

Fig. 6.8.

Ces phénomènes ne peuvent apparaître que si l'atmosphère est calme et sujette à des variations de température et d'humidité importantes. Une fois établi, un conduit est relativement stable et la propagation guidée peut durer plusieurs heures.

Ceci arrive rarement sur des terrains accidentés, mais peut se produire au-dessus de la mer ou de plaines régulières, de préférence au lever et au coucher du soleil. Ces phénomènes sont rares en climat tempéré (sauf au-dessus de la mer) mais sont fréquents sous certains climats tropicaux ou équatoriaux, où l'on voit même des propagations guidées s'établir de façon stable pendant plusieurs jours consécutifs.

Il est difficile d'y apporter des remèdes.

Une première méthode consiste à mettre les deux antennes d'émission et de réception exactement au même niveau par rapport au sol ou à la mer ; les couches atmosphériques étant souvent parallèles au sol, si celui-ci est à peu près horizontal, les deux antennes ont de fortes chances de se trouver dans le même conduit, ce qui peut assurer une bonne puissance de réception.

Une deuxième méthode consiste à surélever les deux antennes de façon considérable (pylônes de 200 m par exemple) ; les conduits étant souvent à faible altitude, le rayon passe au-dessus des zones dangereuses.

Lorsque les études ont prouvé que le rayon était fréquemment rabattu vers le sol, une troisième méthode consiste à adopter la réception en diversité sur deux antennes : la première a un dégagement normal, voire surabondant, alors que la deuxième se trouve à un niveau très bas. En temps normal, c'est la première qui reçoit le signal, mais, lorsque le rayon est rabattu, il arrive sur la deuxième : une commutation convenable évite les coupures de liaison.

L'établissement de liaisons en climat tropical sur terrain à peu près plat peut poser des problèmes difficiles. Seules des expériences, accompagnées de mesures des caractéristiques de l'atmosphère en fonction de la hauteur, permettent de placer les antennes de façon optimale.

1.2. Réflexions partielles

1.2.1. *Evanouissements dus aux trajets multiples dans l'atmosphère*

Il est très fréquent que des feuillets horizontaux d'étendue variable et stables pendant un laps de temps plus ou moins long s'établissent. Si, à la frontière des feuillets, le gradient d'indice est important, il y a réflexion partielle des ondes qui arrivent en incidence rasante. L'établissement de feuillets intervient surtout par temps calme, par exemple au lever du soleil, en l'absence de vent.

Les ondes réfléchies arrivent à l'antenne de réception avec des amplitudes et des phases variables ; ceci entraîne des variations aléatoires et rapides du niveau de réception, et on peut observer des évanouissements importants, appelés évanouissements dus aux trajets multiples dans l'atmosphère.

On appelle profondeur d'évanouissement le rapport exprimé en décibels entre la puissance de réception calculée en espace libre et la puissance reçue au moment de l'observation.

La propagation par trajets multiples est la principale cause d'évanouissements sur les liaisons hertziennes. Pour prévoir la qualité d'une liaison, il faut donc disposer de données statistiques sur les évanouissements par trajets multiples.

Pour décrire le fonctionnement quasi normal du système, on mesure la valeur de l'évanouissement qui n'est dépassé que pendant 20 % du temps du mois le plus défavorisé. D'après L. Boithias, elle est donnée par :

$$(6.11) \quad \boxed{\alpha = 10 \log \left[1 + \frac{d^2 \, F^{0,8}}{8\,500} \right]}.$$

α = évanouissement en dB,
d = longueur du bond en km,
F = fréquence en GHz.

Par exemple, à 4 GHz, pour un bond de 50 km, on trouve $\alpha = 2,8$ dB, ce qui signifie que pendant 80 % du temps le champ reçu est supérieur à la moitié de la valeur nominale.

Il est intéressant de connaître la durée moyenne des évanouissements de profondeur supérieure à une valeur A_0 donnée. D'après J. Fimbel et P. Misme, cette durée s'écrit :

(6.12) $\quad t(A_0) = kr/d^2$

avec $A_0 = -20 \log r$,
$\quad d$ = longueur du bond en km,
$\quad t$ = durée moyenne en secondes,
$\quad k = 7{,}25 \cdot 10^{-5}$.

Les limites d'application de cette formule sont les suivantes :

$$A > 15 \text{ dB} \qquad 40 \text{ km} < d < 100 \text{ km}$$
$$4 \text{ GHz} < F < 13 \text{ GHz}.$$

L'étude de la répartition des durées d'évanouissements a montré que 75 % à 85 % d'entre eux ont des durées inférieures à la valeur moyenne.

Examinons un cas concret d'évanouissement profond :

$$A_0 = 40 \text{ dB}, \qquad d = 60 \text{ km}.$$

La formule 6.12 donne :

$$t = 2 \text{ s}.$$

Les évanouissements profonds sont donc très courts.

Pour prévoir la durée pendant laquelle le niveau reçu sera inférieur à une valeur donnée, il faut connaître la probabilité p d'apparition d'évanouissements supérieurs à une valeur A_0 donnée. La loi donnant p dépend évidemment du climat et de la période de l'année : on s'intéresse souvent au mois le plus défavorisé, qui, en France, est juillet ou août. Des études théoriques confirmées par des enregistrements de longue durée ont montré que, en climat tempéré, sur un bond dégagé, en l'absence de réflexions sur le sol, la probabilité p d'apparition d'évanouissements de profondeur supérieure à A_0 est donnée par :

(6.13) $\quad \boxed{10 \log p = 35 \log d - A_0 + 10 \log F + K}$

avec d : longueur du bond en km
$\quad F$: fréquence en GHz
et $\quad K$: $-78{,}5$ si la statistique est faite pendant le mois le plus défavorisé,
$\quad K$: $-85{,}5$ si la statistique est faite pendant une année moyenne.

Cette formule ne s'applique qu'aux évanouissements par trajets multiples de profondeur supérieure à 15 dB, et pour des bonds de longueur supérieure à une vingtaine de kilomètres (pour des bonds plus courts, elle est quelque peu pessimiste ; il est alors préférable d'employer la formule (6.37) citée en annexe).

Pour A_0 et d fixés, p est proportionnel à la fréquence : les liaisons du haut de la gamme des fréquences sont beaucoup plus sensibles aux évanouissements par trajets multiples que celles du bas de la gamme.

Surtout, pour A_0 et F donnés, p est proportionnel à la puissance 3,5 de la longueur du bond. C'est cette loi qui entraîne la limitation de la longueur du bond en fonction des probabilités d'évanouissements que l'on tolère (se référer au chapitre consacré à la qualité des liaisons).

1.2.2. *Sélectivité des évanouissements dus aux trajets multiples*

La superposition du signal reçu par le trajet direct et de signaux réfléchis sur des feuillets de l'atmosphère provoque des variations de niveau qui sont fonction des phases relatives des signaux reçus. Pour un trajet direct et des trajets réfléchis donnés, les déphasages relatifs sont fonction de la fréquence de l'onde émise. Par conséquent, le niveau de puissance reçue à un instant donné dépend de la fréquence à laquelle on le mesure : les évanouissements dus aux trajets multiples sont sélectifs.

A cette sélectivité en amplitude s'ajoute une variation du temps de propagation de groupe.

Supposons qu'à un instant donné il y ait n trajets possibles entre les antennes. Soit T_i la différence de temps de propagation entre le trajet direct et le i-ème trajet réfléchi ; le déphasage subi par une onde de fréquence f vaut :

$$\varphi_i = 2\pi f T_i .$$

Si ρ_i est le rapport des amplitudes du champ provenant du trajet i et du champ direct, le champ résultant u s'exprime en fonction du champ reçu u_0 par le trajet direct sous la forme :

$$(6.14) \qquad u = u_0 \left(1 + \sum_{i=1}^{n} \rho_i \, e^{j\varphi_i} \right) .$$

Il existe un module r et un argument φ tels que :

$$r \, e^{j\varphi} = \sum_{i=1}^{n} \rho_i \, e^{j\varphi_i} .$$

Comme $\varphi_i = 2\pi f T_i$ on en déduit que φ est proportionnel à f ; écrivons :

$$(6.38) \qquad \varphi = 2\pi f T .$$

Le coefficient de transfert de l'atmosphère considérée comme un quadripôle s'écrit alors :

$$(6.15) \qquad H(j\omega) = 1 + r \, e^{j\omega T} .$$

Le module de cette fonction s'exprime par :

$$(6.16) \qquad A^2(\omega) = 1 + 2r\cos\omega T + r^2 .$$

L'amplitude est donc bien une fonction de la fréquence, et elle présente un minimum pour $\omega T = (2n+1)\pi$. Ce minimum est d'autant plus marqué que r est proche de l'unité.

La sélectivité de l'évanouissement peut s'évaluer en calculant la bande passante à 3 dB. Celle-ci vaut :

$$(6.17) \qquad \mathscr{B}_{3dB} = \frac{2}{\pi T} \text{Arc cos} \left[\frac{1 + r^2 - 2(1-r)^2}{2r} \right].$$

Elle décroît quand r tend vers 1, et quand la différence de temps de trajet T augmente.

La figure ci-dessous donne des exemples de variation de $A(\omega)$ en fonction de la profondeur maximale A_0 de l'évanouissement, pour une valeur de T de 1 ns.

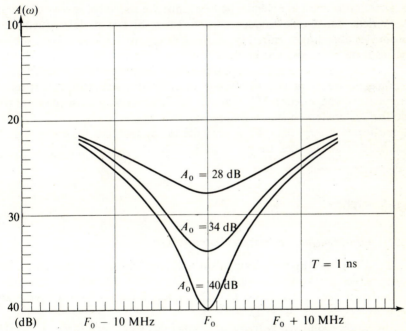

Fig. 6.9. (Extraite de la note CNET EST/APH/25).

On constate que les évanouissements très profonds sont très sélectifs. Lorsque le signal transmis a un spectre très large (faisceaux analogiques ou numériques de capacité importante) l'affaiblissement dû à un évanouissement très sélectif n'atteint pas de la même façon les différentes fréquences du spectre de la porteuse modulée ; ceci provoque des distorsions.

1.2.3. *Techniques de diversité*

Il peut arriver que des contraintes géographiques ou économiques imposent des longueurs de bonds telles que les objectifs de qualité portant sur les durées d'évanouissements profonds ne soient pas respectés. Dans ces conditions, l'emploi de la diversité améliore les conditions de fonctionnement.

Le principe de la diversité d'espace est le suivant : deux antennes de réception sont espacées de Δh en hauteur. La différence de trajet entre signaux directs et signaux réfléchis n'étant pas la même pour les deux antennes, les évanouissements ne sont pas simultanés. Un espacement suffisant assure la décorrélation quasi totale des évanouissements profonds : un dispositif automatique de commutation placé dans la chaîne de réception permet de choisir l'antenne sur laquelle le signal est convenable.

L'espacement Δh à partir duquel la diversité est efficace vaut environ :

(6.18) $\Delta h = 150 \lambda$.

Une autre solution est la diversité de fréquence : le signal est envoyé en parallèle sur deux canaux de fréquences différentes. Si l'écart de fréquence est suffisant, les déphasages entre rayon direct et rayons réfléchis — qui suivent cette fois le même trajet pour les deux signaux — sont suffisamment différents pour apporter une bonne décorrélation des évanouissements profonds.

La diversité de fréquence est efficace à partir du moment où l'écart relatif de fréquence est supérieur à 1 %. Dans les cas difficiles on peut même employer la double diversité (espace + fréquence).

L'amélioration apportée par la diversité est donnée par les courbes de la figure 6.10, extraites des rapports du CCIR.

1.3. Absorption

1.3.1. *Absorption par les gaz de l'atmosphère*

L'oxygène et la vapeur d'eau absorbent une partie de l'énergie. Cette absorption est de l'ordre de quelques centièmes de décibels par kilomètre pour les fréquences inférieures à 15 GHz : aussi la néglige-t-on souvent dans les calculs.

L'absorption croît avec la fréquence. Voici des valeurs mesurées à 20 GHz pour une densité de vapeur d'eau de 7,5 g/m^3 ce qui correspond à 50 % d'humidité pour une température de 15° et une pression de 1 000 mbars :

Absorption due à l'oxygène : 0,02 dB/km
Absorption due à la vapeur d'eau (7,5 g/m^3) : 0,09 dB/km
Absorption résiduelle totale : 0,11 dB/km
(voir référence bibliographique 6.15).

On voit que cette valeur n'est pas négligeable.

Au-delà de 20 GHz, l'absorption croît brutalement : en effet une raie de résonance de la molécule d'eau existe à 22,23 GHz. Ceci limite la bande utilisable par les faisceaux hertziens réalisés avec la technologie actuelle à 21 GHz environ.

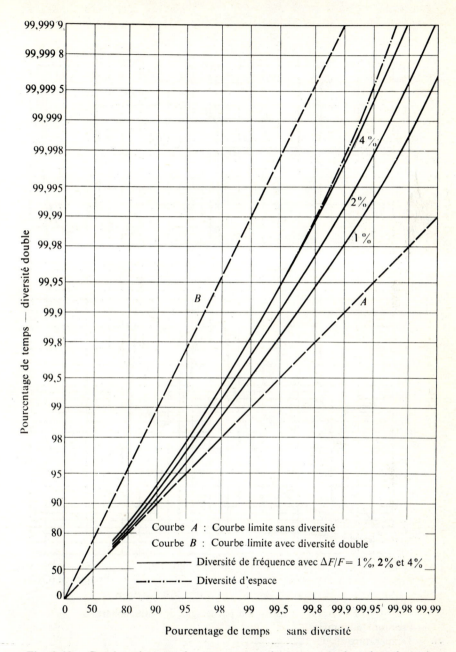

Fig. 6.10. Courbes donnant le pourcentage de temps pendant lequel un évanouissement n'est pas dépassé avec diversité en fonction du pourcentage de temps pendant lequel ce même évanouissement n'est pas dépassé sans diversité.

Les fréquences porteuses

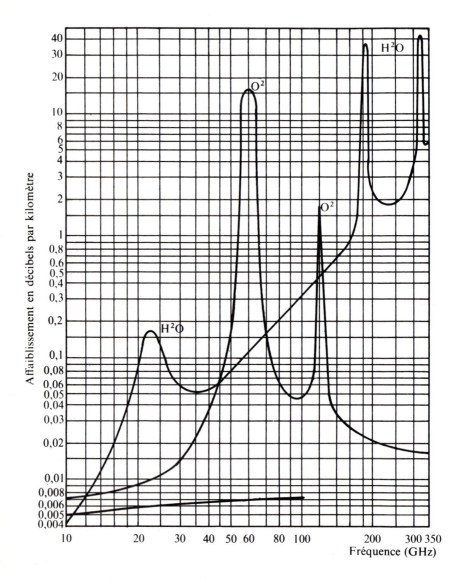

Fig. 6.11. Absorption par les gaz de l'atmosphère
— Pression 760 mmHg
— Température 20 °C
— Vapeur d'eau 7,5 g/m³.

Au-delà de la raie de la résonance de la vapeur d'eau, on trouve de nouveau des plages de fréquences utilisables. Voici par exemple l'absorption mesurée à 35 GHz pour une densité de vapeur d'eau de 7,5 g/m³ :

Absorption due à l'oxygène : 0,04 dB/km
Absorption due à la vapeur d'eau : 0,075 dB/km
Absorption résiduelle totale : 0,115 dB/km.

On peut penser que l'emploi de fréquences si élevées se traduira par la conception de systèmes de structure très différente de celle que nous connaissons : les bonds seront nécessairement très courts (de l'ordre du kilomètre, voire moins !) et, pour compenser l'augmentation de prix correspondante, les capacités transmises seront très importantes.

1.3.2. *Atténuation par les hydrométéores*

La traversée des zones de pluie, de neige ou de grêle s'accompagne d'un certain affaiblissement. Cet affaiblissement est surtout important pour les liaisons de fréquence supérieure à 10 GHz environ, lors de la traversée de zones de fortes pluies ; on n'en tient en général pas compte pour les liaisons de fréquence inférieure à 10 GHz.

L'atténuation due à la pluie a deux origines :

— l'absorption de l'énergie par effet Joule dans les gouttes d'eau ;
— la diffusion de l'énergie par réfraction sur la surface des gouttes.

Le problème de l'influence de la pluie sur les affaiblissements est très difficile à traiter. En effet, la répartition des précipitations varie énormément d'une année sur l'autre, et il conviendrait de faire des essais de propagation durant plusieurs décennies, ce qui est, on s'en doute, irréalisable.

Pour obtenir rapidement des résultats exploitables, la méthode consiste à utiliser les statistiques de précipitations dont dispose la Météorologie Nationale, et à calculer l'affaiblissement correspondant. Cette méthode étant fondée sur un certain nombre d'hypothèses sur les caractéristiques de la pluie (dimension des cellules de pluie, correction permettant de passer de l'intensité de pluie que les pluviomètres intègrent sur plusieurs minutes à l'intensité instantanée...), les résultats obtenus à l'heure actuelle doivent être considérés comme provisoires. Les études en cours montrent d'autre part que la polarisation horizontale serait moins sensible aux évanouissements que la polarisation verticale.

La pluviosité n'étant pas la même sur toute la France, on observe des différences importantes entre les régions : celles qui subissent de très grosses averses, même rares (Méditerranée) sont défavorisées par rapport à celles qui subissent surtout des pluies fines, même fréquentes (Bretagne par exemple). Les conditions d'utilisation des faisceaux hertziens de fréquence élevée ne sont pas les mêmes dans toute la France.

On constate que l'atténuation augmente avec la fréquence. On constate aussi que la durée de dépassement d'une profondeur d'évanouissement donnée croît avec la longueur du bond : il y a là une cause supplémentaire de limitation de la longueur des bonds pour les systèmes fonctionnant aux fréquences élevées.

Les courbes ci-dessous, extraites de la référence bibliographique (6.9), donnent à titre d'exemple des valeurs provisoires calculées pour les régions de Paris, Orléans, Amiens, Châlons-sur-Marne et Nancy.

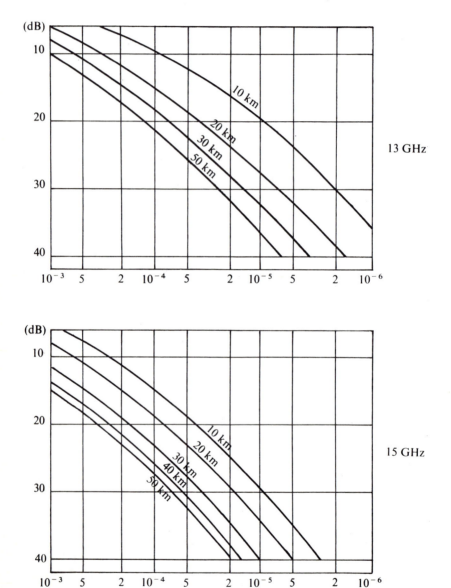

Fig. 6.12. Courbes donnant la probabilité de dépassement, en abscisse, d'un évanouissement de profondeur donnée, en ordonnée, en fonction de la longueur du bond, pendant une année moyenne.

La comparaison des durées totales annuelles d'évanouissements dus aux trajets multiples et aux précipitations montre que les premières sont prépondérantes à 10 GHz, mais qu'à partir de 12 GHz environ ce sont les secondes qui prédominent. Toutefois les dégradations apportées sont de nature différente dans les deux cas. En effet, pour les trajets multiples, les évanouissements profonds (30 dB à 40 dB) sont très courts, alors que les évanouissements profonds dus aux averses sont, à durée totale égale, moins fréquents mais beaucoup plus longs (plusieurs minutes). Les coupures dues aux averses sont plutôt assimilables à des pannes (mais des pannes qui se réparent toutes seules !). Il est évident que tous les canaux d'une bande donnée sont atteints en même temps et que les techniques de diversité sont inutiles.

2. INFLUENCE DE LA TERRE

2.1. La diffraction

2.1.1. *Présentation*

Nous avons vu que l'on appelle liaison fonctionnant en visibilité directe une liaison pour laquelle la diffraction sur les obstacles peut être négligée. L'absence d'obstacle obstruant le rayon direct entre les antennes ne suffit pas à assurer le fonctionnement en visibilité : en effet, si le rayon passe trop près du sol, la diffraction apparaît.

Comme l'on a intérêt sur le plan économique à ce que les antennes soient les plus basses possible, donc à ce que le rayon passe très près du sol, il faut trouver une règle donnant le dégagement minimum nécessaire sur un bond hertzien pour que la diffraction soit négligeable.

2.1.2. *Règles de dégagement*

L'étude de la diffraction est faite en annexe. On y démontre que la puissance reçue varie en fonction de la distance du rayon à un obstacle conformément à la courbe de la figure 6.14 :

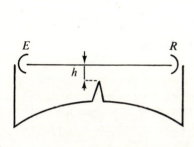

Fig. 6.13. Diffraction sur un obstacle.

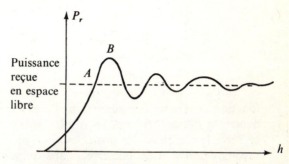

Fig. 6.14. Puissance reçue en fonction de la distance h du rayon à l'obstacle.

Pour être sûr d'avoir une puissance de réception suffisante, on cherche à obtenir que le dégagement du rayon au-dessus de l'obstacle soit supérieur à celui qui correspond au maximum maximorum de la courbe 6.14 (point B).

On démontre que, si M est un point sur l'obstacle, E et R étant les extrémités du bond, le dégagement correspondant au maximum maximorum est caractérisé par :

(6.19) $$\boxed{EM + MR = ER + \lambda/2}.$$

Cette équation définit un ellipsoïde appelé premier ellipsoïde de Fresnel.

La diffraction est donc négligeable lorsque *le premier ellipsoïde de Fresnel est dégagé de tout obstacle* (Fig. 6.15).

On montre d'autre part que le point pour lequel le champ devient pour la première fois supérieur à la valeur calculée en espace libre (point A sur la courbe 6.14) correspond à un dégagement qui vaut environ 0,6 fois le rayon du premier ellipsoïde de Fresnel.

Le rayon de l'ellipsoïde à la distance d_1 d'une extrémité et d_2 de l'autre est donné par :

(6.20) $$\boxed{r = \sqrt{\frac{d_1 d_2}{d_1 + d_2}\lambda}}.$$

A titre d'exemple, calculons ce rayon pour un obstacle équidistant des extrémités d'un bond de 50 km de long fonctionnant à 6 GHz ($\lambda = 5$ cm). La formule (6.20) donne $r = 25$ m. On voit que le dégagement imposé est loin d'être négligeable.

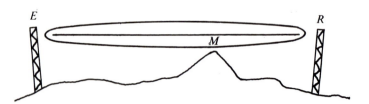

Fig. 6.15. Dégagement du premier ellipsoïde de Fresnel.

Nous avons vu au paragraphe 1.1.4 que la courbure des rayons varie en fonction de l'indice de réfraction. Pour des antennes données et un trajet donné, la diffraction peut apparaître lorsque les rayons se rapprochent de la Terre (« remontée des obstacles ») ou au contraire disparaître lorsque les rayons s'éloignent de la Terre (« abaissement des obstacles »).

Les règles de dégagement doivent tenir compte des variations de courbure des rayons. On s'intéresse en général à la courbure moyenne, correspondant à une propagation rectiligne sur une Terre de rayon 4/3 R_0, et à l'infraréfraction « quasi maximale », correspondant à une propagation rectiligne sur une Terre de rayon kR_0 où k est donné par la courbe 6.6.

Les règles de dégagement que l'on utilise généralement et dont l'expérience a prouvé la validité sont les suivantes :

— *le premier ellipsoïde de Fresnel doit être dégagé pour un rayon terrestre égal aux 4/3 du rayon réel* ;

— *le rayon direct entre les antennes ne doit pas être coupé pour la valeur « minimale » de k sur le bond* (ceci ne signifie pas que la liaison est coupée pendant 10^{-4} du temps : l'interception du rayon direct par un obstacle provoque une dégradation certaine de qualité, mais, pour une liaison normalement étudiée, ne provoque pas de coupure).

Dans l'application de ces règles, il convient évidemment de tenir compte des possibilités d'urbanisation sur l'obstacle, de variation de la hauteur de la végétation, etc.

Dans les régions très plates ou les pays de climat non tempéré, on peut avoir intérêt à faire des entorses à ces règles : à ce moment-là, c'est l'expérience qui prime.

A titre d'exemple d'application des règles de dégagement, nous allons calculer la hauteur des antennes au-dessus du sol nécessaire pour établir un bond hertzien de longueur d sur une terre parfaitement sphérique.

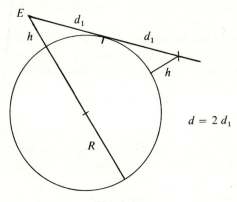

Fig. 6.16.

Le calcul de la puissance de E situé à une altitude h par rapport à une sphère de rayon R donne :

$$d_1^2 = h(2R + h)$$
$$d_1 \simeq \sqrt{2Rh}.$$

On a intérêt sur le plan économique à équilibrer les hauteurs des infrastructures. Nous supposerons que les altitudes au-dessus du sol de l'émetteur et du récepteur ont la même valeur h.

Le dégagement du premier ellipsoïde, de rayon $\sqrt{\lambda d}/2$ en son milieu, pour une Terre de rayon $4/3\, R_0$ donne :

$$d \simeq 2\sqrt{\frac{8}{3} R_0 \left(h - \frac{1}{2}\sqrt{\lambda d}\right)}.$$

La hauteur nécessaire pour un bond de longueur d est donc :

(6.21) $\qquad h = \dfrac{3}{32}\dfrac{d^2}{R_0} + \dfrac{1}{2}\sqrt{\lambda d}.$

Le dégagement du rayon direct pour $R = k_{\min} R_0$ donne :

(6.22) $\qquad h = d^2/8\, k_{\min} R_0.$

Exemple : Considérons un bond de 50 km, à la fréquence de 6 GHz.
La première règle donne : $h = 62$ m.
La deuxième donne, avec $k_{\min} = 0,8$: $h = 61$ m.

La hauteur des infrastructures croît rapidement avec la longueur du bond. Aussi a-t-on intérêt à profiter des accidents de relief et à placer les tours ou pylônes supportant les antennes sur des points hauts.

2.1.3. *Cas de l'obstruction du trajet*

Dans les calculs de brouillages, on peut être amené à évaluer la puissance reçue par le récepteur perturbé lorsque le récepteur perturbé et l'émetteur perturbateur ne sont pas en vue directe l'un de l'autre.

Pour résoudre ce problème, il faut connaître la valeur de l'affaiblissement supplémentaire introduit par la présence d'un obstacle. On peut effectuer le calcul dans un cas simple, qui est celui de l'obstacle en lame de couteau, perpendiculaire à l'axe émetteur-récepteur.

La courbe donnant la puissance reçue est celle de la figure 6.14 mais, cette fois-ci, la partie intéressante est celle qui correspond aux dégagements négatifs.

Soit h le dégagement de l'obstacle, et d_1 et d_2 la distance entre l'obstacle et les extrémités de la liaison, conformément au schéma 6.17.

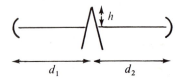

Fig. 6.17. Avec $h < 0$ correspondant à une obstruction.

On démontre que la fonction donnant l'affaiblissement produit par l'obstacle s'exprime au moyen du paramètre défini par

(6.23) $\qquad v = -h\sqrt{\dfrac{2}{\lambda}\left(\dfrac{1}{d_1} + \dfrac{1}{d_2}\right)}.$

Lorsque l'obstacle obstrue le rayon direct, l'affaiblissement qu'il apporte est donné par la formule asymptotique :

(6.24) $A_{(dB)} = 13 + 20 \log v$.

La figure 6.18 donne la valeur de A en fonction de v pour l'obstacle en lame de couteau. Pour un obstacle de forme quelconque, l'affaiblissement est supérieur à celui que donne la formule (6.24). On rajoutera 2 dB pour une arête rocailleuse, et 6 dB pour un obstacle de forme arrondie, couvert de végétation.

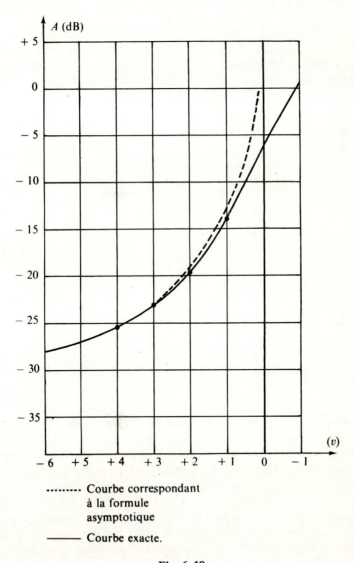

········ Courbe correspondant à la formule asymptotique

——— Courbe exacte.

Fig. 6.18.

2.2. Les réflexions sur le sol

2.2.1. *Analyse du phénomène*

Une onde électromagnétique qui atteint le sol est partiellement réfléchie, le coefficient de réflexion dépendant à la fois de la nature du sol, de l'état de la surface réfléchissante, de la polarisation de l'onde et de l'angle d'incidence. En technique hertzienne, la position des antennes à une altitude faible devant la longueur du bond fait que, dans presque tous les cas, l'angle d'incidence des rayons sur le sol vaut à peine quelques fractions de degrés. Dans ces conditions, on montre que le coefficient de réflexion sur un sol lisse et plan dépend peu de la nature de celui-ci et de la polarisation de l'onde, et que son module est voisin de l'unité (voir référence bibliographique (6.6)).

Dans la réalité, le sol, même supposé parfaitement lisse, n'est pas plan. Même si la zone de réflexion est sans relief, le faisceau réfléchi est divergent, puisque la réflexion a lieu sur une calotte convexe (Fig. 6.19).

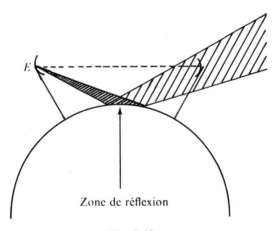

Fig. 6.19.

Le coefficient de réflexion doit être multiplié par un facteur de divergence inférieur à l'unité.

Un autre effet vient diminuer la valeur du coefficient de réflexion : le sol n'est jamais lisse, ce qui ajoute à la dispersion de l'onde réfléchie.

L'influence des obstacles d'une certaine hauteur sur le coefficient de réflexion peut s'évaluer de la façon suivante : considérons un obstacle de sommet plat et de hauteur h, sur lequel l'onde incidente se réfléchit (Fig. 6.20).

La différence de marche entre les trajets EI_0R et EI_1R vaut $2h \sin \varphi$.

Si $2h \sin \varphi$ n'est pas négligeable devant la longueur d'onde (par exemple $2h \sin \varphi > \lambda/4$), les rayons réfléchis sur le sol et sur le sommet de l'obstacle arrivent avec un certain déphasage sur le récepteur, ce qui se traduit par une diminution de la puissance réfléchie.

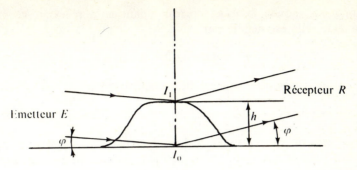

Fig. 6.20.

En incidence rasante, φ vaut quelques fractions de degré. La longueur d'onde est de l'ordre de plusieurs centimètres. On en déduit que cet effet de déphasage se produit pour des obstacles de quelques mètres de hauteur.

Dans ces conditions, une zone plate cultivée mais sans trop d'arbres, ou au contraire une forêt régulière seront considérées comme réfléchissantes, alors qu'une région de bocages ou d'habitat peu dense sera considérée comme plutôt peu réfléchissante. Les étendues d'eau sont évidemment des zones très réfléchissantes.

Lors de l'établissement d'un projet de faisceau hertzien, il est important de pouvoir estimer l'importance de la zone de réflexion. On pourrait montrer qu'il s'agit d'un phénomène de diffraction : c'est un raisonnement du même type que celui que nous avons fait au début du paragraphe précédent qu'il convient d'appliquer.

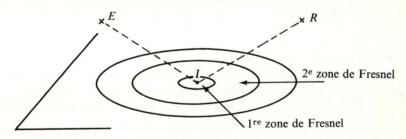

Fig. 6.21.

Appelons I le point de réflexion géométrique (*). La première zone de Fresnel est le lieu des points de la surface réfléchissante dont la somme des distances aux antennes d'émission et de réception dépasse de moins d'une

---

(*) La position du point de réflexion sur terre sphérique peut se déterminer à l'aide de nomogrammes figurant dans la référence bibliographique (6.6).

demi-longueur d'onde le trajet correspondant à la réflexion géométrique (Fig. 6.21) : elle est définie par :

(6.25) $\quad EP + PR \leq EI + IR + \lambda/2$.

On définit les zones de Fresnel d'ordre supérieur par :

(6.26) $\quad EI + IR + p(\lambda/2) < EP + PR \leq EI + IR + (p + 1)(\lambda/2)$.

Les rayonnements de ces zones de Fresnel arrivent en opposition de phase les uns par rapport aux autres, mais c'est le rayonnement de la première zone qui est prépondérant.

On considère qu'une réflexion est importante quand une partie de cette première zone correspond à une surface réfléchissante. Il reste à donner des critères pratiques de localisation de cette première zone.

Si la surface réfléchissante est un plan, on obtient cette première zone par intersection de ce plan avec le premier ellipsoïde de Fresnel qui aurait pour foyers le récepteur et le symétrique de l'émetteur par rapport au plan (Fig. 6.22).

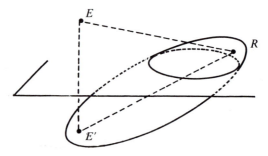

Fig. 6.22.

Pour des longueurs d'ondes de quelques centimètres et des hauteurs d'antennes de quelques dizaines de mètres au-dessus du sol, on constate que le grand axe de cette ellipse atteint plusieurs kilomètres, et peut même dépasser la dizaine de kilomètres. On montre par exemple que pour une liaison de 50 km fonctionnant à 6 GHz, avec des antennes situées à 75 m au-dessus du sol, le grand axe de la première zone de Fresnel mesure 24 km (*).

2.2.2. *Effet des réflexions sur la puissance reçue*

Considérons un trajet hertzien sur lequel se trouve une zone de réflexion stable qui pourrait par exemple être la mer ou une plaine sans arbres. Nous considérerons pour simplifier que la rotondité de la terre peut être négligée.

(*) On trouvera des nomogrammes permettant le calcul de la longueur de la première zone de Fresnel dans la référence bibliographique (6.6).

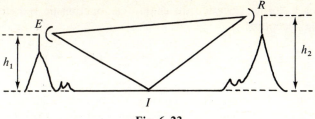

Fig. 6.23.

Dans ces conditions, on calcule aisément que la différence de longueur entre le trajet direct ER et le trajet qui passe par le point de réflexion géométrique vaut :

(6.27) $\quad \Delta = 2\dfrac{h_1 h_2}{d}$

où h_1 et h_2 représentent les hauteurs des antennes au-dessus du niveau de l'obstacle.

Appelons ψ le déphasage subi par l'onde à la réflexion — le coefficient de réflexion est en effet complexe.

L'écart de phase entre l'onde ayant suivi le trajet direct et celle qui a suivi le trajet EIR vaut :

(6.28) $\quad \Delta\varphi = \dfrac{4\pi h_1 h_2}{\lambda d} + \psi$.

L'énergie rayonnée par la première zone de Fresnel qui entoure le point de réflexion géométrique arrive en moyenne en phase avec celle du rayon qui a suivi le trajet EIR.

Appelons E l'amplitude du champ direct ; le champ réfléchi arrive avec une amplitude ρE, où ρ dépend du coefficient de réflexion, de la dimension de la surface réfléchissante et du facteur de divergence.

L'amplitude du champ résultant E' vaut :

$$E'^2 = E^2 \left[(1-\rho)^2 + 4\rho \cos^2 \dfrac{\Delta\varphi}{2}\right].$$

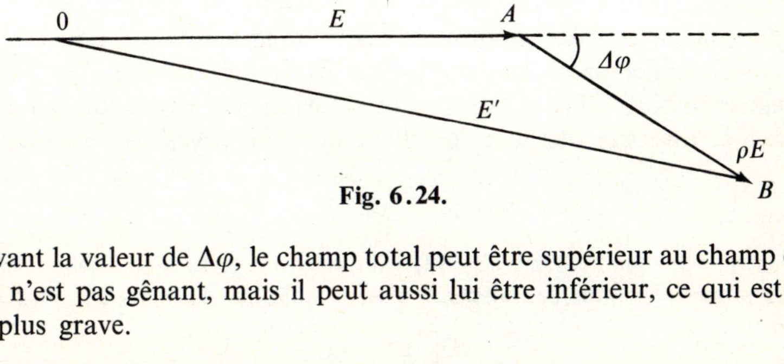

Fig. 6.24.

Suivant la valeur de $\Delta\varphi$, le champ total peut être supérieur au champ direct, ce qui n'est pas gênant, mais il peut aussi lui être inférieur, ce qui est beaucoup plus grave.

Cherchons la loi de variation du champ en fonction de la hauteur h_2 de l'antenne de réception :

$$\left(\frac{E'}{E}\right)^2 = (1 - \rho)^2 + 4\rho \cos^2\left(\frac{2\pi h_1 h_2}{\lambda d} + \frac{\psi}{2}\right).$$

On obtient des lobes d'interférences (Fig. 6.25) dont la hauteur se calcule en considérant deux valeurs de $\Delta\varphi$ différentes de π ; on trouve :

(6.29) $\quad \Delta h_2 = \dfrac{\lambda d}{2 h_1}$.

Si on fait le calcul sur terre sphérique, on trouve une hauteur plus importante pour les franges d'interférences. Des nomogrammes de (6.6) permettent de déterminer cette hauteur.

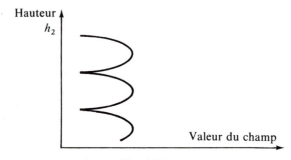

Fig. 6.25.

La valeur du coefficient ρ fixe celle des minima du champ ; si ρ est proche de 1 (réflexion sur la mer) les minima sont presque nuls.

On pourrait croire que le remède à une réflexion stable consiste à placer l'antenne de réception au maximum du champ reçu. En réalité, il n'en est rien. La réfraction dans l'atmosphère modifiant le trajet des rayons, donc la position du point de réflexion et la différence de marche entre rayon direct et rayons réfléchis, la position des lobes d'interférences varie dans le temps.

La puissance reçue sur une antenne donnée varie dans le temps. On observe en permanence des évanouissements qui peuvent être profonds.

Ce phénomène est très gênant et, dans toute la mesure du possible, il faut éviter que le trajet passe au-dessus d'une zone de réflexion (*).

S'il est impossible d'éviter une zone de réflexion, une bonne solution consiste à utiliser la diversité d'espace installant deux antennes de réception à des

---

(*) On rappelle que la formule (6.13) qui donne une statistique d'évanouissements par trajets multiples dans l'atmosphère n'est valable que s'il n'y a pas de réflexions sur le sol.

hauteurs différentes, leur espacement étant de l'ordre de grandeur de la demi-largeur d'un lobe — des mesures sur le terrain peuvent donner l'espacement optimal et prévoir l'amélioration apportée. Un dispositif de commutation situé après les antennes ou après les récepteurs correspondants permet de choisir le meilleur des deux champs reçus, de telle façon que la liaison fonctionne correctement.

Si le relief s'y prête, il peut s'avérer intéressant de placer l'antenne inférieure à une hauteur plus faible que celle qui correspond au dégagement du premier ellipsoïde de Fresnel, derrière un masque qui intercepte le rayon réfléchi (Fig. 6.26).

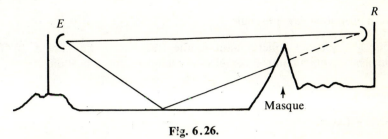

Fig. 6.26.

3. CONCLUSION

De l'étude des phénomènes de propagation, il convient de retenir les lois suivantes.

3.1. Lois de dégagement

— Le premier ellipsoïde de Fresnel doit être dégagé de tout obstacle pour un rayon terrestre égal à $4/3\ R_0$.
— Le trajet direct ne doit pas être coupé pour la valeur minimale du rayon terrestre correspondant à la longueur du bond.

3.2. Absence de réflexions stables

Lors de l'étude d'une liaison, il convient de s'assurer de l'absence de surface réfléchissante importante dans la première zone de Fresnel entourant le point de réflexion géométrique. Cette zone est longue de plusieurs kilomètres dans le sens du faisceau.

3.3. Loi de répartition des évanouissements dus aux trajets multiples

Pour un système satisfaisant aux conditions 3.1 et 3.2, la fraction du temps pendant lequel un évanouissement A_0 est dépassé, compte non tenu de la pluie, est donnée par la formule :

$$10 \log p = 35 \log d + 10 \log F - A_0 - 78,5$$

si la statistique porte sur le mois le plus défavorisé, et :

$$10 \log p = 35 \log d + 10 \log F - A_0 - 83{,}5$$

si la statistique porte sur l'année moyenne.

La valeur de l'évanouissement qui n'est pas dépassé pendant plus de 20 % du temps du mois le plus défavorisé est donné par la formule

$$\alpha = 10 \log \left[1 + \frac{d^2 f^{0,8}}{8\,500} \right].$$

3.4. Atténuation due à la pluie

Pour les systèmes fonctionnant à une fréquence supérieure à 10 GHz, il convient de tenir compte des évanouissements dus à la pluie.

ANNEXE 1

LA DIFFRACTION

Le phénomène de diffraction est étudié dans les cours d'optique ou d'électromagnétisme. Dans ce livre, nous nous contenterons d'en examiner les grandes lignes et, en évitant au maximum les calculs, d'établir la forme de la courbe donnant la variation du champ reçu en fonction de la distance du rayon à un obstacle.

1. Principe de Huyghens-Fresnel

Ce principe, qui facilite les calculs de la diffraction, a été formulé par Huyghens.

Il a été démontré par Fresnel, à partir de la linéarité des équations de Maxwell.

Considérons un écran percé d'une ouverture ; à la gauche de celui-ci se trouvent des sources lumineuses. Imaginons une surface Σ délimitée par les bords de l'ouverture et recouvrant celle-ci. Soit dS l'élément de surface sur Σ (Fig. 6.27).

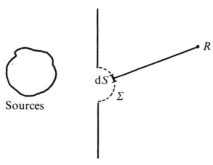

Fig. 6.27.

Le principe de Huyghens-Fresnel énonce que le champ au point R situé de l'autre côté de l'écran par rapport aux sources s'obtient par superposition des champs rayonnés par chaque élément dS de la surface Σ, le champ en un point de Σ étant déterminé par application des lois de propagation en l'absence d'obstacle.

Le champ créé par un élément dS en R est proportionnel à la valeur du champ sur dS. Il est aussi proportionnel, non pas à dS, mais à la projection dS_n de dS sur le plan perpendiculaire à la direction du rayon venu de la source et passant par le point considéré sur la surface (Fig. 6.28) puisque l'énergie reçue en dS est proportionnelle à dS_n.

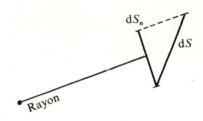

Fig. 6.28.

En particulier, si la surface est une surface d'onde, $dS = dS_n$.

L'onde créée par une surface dS infiniment petite est une onde sphérique. Appelons r la distance (R, dS). L'onde sphérique arrive en R avec des composantes dont l'amplitude est proportionnelle à $1/r$, et dont la phase a varié de $2\pi r/\lambda$.

En appelant x la valeur du champ (électrique ou magnétique) sur la surface et x_R sa valeur en R, nous voyons donc que :

$$(6.30) \qquad x_R = a \int_\Sigma \frac{x \, e^{i 2\pi r/\lambda}}{r} dS_n$$

où a est un coefficient de proportionnalité dont la détermination n'a pas d'intérêt pour la suite du raisonnement.

2. Eclairement par une source ponctuelle en présence d'un obstacle

Le calcul exact du champ reçu en un point R éclairé par une source E lorsqu'un obstacle se trouve entre E et R est complexe, et dépasse le cadre de ce cours (le problème est étudié de façon précise dans les traités d'optique ou d'électromagnétisme). Nous nous contenterons d'examiner la forme générale de la variation du champ reçu en fonction de la position de l'obstacle.

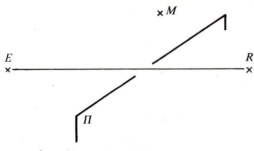

Fig. 6.29.

Nous prenons comme obstacle un demi-plan Π perpendiculaire à la droite ER. La surface Σ sur laquelle nous appliquons le principe de Huyghens est le demi-plan complémentaire de celui-ci. Soit M un point sur Σ.

Le champ en M dû à l'émetteur E vaut, à une constante multiplicative près :

$$(6.31) \qquad x_M = \frac{x \, e^{i(2\pi/\lambda)EM}}{EM}.$$

L'application de principe de Huyghens permet de calculer le champ en R :

$$x_R = a \int_\Sigma \frac{e^{(i2\pi/\lambda)(EM + MR)}}{EM \cdot MR} \, dS_n.$$

Séparons la surface Σ en portions d'anneaux concentriques S_p (Fig. 6.30), l'anneau de rang p étant défini par :

$$M \in S_p \Leftrightarrow \begin{cases} M \in \Sigma \\ (p-1)\frac{\lambda}{2} + ER \leqslant EM + MR < p\frac{\lambda}{2} + ER. \end{cases}$$

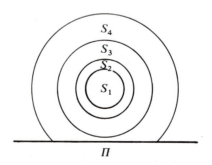

Fig. 6.30.

Ces anneaux ou portions d'anneaux sont donc définis par l'intersection de Σ, du bord du demi-plan opaque, et des ellipsoïdes d'équation

$$(6.32) \qquad EM + MR = p\frac{\lambda}{2} + ER.$$

En appelant d_1 et d_2 les distances respectives de E et R au plan (Π, Σ), le rayon du cercle qui limite extérieurement l'anneau de rang p vaut :

$$(6.33) \qquad r_p = \sqrt{\frac{d_1 d_2}{d_1 + d_2} \cdot p\lambda}.$$

La surface de l'anneau de rang p s'il n'est pas tronqué par le plan est donc de :

$$S_p = \pi \frac{d_1 d_2}{d_1 + d_2} \lambda.$$

Appelons x_{Rp} le rayonnement en R dû à S_p :

$$(6.34) \qquad x_{Rp} = a \int_{Sp} \frac{e^{i(2\pi/\lambda)(EM + MR)}}{EM \cdot MR} dS_n.$$

D'après la définition des anneaux, à tout élément de surface dS d'un anneau de rang p correspond un élément dS d'un anneau de rang $p - 1$ tels que les trajets $EM + MR$ diffèrent de $\lambda/2$, c'est-à-dire tels que les ondes rayonnées par ces deux éléments dS arrivent en R en opposition de phase.

Par conséquent, deux termes x_{Rp} successifs sont en opposition de phase. Quant aux amplitudes, elles décroissent en fonction de p ; en effet, quand p croît :

— le terme $EM \cdot ER$ croît ;
— le rapport dS_n/dS décroît, puisque l'incidence du rayon sur Σ s'éloigne de la normale ;
— la surface S_p est constante tant que l'anneau est complet, et décroît quand l'anneau est en partie intercepté par le plan opaque.

La décroissance des amplitudes et l'alternance des phases fait que, pour tout p :

$$\left| \sum_{i=1}^{p} x_{Rp} \right| > \left| \sum_{i=p+1}^{\infty} x_{Rp} \right|$$

la contribution des surfaces S_i ($i \geq p + 1$) est opposée à celles des surfaces S_i ($i \leq i \leq p$).

Supposons que l'on déplace le plan opaque de haut en bas.

Même lorsqu'il intercepte le rayon direct ER, la puissance reçue n'est pas nulle puisque les intégrales ne sont pas nulles ; cette puissance est évidemment très faible.

La puissance croît jusqu'à ce que l'on ait complètement dégagé S_1.

A partir de ce moment (Fig. 6.31), la contribution de S_1 au champ total est constante. La contribution des surfaces S_i ($i \geq 2$) croît en amplitude et est opposée en phase à celle de S_1.

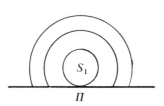
Fig. 6.31. Dégagement de S_1.

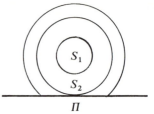
Fig. 6.32. Dégagement de S_2.

Le champ décroît jusqu'au moment où S_2 est complètement dégagé (Fig. 6.32). A ce moment-là, il se remet à croître, etc.

La puissance reçue varie donc de la façon suivante en fonction de la distance h entre la droite ER et le plan opaque :

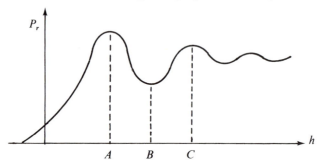

A correspond au dégagement de S_1
B correspond au dégagement de S_2
C correspond au dégagement de S_3.

Fig. 6.33.

La limite quand $d \to \infty$ est la puissance qui serait reçue en l'absence d'obstacle.

Le premier maximum, qui est le maximum maximorum, correspond au dégagement de S_1 ; il est donc caractérisé par :

(6.35) $\qquad EM + MR = ER + \lambda/2$.

C'est l'équation du premier ellipsoïde de Fresnel.

ANNEXE 2

STATISTIQUES DE PROPAGATION

A la suite de mesures effectuées dans des conditions différentes, les spécialistes de la propagation de divers pays ont trouvé des formules différentes — mais néanmoins voisines — pour évaluer la répartition des évanouissements ou l'amélioration apportée par la diversité. Cette annexe présente quelques formules.

Répartition des évanouissements dus aux trajets multiples

Pour les évanouissements supérieurs à 15 dB environ, toutes les formules sont du type :

$$p = \frac{K}{m} f^A d^B$$

p = probabilité de dépassement de la marge m pendant le mois le plus défavorisé ;

m = marge en valeur arithmétique, c'est-à-dire rapport arithmétique entre la puissance reçue dans les conditions normales et celle qui correspond à l'évanouissement étudié ;

f = fréquence (GHz) ;
d = longueur du bond (km) ;
K = coefficient de proportionnalité.

• Formule du CCIR (rappel) :

(6.36) $\qquad p = 1,4 . 10^{-8} \cdot \frac{1}{m} f d^{3,5}$.

• Formule de Boithias, Battesti, Misme (CNET) :

(6.37) $\qquad p = 2,5 . 10^{-8} \cdot \frac{1}{m} f(d-5)^{3,5}$.

Nous avons signalé que la formule du CCIR est pessimiste pour les bonds courts : il semble que la formule ci-dessus soit mieux adaptée aux bonds de longueur inférieure à la trentaine de kilomètres.

• Formule de Barnett (février 1972)

(6.38) $\qquad p = 6 . 10^{-7} \frac{c}{m} f d^3$

$c = 0,25$ sur terrain montagneux, par climat sec,
$c = 1 \quad$ sur terrain moyen,
$c = 4 \quad$ sur l'eau.

• Formule de Morita (août 1972)

(6.39) $\qquad p = 10^{-9} \frac{q}{m} f^{1,2} . d^{3,5}$

$q = 0,4$ en montagne,
$q = 1 \quad$ en plaine,
$q = 72/\sqrt{h}$ en mer, avec h = altitude moyenne du rayon hertzien en mètres.

La formule de Morita donne des résultats assez différents des autres, ce qui peut s'expliquer par le fait qu'elle provient de résultats établis au Japon, et qu'elle ne correspond pas au mois le plus mauvais.

Amélioration due à la diversité

La courbe du CCIR (Fig. 6.10) est tirée des travaux de Boithias et Battesti. On trouve aussi des formules qui permettent de calculer le coefficient d'amélioration I qui est le rapport entre les probabilités de dépassement d'un évanouissement donné, sans diversité et avec diversité, pour des évanouissements profonds.

Diversité de fréquence

Appelons Δf l'écart entre les porteuses.

- Formule de Barnett (1970)

$$(6.40) \quad \begin{cases} I = \dfrac{1}{2}\left(\dfrac{\Delta f}{f}\right).m \text{ à 4 GHz} \\ I = \dfrac{1}{4}\left(\dfrac{\Delta f}{f}\right).m \text{ à 6 GHz} . \end{cases}$$

- Formule de Vigants (1975)

$$(6.41) \quad I = 80\left(\dfrac{\Delta f}{f}\right).\dfrac{m}{f.d} \quad \text{pour} \quad \Delta f < 0{,}5 \text{ GHz} .$$

Diversité d'espace

Formule de Vigants (1975)

$$(6.42) \quad I = 1{,}2.10^{-3} \cdot v^2 \cdot s^2 \cdot \dfrac{f.m}{d}$$

avec :
- v^2 = rapport arithmétique du gain de l'antenne secondaire à l'antenne principale. Pour des antennes identiques, ce qui est en général le cas, on a $v^2 = 1$.
- s = distance en mètres entre les centres de phase des antennes.

BIBLIOGRAPHIE

LIVRES

(6.1) Rigal et Voge, *Les hyperfréquences*, (Circuits et propagation des ondes), Eyrolles, (1970).
(6.2) Rigal et Place, *Cours de radioélectricité générale*, tome 1, Eyrolles, (1966).
(6.3) David et Voge, *Cours de radioélectricité générale*, tome 4 : Propagation des ondes, Eyrolles, (1966).
(6.4) L. Boithias, *Calcul par nomogrammes de la propagation des ondes*, Eyrolles, (1972).
(6.5) J. C. Pélissolo, *Propagation des ondes radioélectriques*, Cours de l'ENSTA, (1970).
(6.6) L. Boithias, *La Propagation des ondes* (à paraître).

ARTICLES ET REVUES

(6.7) L. Boithias, Etudes actuelles de propagation pour les faisceaux hertziens à visibilité directe, *Câbles et transmission*, (octobre 1976).

(6.8) G. Lefrançois, Modèle théorique des précipitations équivalentes sur un trajet radioélectrique, *Annales des télécommunications*, tome 26, (novembre-décembre 1971).

(6.9) P. Misme et J. Fimbel, Courbes d'affaiblissement dû à la pluie à l'usage des régions administratives, *Note technique du CNET*, EST/APH/33 de décembre 1975.

(6.10) G. Lefrançois et M. Rooryck, Influence de la propagation sur la valeur du découplage de deux polarisations orthogonales, *Note technique du CNET*, EST/EFT/94/EST/APH/14 d'août 1972.

(6.11) L. Boithias, J. Battesti, J. Fimbel, Réflexion sur une portion de surface plane en incidence presque rasante. Application aux faisceaux hertziens, *Note technique du CNET*, EST/APH/30 de mai 1975.

(6.12) A. Azoulay, Etude de l'influence de la propagation sur les fluctuations du niveau de la bande de base des faisceaux hertziens, *Note technique du CNET*, EST/APH/25.

(6.13) P. Misme et J. Fimbel, Détermination théorique et expérimentale de l'affaiblissement par la pluie sur un trajet radioélectrique, *Note technique du CNET*, EST/APH/26.

(6.14) A. Vigants, Space diversity engineering, *The Bell system technical journal*, vol. 54, n° 1, (janvier 1975).

(6.15) G. Grosbon, G. Lefrançois, Etude expérimentale de la propagation à 20 et 30 GHz. *Note technique du CNET*, EST/APH/EFT/10.

(6.16) J. Fimbel et P. Misme, Etude des trajets multiples, *Note technique du CNET*, EST/APH/20 de février 1975.

(6.17) L. Boithias, J. Battesti, P. Misme, Influence de la propagation sur l'utilisation de la bande 10,7-11,7 GHz pour les faisceaux hertziens, *Note technique du CNET*, EST/APH/18 de décembre 1972.

(6.18) *CCIR*, Genève 1974, volume V rapport 570, diffraction par les obstacles.

(6.19) *CCIR*, Genève 1974, volume V rapport 338 — 2 données sur la propagation nécessaires aux faisceaux hertziens à visibilité directe.

(6.20) P. Misme, Affaiblissement de transmission en propagation guidée par conduit atmosphérique, *Annales des télécommunications*, tome 29, n° 34, (mars, avril 1974).

(6.21) W. T. Barnett, Multipath propagation at 4 and 11 GHz, *The Bell system technical journal*, (février 1972).

(6.22) L. Boithias, Cours de l'Institut Supérieur d'Electronique de Paris.

(6.23) L. Boithias et J. Battesti, Protection contre les évanouissements sur les faisceaux hertziens en visibilité, *Annales des télécommunications*, (septembre, octobre 1967).

Troisième partie

Les équipements

Chapitre 7 : **Emetteurs-récepteurs
liaison entre les émetteurs-récepteurs et les antennes**
Chapitre 8 : **Antennes**
Chapitre 9 : **Auxiliaires**

Chapitre 7

Émetteurs-récepteurs. Liaison entre les émetteurs-récepteurs et les antennes

1. ÉMETTEURS-RÉCEPTEURS

Il existe des émetteurs et des récepteurs de structures très diverses. On peut les classer en deux catégories :
— les émetteurs-récepteurs à amplification directe,
— les émetteurs-récepteurs à transposition en fréquence intermédiaire.

1.1. Fonctions principales

Les fonctions des émetteurs-récepteurs sont les suivantes :
— Dans les stations terminales : l'émetteur, d'une part assure la transposition en fréquence du signal issu du modulateur, et d'autre part fournit la puissance d'émission.

Le récepteur, alimenté à un niveau faible et variable, fournit un signal de niveau constant et de fréquence utilisable par le démodulateur.

— Dans les stations relais : le couple récepteur-émetteur, alimenté à un niveau faible et variable à la fréquence de réception, fournit une puissance convenable (fonction d'amplification) à la fréquence d'émission (fonction de transposition).

1.2. Emetteurs-récepteurs à amplification directe

Dans le cas des émetteurs-récepteurs à amplification directe, la structure est différente dans les stations terminales et dans les stations relais.

Dans les stations terminales, deux cas se présentent pour l'émetteur :

— Le modulateur module directement la fréquence d'émission. L'émetteur se réduit à un simple amplificateur, et le modulateur et l'émetteur sont le plus souvent associés dans un même boîtier.

— Le modulateur module une fréquence intermédiaire. L'émetteur a une structure analogue aux émetteurs à transposition en fréquence intermédiaire (voir § 1.3). Il comprend en particulier un amplificateur à fréquence intermédiaire, un oscillateur local et un mélangeur qui assure la transposition de fréquence (voir schéma 7.3).

Dans les stations terminales, comme tous les démodulateurs fonctionnent à la fréquence intermédiaire, le récepteur a une structure identique à celle des récepteurs à transposition en fréquence intermédiaire (voir § 1.3). Le récepteur comprend un oscillateur local et un mélangeur qui effectuent la transposition, puis des amplificateurs (voir schéma 7.7).

Dans les stations relais, le signal n'est pas transposé à la fréquence intermédiaire. L'émetteur et le récepteur ne peuvent en général pas être dissociés comme le montre le schéma 7.1 qui représente la structure la plus courante.

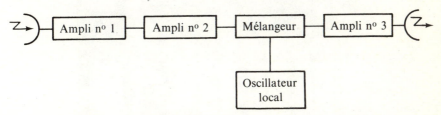

Fig. 7.1. Récepteur + émetteur à amplification directe.

L'ensemble émetteur-récepteur comprend :

— un amplificateur en hyperfréquence à faible bruit et faible gain (n° 1 sur le schéma) ;

— un amplificateur à grand gain (n° 2 sur le schéma), fournissant un niveau de sortie constant ;

— un étage de transposition, formé d'un mélangeur et d'un oscillateur local. Cet étage assure la transposition de la fréquence de réception à la fréquence d'émission ;

— un amplificateur fournissant la puissance à émettre (n° 3 sur le schéma).

Cette disposition présente deux inconvénients :

— la structure différente des émetteurs-récepteurs dans les stations terminales et les stations relais est un obstacle à la standardisation des matériels, ce qui diversifie les stocks de sous-ensembles de rechange ;

— l'amplification directe à la fréquence de fonctionnement du système est difficile à réaliser.

Par contre, la consommation d'énergie dans les relais est faible, ce qui est un avantage dans certains pays où l'alimentation des relais par le réseau électrique public est difficile. Ce système peut être utilisé pour des faisceaux

a)

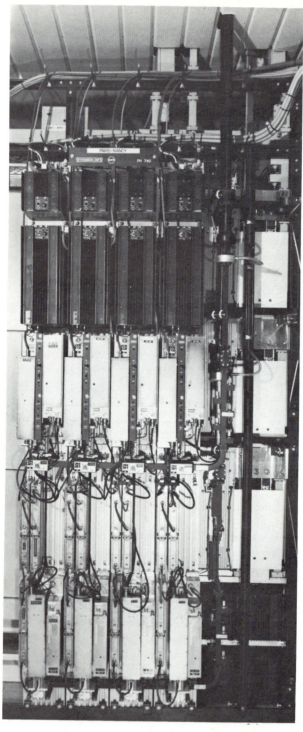

a) **Matériel FH 750** : 4 émetteurs récepteurs de la liaison PARIS-NANCY.
Ce matériel fonctionnant dans la bande 6,4-7,1 GHz a une capacité de 2 700 voies par canal.
(*Cliché CNET*)

b)

b) **Matériel FH 665-4 :** Ce matériel fonctionnant dans la bande 3,8-4,2 GHz a une capacité de 960 ou 1 260 voies par canal et peut être équipé de 5 + 1 canaux. Il transmet aussi des images de télévision.

hertziens légers, de faible capacité. Il n'est adopté qu'exceptionnellement pour des faisceaux hertziens de grande capacité.

1.3. Emetteurs-récepteurs à transposition en fréquence intermédiaire

Pour éviter les deux inconvénients signalés plus haut, on utilise des émetteurs-récepteurs à transposition en fréquence intermédiaire.

Ils ont alors une structure identique en station terminale et en station relais.

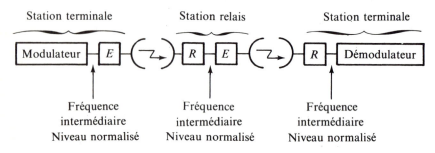

Fig. 7.2.

Cette organisation étant de loin la plus répandue, nous allons l'étudier en détail.

1.3.1. *Emetteur*

1.3.1.1. *Schéma général*

Comme il est plus facile d'amplifier un signal en fréquence intermédiaire (en général 70 MHz) qu'en hyperfréquence, l'amplification a lieu avant la transposition.

La puissance d'un émetteur va de quelques dizaines de milliwatts à la vingtaine de watts.

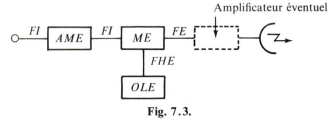

Fig. 7.3.

Un émetteur comprend principalement :

— un amplificateur pour mélangeur d'émission (*AME*),
— un mélangeur d'émission (*ME*),
— un oscillateur local d'émission (*OLE*),
— des filtres en hyperfréquence,
— éventuellement un amplificateur complémentaire en hyperfréquence, lorsque la puissance de sortie est supérieure à un ou deux watts.

1.3.1.2. *L'amplificateur pour mélangeur d'émission*

Cet amplificateur est composé d'étages limiteurs et d'étages amplificateurs.

Par un écrêtage important, les limiteurs suppriment toute modulation d'amplitude parasite et toute variation de niveau (le niveau d'entrée de l'émetteur peut fluctuer légèrement lorsque celui-ci est placé dans un relais après le récepteur). L'amplification et la limitation, en apparence contradictoires, sont en réalité complémentaires : ces deux opérations permettent d'alimenter le mélangeur d'émission, organe non linéaire, à un niveau constant, évitant ainsi les distorsions dues à la conversion de la modulation d'amplitude parasite en modulation de phase.

1.3.1.3. *Le mélangeur d'émission*

Cet organe réalise la fonction de transposition. Le principe en est simple : alimenté par deux signaux de fréquences *FI* et *FHE*, un réseau non linéaire produit les combinaisons $mFHE \pm nFI$.

Le mélangeur est réalisé le plus souvent en technologie de guide d'onde. Le réseau non linéaire comprend une diode (par exemple une diode Schottky). Les fréquences entrantes sont la fréquence intermédiaire *FI* et la fréquence *FHE*, appelée fréquence hétérodyne, produite par l'oscillateur local. Trois filtres encadrant le mélangeur empêchent les combinaisons non désirables de sortir à un niveau gênant.

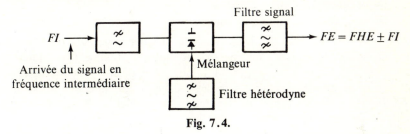

Fig. 7.4.

Soit F la fréquence d'émission. Suivant le cas, on choisit la fréquence hétérodyne de telle façon que :

$F = FHE + FI$: le mélangeur est dit « additif »

$F = FHE - FI$: le mélangeur est dit « soustractif ».

Les filtres situés à l'entrée et à la sortie du mélangeur doivent avoir les caractéristiques suivantes :

— dans la bande passante, présenter un affaiblissement d'insertion très faible et quasi constant, et ne pas introduire trop de distorsion de temps de propagation de groupe ;

— hors de la bande passante, présenter un affaiblissement considérable.

Le filtre hétérodyne filtre la fréquence fournie par l'oscillateur local.

Les filtres en hyperfréquence sont en général formés de cavités résonnantes couplées entre elles ; la fréquence de résonance de chaque cavité est réglée par un piston qui en modifie les dimensions.

Le filtre situé à la sortie du mélangeur ne peut évidemment pas éliminer totalement les fréquences non désirables. Examinons par exemple le cas du mélangeur additif. On trouve en sortie du filtre :
— le signal à émettre de fréquence $FE = FHE + FI$,
— la fréquence hétérodyne FHE très affaiblie,
— la fréquence image $FHE - FI$ très affaiblie,
— d'autres combinaisons, en particulier $FHE + 2FI$, mais à des niveaux encore plus faibles.

Ces fréquences parasites sont susceptibles de provoquer des brouillages entre canaux voisins : leur position et leur niveau entrent en ligne de compte dans l'établissement des plans de fréquence.

1.3.1.4. *L'oscillateur local d'émission*

Cet organe fournit la fréquence hétérodyne. Cette fréquence doit être très pure, puisque ses scintillations ou ses bruits de fond se retrouvent sur le signal émis. Elle doit de plus être très stable dans le temps, puisque sa stabilité fixe celle de la fréquence d'émission.

Lorsqu'il n'y a pas d'amplificateur à la sortie du mélangeur, c'est l'oscillateur local d'émission qui fournit la puissance à émettre.

Il existe deux grandes catégories d'oscillateurs :
— les oscillateurs à multiplicateurs,
— les oscillateurs à boucle de phase.

Dans les oscillateurs à multiplicateurs, la fréquence de base est engendrée par un oscillateur à quartz, puis une série de multiplicateurs et d'amplificateurs transpose cette fréquence jusqu'à la valeur FHE désirée. La multiplication est réalisée en plusieurs étapes par des éléments non linéaires (diodes) qui produisent les harmoniques de la fréquence incidente. Voici un exemple d'oscillateur à 6 GHz.

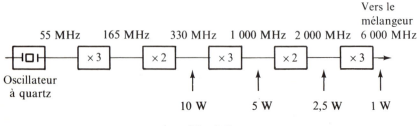

Fig. 7.5.

Le principe des oscillateurs à boucle de phase est le suivant : la fréquence de base est produite par un circuit oscillant à transistor qui fonctionne directement à FHE, ou à un de ses premiers sous-multiples. Cette fréquence n'est évidemment pas assez stable. En parallèle, un oscillateur à quartz suivi de multiplicateurs fournit une fréquence de référence stable. Une comparaison de phase permet de stabiliser la fréquence émise, conformément au schéma :

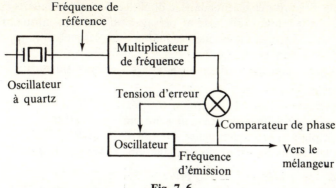

Fig. 7.6.

1.3.1.5. *L'amplificateur en hyperfréquence*

Si la capacité de la liaison et la qualité demandée rendent nécessaires des puissances d'émission supérieures au watt, il convient d'employer un amplificateur en hyperfréquence après le mélangeur d'émission. Pour des puissances de l'ordre de 2 à 5 W, on sait réaliser de tels amplificateurs à l'état solide, la difficulté étant d'autant plus grande que la fréquence est plus élevée.

Au-delà, on utilise actuellement un tube à onde progressive. C'est un amplificateur dont le gain peut atteindre 40 dB et la puissance de sortie 20 W. Son niveau d'entrée est donc de l'ordre du milliwatt : ceci signifie que, contrairement au cas où on n'utilise pas de *TOP*, la puissance que fournit l'*OLE* est très faible, ce qui en améliore la fiabilité.

L'emploi d'un *TOP* est une solution onéreuse : ce type de tubes, déjà cher par lui-même, nécessite une alimentation spéciale de 2 000 V ou 3 000 V à intégrer dans le bâti hertzien. De plus, comme pour tout tube, sa fiabilité est inférieure à celle des circuits transistorisés.

1.3.2. *Récepteur*

1.3.2.1 *Schéma général*

Pour éviter d'amplifier un signal de faible niveau et de fréquence très élevée, la transposition en fréquence intermédiaire a lieu dans les récepteurs avant l'amplification. La structure d'un récepteur est donc la suivante :

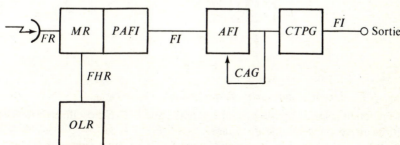

Fig. 7.7.

Toutefois, des progrès récents dans le domaine des amplificateurs en hyperfréquence à très faible bruit laissent présager qu'il sera bientôt possible de construire des récepteurs d'excellente qualité dans lesquels un amplificateur précédera le mélangeur.

Le récepteur comprend principalement les éléments suivants :
— un mélangeur de réception (MR),
— un oscillateur local de réception (OLR),
— un préamplificateur en fréquence intermédiaire ($PAFI$),
— un amplificateur en fréquence intermédiaire (AFI),
— un correcteur de temps de propagation de groupe ($CTPG$).

1.3.2.2. *Le mélangeur de réception*

Ce mélangeur reçoit l'onde en hyperfréquence FR et la fréquence hétérodyne de réception FHR fournie par l'oscillateur local de réception. Le mélange se fait dans un circuit non linéaire (diode). Etant donné que les niveaux en jeu sont extrêmement faibles, on attache la plus grande importance à la diminution du bruit inévitablement apporté par le mélangeur, en utilisant des diodes à faible bruit.

Le mélangeur est entouré de filtres à cavités résonnantes :
— le filtre hétérodyne, qui filtre la fréquence fournie par l'oscillateur local,
— le filtre signal, qui présente un affaiblissement très faible dans la bande utile et un affaiblissement important hors de celle-ci, pour protéger le signal contre les canaux voisins et les parasites divers situés hors bande. Les distorsions introduites par ce filtre doivent être très faibles.

Côté $PAFI$, un filtre spécial est inutile, puisque les signaux non désirables sont en hyperfréquence, alors que le $PAFI$ est conçu pour fonctionner à la fréquence intermédiaire.

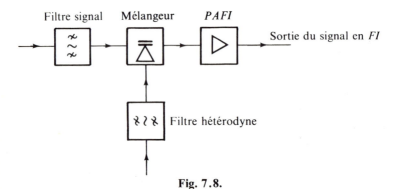

Fig. 7.8.

1.3.2.3. *L'oscillateur local de réception*

Il est conçu selon le même principe général que l'OLE : oscillateur à chaîne multiplicatrice ou à boucle de phase.

Ici, la puissance de sortie demandée est faible et, plus encore que dans le cas de l'OLE, on veille à ce que le bruit de l'OLR soit peu important.

1.3.2.4. *Le préamplificateur en fréquence intermédiaire*

Après transposition, le signal doit être amplifié pour être utilisable par le démodulateur ou l'émetteur suivant.

Compte tenu du fait que le niveau de réception peut descendre jusqu'à 10^{-12} W, voire moins, on réalise une première amplification de valeur constante à l'aide d'un préamplificateur de conception très soignée dont le facteur de bruit est excellent.

On sait que le facteur de bruit de l'amplificateur formé par deux quadripôles de gains G_1 et G_2 et de facteurs de bruit $\mathscr{F}_1$ et $\mathscr{F}_2$ est donné par :

$$\mathscr{F} = \mathscr{F}_1 + \frac{\mathscr{F}_2 - 1}{G_1}.$$

Le facteur de bruit de l'ensemble *ME* + *PAFI* + *AFI* est donc à peu près égal à celui du premier étage *ME* + *PAFI*.

1.3.2.5. *L'amplificateur en fréquence intermédiaire*

C'est sur lui que repose la majeure partie de l'amplification et la régulation du niveau. L'*AFI* dispose donc d'une commande automatique de gain qui réagit sur les étages amplificateurs :

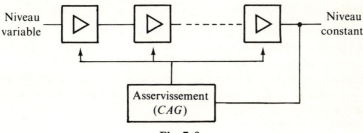

Fig. 7.9.

La tension de sortie est détectée et comparée à une tension de référence : la différence entre les deux donne une tension de correction qui asservit les étages amplificateurs.

La dynamique de l'*AFI* atteint couramment 50 dB.

1.3.2.6. *Filtrages en FI*

Ce sont des filtres en fréquence intermédiaire inclus dans le *PAFI* et l'*AFI* qui fixent la largeur de la bande passante du récepteur ; ces filtrages s'ajoutent aux filtrages en hyperfréquence.

Dans le cas où des perturbateurs fonctionnent hors bande mais à des fréquences relativement proches de la fréquence de réception, l'installation d'un filtrage complémentaire en *FI* placé entre le *PAFI* et l'*AFI* peut faciliter la protection du signal.

1.3.2.7. *Correcteur de temps de propagation de groupe (CTPG)*

L'onde modulée en fréquence est sensible aux distorsions de phase. On montre que la transmission sans distorsion d'une onde modulée en fréquence à travers un quadripôle nécessite que le temps de propagation de groupe à travers ce quadripôle soit constant dans toute la bande de fréquence occupée par le signal (chapitre 11).

Des correcteurs de temps de propagation de groupe, composés de cellules déphaseuses, permettent dans chaque récepteur de corriger les distorsions de phase qui se sont produites dans le bond précédent.

1.4. Fonctions annexes des émetteurs-récepteurs

Les émetteurs-récepteurs remplissent des fonctions annexes destinées à permettre l'exploitation du système. Nous allons en examiner la réalisation dans le cas des émetteurs-récepteurs à transposition en fréquence.

1.4.1. *Fonctions annexes de l'émetteur*

Il faut introduire des signaux auxiliaires dans chaque station. Il s'agit :

— de voies de service permettant des communications téléphoniques entre les stations,
— de signaux de télésurveillance et de télécommande,
— éventuellement, des ordres de commutation automatique.

La constitution de ces signaux et leur acheminement sont étudiés en détail dans le chapitre consacré aux auxiliaires (chapitre 9). Il existe une façon de les introduire qui modifie légèrement la structure de l'émetteur. Elle consiste à moduler en phase l'oscillateur local d'émission à l'aide de ces signaux. De nombreux matériels sont donc équipés d'oscillateurs locaux d'émission modulables.

Un émetteur est doté de dispositifs de surveillance : une baisse de la puissance de sortie de l'oscillateur local ou de la puissance émise déclenche en général une alarme qui permet, par un acheminement convenable, d'avertir de la panne le personnel surveillant la liaison.

1.4.2. *Fonctions annexes du récepteur*

Le récepteur assure le déclenchement d'une alarme lorsque le niveau reçu tombe au-dessous d'une valeur correspondant à la coupure de la transmission.

Cette alarme est provoquée par la mesure de la tension de la commande automatique de gain : lorsque cette tension atteint une valeur correspondant à une amplification de l'*AFI* telle que le niveau à l'entrée du récepteur est trop faible, l'alarme est déclenchée.

Sur la plupart des matériels, cette alarme provoque aussi l'interruption de la transmission, devenue inutile, au niveau du récepteur en alarme, et la substitution d'une porteuse pure au signal devenu inexploitable. Cette régénération de porteuse a trois fonctions :

— éviter qu'un spectre trop large ne perturbe les canaux voisins ; en effet, en cas de baisse anormale du niveau de réception, le signal disponible à la sortie de l'*AFI* n'est autre que le bruit thermique amplifié au niveau nominal de sortie de l'*AFI*. La largeur de bande de ce bruit est celle du récepteur, beaucoup plus large que celle de la porteuse modulée, comme l'illustre le schéma 7.10 ;

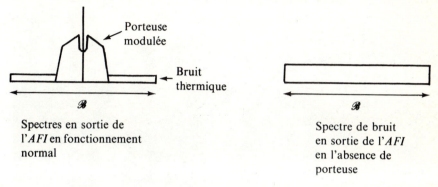

Spectres en sortie de l'*AFI* en fonctionnement normal

Spectre de bruit en sortie de l'*AFI* en l'absence de porteuse

Fig. 7.10.

— éviter que ce bruit, transmis jusqu'à l'extrémité de la liaison, ne provoque des perturbations au-delà de la liaison, par exemple par simulation de signalisations dans les centraux téléphoniques ;

— permettre la transmission de la télésignalisation et de la voie de service *en aval* du récepteur qui régénère : en effet, l'émetteur suivant est alors alimenté par une porteuse pure, non bruitée, et la transmission des informations introduites par modulation de l'*OLE* se fait dans de bonnes conditions, ce qui n'aurait pas été le cas si l'émetteur avait été alimenté par un bruit thermique important.

2. LIAISON ENTRE LES ÉMETTEURS-RÉCEPTEURS ET LES ANTENNES

Les émetteurs-récepteurs sont reliés aux antennes par des lignes de transmission en hyperfréquence. A ces lignes s'ajoutent des branchements qui permettent de regrouper tous les émetteurs-récepteurs sur une ou deux antennes, suivant le plan de fréquence choisi.

2.1. Branchements

Les branchements peuvent être réalisés à l'aide soit de filtres d'aiguillage fabriqués en guides d'ondes, soit de coupleurs directifs, soit de circulateurs à ferrites ; ce dernier dispositif étant le plus répandu, c'est celui-ci que nous examinerons.

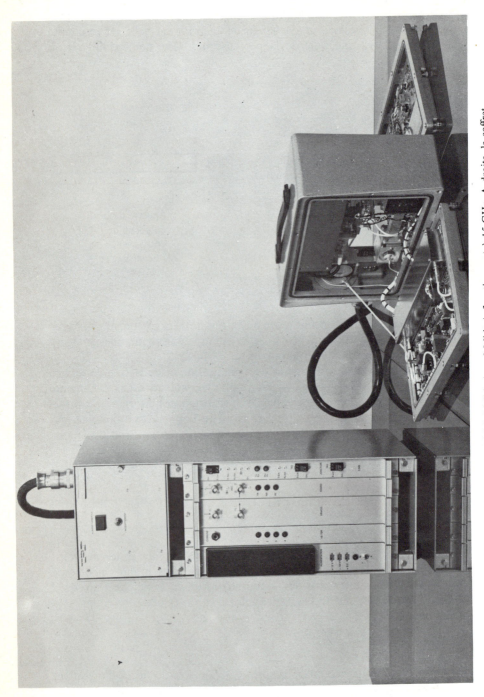

b) **Matériel FLD 15** : Matériel à 2 Mbits/s et 8 Mbits/s fonctionnant à 15 GHz. A droite, le coffret émetteur-récepteur qui se place à côté de l'antenne ; à gauche, le coffret d'exploitation qui s'installe en salle.

Etudions des exemples de branchements dans deux cas : l'émission et la réception des fréquences de même rang se font sur la même polarisation ou elles se font sur des polarisations différentes. Si l'émission et la réception de chaque canal se font sur des polarisations différentes, il y a quatre lignes de transmission en hyperfréquence, qui regroupent respectivement (Fig. 7.11) :

— l'émission des canaux pairs,
— la réception des canaux pairs,
— l'émission des canaux impairs,
— la réception des canaux impairs.

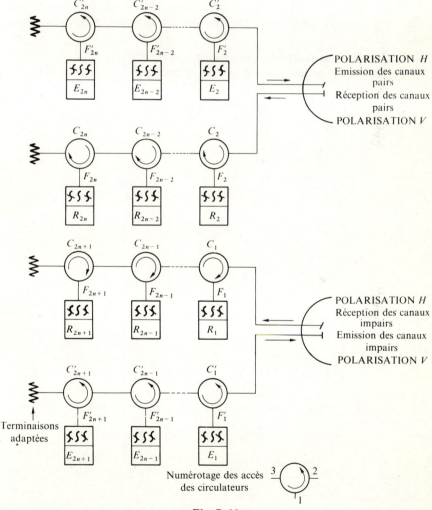

Fig. 7.11.

Nous avons vu que les filtres sont des passe-bandes centrés sur les fréquences respectives des divers canaux.

A l'émission, le signal de fréquence F'_{2n} traverse le filtre de sortie de l'émetteur E_{2n}, et le circulateur C'_{2n} l'aiguille de son accès 1 sur son accès 2. Il est ensuite appliqué au circulateur C'_{2n-2} qui l'aiguille de l'accès 3 à l'accès 1. Le filtre de l'émetteur E_{2n-2} centré sur la fréquence F'_{2n-2} présente un affaiblissement quasi infini pour la fréquence F_{2n} et la réfléchit. La fréquence F'_{2n} passe donc de l'accès 1 du circulateur C'_{2n-2} à l'accès 2. Le signal du canal suivant, de fréquence F'_{2n-2} est injecté à travers le circulateur C'_{2n-2}, etc.

A la réception, le principe est identique. Toutes les porteuses sont appliquées par l'intermédiaire du circulateur C_2 au récepteur R_2 ; seule la fréquence F_2 traverse le filtre, les autres étant réfléchies, etc.

Si l'émission et la réception de chaque canal se font sur la même polarisation, il y a deux lignes de transmission qui regroupent respectivement (Fig. 7.12) :

— l'émission et la réception des canaux pairs,
— l'émission et la réception des canaux impairs.

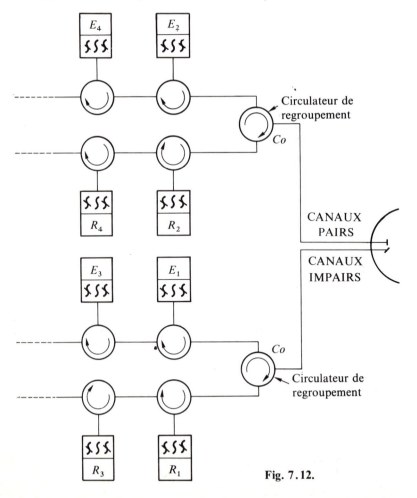

Fig. 7.12.

Emetteurs-récepteurs

Les branchements des émetteurs entre eux et des récepteurs entre eux sont identiques à ceux du cas précédent. Les deux sens de transmission sont ensuite regroupés sur la ligne de transmission par un circulateur.

Cette dernière disposition est évidemment plus économique que la première, puisqu'elle ne nécessite que deux lignes de transmission et une antenne, contre quatre lignes de transmission et deux antennes.

Toutefois, les dégradations que peuvent subir les lignes de transmission (oxydation par exemple) provoquent des combinaisons non linéaires des fréquences d'émission dont le résultat peut brouiller les fréquences de réception lorsqu'elles sont acheminées sur la même ligne de transmission. Comme ce phénomène est d'autant moins gênant que les puissances en jeu sont plus faibles, on regroupe émission et réception sur le même sens de transmission pour les systèmes de puissance inférieure à quelques watts, alors que pour les systèmes dont la puissance est de l'ordre de 10 W ou 20 W, on préfère brancher émetteurs et récepteurs sur des lignes séparées.

Aux filtres et aux branchements que nous venons de voir s'ajoutent souvent d'autres éléments tels que coupleurs de mesure, filtres de protection supplémentaires, isolateurs à ferrite, etc.

La traversée des filtres et des circulateurs s'accompagne de pertes de quelques fractions de décibels qu'il convient de comptabiliser. Les pertes de branchement sont différentes pour chaque canal, puisqu'elles dépendent de l'ordre de branchement. Le schéma ci-dessous en donne un exemple :

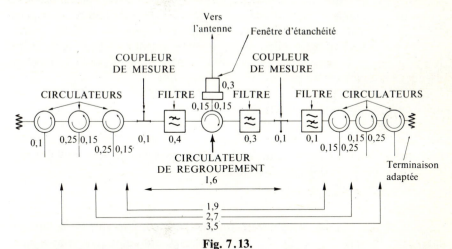

Fig. 7.13.

Les nombres indiquent les pertes en décibels. Dans cet exemple, la perte totale (émission + réception) vaut 1,9 dB pour le premier canal, 2,7 dB pour le deuxième et 3,5 dB pour le dernier.

2.2. Lignes de transmission

Les lignes de transmission en hyperfréquence sont des guides d'ondes ou des câbles coaxiaux.

2.2.1. *Guides d'ondes*

Les guides d'ondes peuvent être rectangulaires, cylindriques ou elliptiques.

Les guides rectangulaires sont utilisés en mode *TEO*1, ce qui signifie qu'il n'y a qu'un seul fuseau de vibration et que le champ électrique est transversal, conformément au schéma :

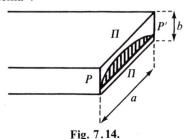

Fig. 7.14.

Pour qu'il y ait un fuseau et un seul entre les plans P et P', et qu'il n'y ait pas de régime vibratoire entre Π et Π', il faut que :

$$\begin{cases} \lambda/2 < a < \lambda \\ b < \lambda/2 \, . \end{cases}$$

Les dimensions d'un guide d'ondes sont donc liées à la fréquence à transmettre ; plus la fréquence est basse, plus la section du guide est importante. Le guide rectangulaire présente des pertes très faibles ; par contre, il ne peut être livré que par sections de longueur réduite et sa pose est difficile. Il faut boulonner les sections entre elles, de façon parfaitement régulière : la moindre irrégularité provoque l'apparition de réflexions, ce qui dégrade le rapport d'ondes stationnaires et provoque des distorsions.

On utilise aussi des guides circulaires. Ils peuvent éventuellement acheminer deux ondes de polarisations orthogonales ; toutefois, la moindre irrégularité provoque des rotations de polarisation. Le guide circulaire présente les mêmes avantages et les mêmes inconvénients que le guide rectangulaire. Sa pose est difficile, mais ses pertes sont faibles. Voici quelques valeurs d'affaiblissements mesurées sur des guides courants :

— à 6 GHz : 2,5 dB/100 m,
— à 13 GHz : 4 dB/100 m.

La difficulté de pose des guides étant une gêne considérable pour l'installation des liaisons, on utilise très souvent des guides elliptiques semi-rigides (voir Fig. 7.15), livrés d'une seule pièce sur des tourets.

Ils peuvent être déroulés des antennes aux équipements radioélectriques et être courbés comme des câbles. On s'entoure évidemment de quelques précautions pour ne pas les détériorer. Ces guides présentent toutefois un affaiblissement important. Voici quelques valeurs courantes :

— à 4 GHz : 3 dB/100 m,
— à 6 GHz : 6 dB/100 m,
— à 13 GHz : 12 dB/100 m.

On constate que les guides utilisés dans le haut de la gamme des fréquences ont une perte plus importante que ceux de bas de la gamme.

Pour éviter que des infiltrations d'humidité n'oxydent les guides, on pressurise ceux-ci : un compresseur alimenté par de l'air sec (obtenu par passage de l'air ambiant sur des sels dessiccateurs) maintient dans les guides une pression très légèrement supérieure à la pression atmosphérique.

2.2.2. *Câbles coaxiaux*

On peut relier les émetteurs-récepteurs aux antennes par des câbles coaxiaux. Ceux-ci, de pose facile, ont des pertes importantes. On les utilise surtout au-dessous de 4 GHz, car les dimensions des guides d'onde deviennent trop importantes à ces fréquences du bas de la gamme pour qu'on puisse les installer facilement.

2.2.3. *Lignes de longueur réduite*

Aux fréquences élevées, les pertes en guides ou en coaxial deviennent considérables. On place alors l'émetteur-récepteur à proximité de l'antenne, voire même dans un coffret hyperfréquence situé tout contre celle-ci. Les lignes de transmission sont de longueur extrêmement réduite. La liaison entre émetteurs-récepteurs et modulateurs-démodulateurs, placés au pied de la tour ou du pylône, se fait en fréquence intermédiaire par un câble coaxial.

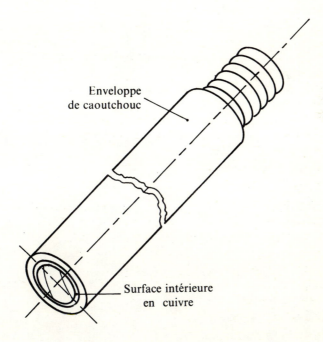

Fig. 7.15. Guide d'onde elliptique semi-rigide.

BIBLIOGRAPHIE

LIVRES

(7.1) Voge, *Les tubes aux hyperfréquences*, Eyrolles, (1970).
(7.2) David et Eldin, *Cours de radioélectricité générale*, Tome 2 : Tubes amplificateurs et transistors, Eyrolles, (1967).
(7.3) Rigal et Voge, *Les hyperfréquences, circuits et propagation des ondes*, Eyrolles, (1970).

ARTICLES ET REVUES

(7.4) J. Lods et P. Dallot, Oscillateurs locaux à asservissement de phase pour faisceaux hertziens, *Câbles et transmission*, (octobre, 1976).
(7.5) D. Henry et J. C. Maréchal, *Tubes à ondes progressives pour faisceaux hertziens à grande capacité*, (Ibid.).
(7.6) J. D. Kœnig, R. Sarfati, Y. Schiffres, *Le nouveau faisceau hertzien à moyenne capacité SRL 8002 et ses auxiliaires*, (Ibid.).

Chapitre 8

Antennes

Les antennes sont des dispositifs de couplage entre une ligne de transmission et l'espace environnant. Ces dispositifs peuvent être classés en deux grandes familles : les fils rayonnants et les surfaces rayonnantes.

Dans le domaine des faisceaux hertziens de fréquence supérieure à 1 GHz, on utilise comme antennes des surfaces rayonnantes. Elles sont assimilables au point de vue radioélectrique à une ouverture percée dans un plan opaque : à l'émission, cette ouverture rayonne, tandis qu'à la réception, elle capte les rayonnements incidents.

Sur un bond hertzien la distance entre les antennes peut être considérée comme infiniment grande par rapport à leurs dimensions et à la longueur d'onde. Une antenne de faisceaux hertziens doit donc être un dispositif rayonnant dont le foyer est à l'infini ; cela est réalisé lorsque le champ est en phase en tout point du plan de l'ouverture à laquelle l'antenne est assimilable : une telle ouverture est appelée équiphase. Nous allons donc examiner les propriétés des ouvertures équiphases, étudier comment on peut réaliser de telles ouvertures et voir dans quelle mesure les propriétés des antennes réelles s'éloignent de celles des ouvertures équiphases.

1. PROPRIÉTÉS DES OUVERTURES ÉQUIPHASES PLANES

1.1. Gain. Diagramme de rayonnement

Considérons une ouverture de surface S percée dans un plan opaque sur laquelle est définie une distribution équiphase et d'amplitude constante d'un champ électromagnétique oscillant à la fréquence $f = c/\lambda$.

On démontre que le gain dans l'axe vaut pour une telle ouverture :

$$(8.1) \quad \boxed{G = \frac{4\pi S}{\lambda^2}}$$

Exemple de calcul :

Soit une ouverture circulaire de 3 m de diamètre rayonnant à 6 GHz ($\lambda = 5$ cm) :

$$G = 3{,}6 \cdot 10^4$$

ou, en décibels : $g = 45{,}5$ dB.

Le diagramme de rayonnement d'une ouverture est fonction de la forme de celle-ci, et de la distribution de l'amplitude du champ. Par exemple, pour une ouverture circulaire de rayon R sur laquelle la distribution du champ est uniforme on démontre que le rapport entre le gain $G(\alpha)$ dans une direction faisant un angle α avec l'axe et le gain dans l'axe G_0 vaut :

(8.2) $$\frac{G(\alpha)}{G_0} = \left[\frac{J_1[(2\pi R/\lambda)\sin\alpha]}{(2\pi R/\lambda)\sin\alpha} \right]^2$$

où J_1 est la fonction de Bessel d'ordre 1 (Fig. 8.1).

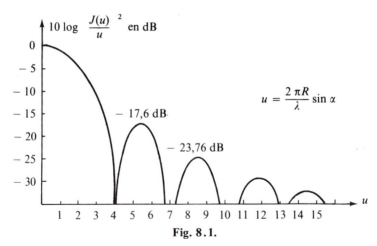

Fig. 8.1.

Le premier lobe secondaire a un maximum à 17,6 dB au-dessous du lobe principal.

L'ouverture à 3 dB du faisceau rayonné est donnée par la formule approchée :

(8.3) $$\theta_{3\,\text{dB}} = 58\,\lambda/R \quad \text{en degrés}.$$

Le premier zéro est situé à $\theta_0 = 70\,\lambda/R$ (en degrés) de l'axe.

Pour d'autres distributions du champ sur la surface, le diagramme de rayonnement est différent. Si l'on utilise un éclairement décroissant du centre vers la périphérie, le gain dans l'axe baisse mais le niveau relatif des lobes secondaires par rapport au lobe principal baisse aussi. On peut donc rendre des antennes plus directives en adoptant un éclairement décroissant à la place d'un éclairement uniforme.

1.2. Formation du rayonnement d'une ouverture équiphase

A grande distance de l'antenne, celle-ci peut être considérée comme une source ponctuelle donnant naissance à une onde sphérique ; le champ rayonné décroît alors en $1/r$. La zone de rayonnement lointain s'appelle zone de Fraunhofer.

Quand on s'approche de l'antenne, celle-ci ne peut plus être considérée comme infiniment petite par rapport à la distance. Lorsque le déphasage entre le point de l'axe où l'on étudie le champ et les différents points de l'ouverture ne peut pas être considéré comme constant, il faut tenir compte des différences de marche entre les trajets venant des divers points de l'ouverture pour calculer le champ. Si l'on évalue le champ sur l'axe dans la zone proche, on obtient des oscillations autour d'une valeur moyenne égale au champ sur l'ouverture.

Il est facile de calculer la distance à laquelle la différence de marche entre le trajet venant du centre et celui venant du bord de l'ouverture vaut une fraction donnée $1/n$ de la longueur d'onde.

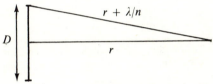

Fig. 8.2.

Si D est le diamètre de l'ouverture, nous avons (Fig. 8.2) :

$$(r + \lambda/n)^2 - r^2 = D^2/4 .$$

Comme λ est petit devant r :

$$r = (n/8)(D^2/\lambda) .$$

La zone de champ lointain, ou zone de Fraunhofer, commence lorsque la différence de marche entre le trajet venant du centre et celui venant du bord est faible. Si nous prenons comme valeur $\lambda/16$, nous trouvons :

(8.4) $r_0 = 2 D^2/\lambda$.

Si nous choisissons une différence de marche de $\lambda/4$, nous obtenons la zone à l'intérieur de laquelle le champ varie peu en fonction de la distance. Cette zone, appelée zone de Rayleigh, est limitée par :

(8.5) $r_1 = D^2/2\lambda$.

Dans la zone de Rayleigh, tout se passe comme si l'énergie était canalisée à l'intérieur d'un cylindre s'appuyant sur le contour de l'antenne (Fig. 8.4).

La zone comprise entre $D^2/2\lambda$ et $2 D^2/\lambda$, dans laquelle le champ varie fortement en fonction de la distance sans toutefois varier en $1/r$, est appelée zone de Fresnel.

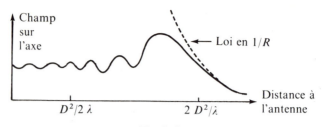

Fig. 8.3.

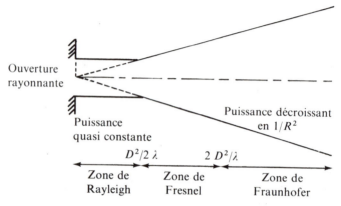

Fig. 8.4. Formation du rayonnement.

2. ANTENNES CONSTITUÉES PAR DES OUVERTURES RAYONNANTES

2.1. Cornet rayonnant

L'ouverture rayonnante la plus simple est le cornet : il s'agit d'un guide d'ondes à section régulièrement croissante.

L'évasement du cornet peut avoir lieu de diverses façons.

A partir d'un guide d'ondes rectangulaire fonctionnant en mode TEO1, l'évasement dans le sens de la grande dimension (Fig. 8.5) donne un cornet qui rayonne une onde polarisée linéairement, puisque le champ électrique est perpendiculaire au grand côté du cornet.

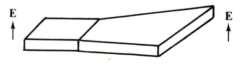

Fig. 8.5.

L'évasement selon les deux dimensions donne un cornet pyramidal (Fig. 8.6); sur l'embouchure du cornet peuvent se trouver plusieurs modes vibratoires.

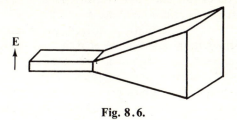

Fig. 8.6.

A partir d'un guide circulaire, on forme des cornets coniques (Fig. 8.7) souvent utilisés pour rayonner simultanément des ondes polarisées horizontalement et des ondes polarisées verticalement. Dans ce cas, les deux ondes sont amenées par des guides séparés jusqu'à un dispositif de couplage d'où sort un guide unique qui alimente le cornet :

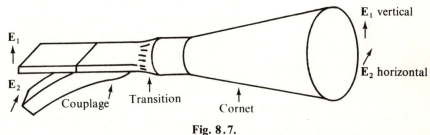

Fig. 8.7.

L'étude détaillée du fonctionnement d'un cornet est complexe. En première approximation, on peut considérer que le cornet est le siège de la propagation d'une onde sphérique qui prend son origine en un point appelé centre de phase (Fig. 8.8).

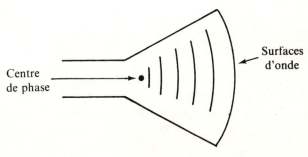

Fig. 8.8.

Dans ces conditions, la surface rayonnante qui termine le cornet n'est pas une surface équiphase, puisque les surfaces d'onde sont sphériques et non planes. On démontre que le gain d'un tel dispositif et son diagramme de rayonnement sont plus mauvais que celui d'une ouverture équiphase de mêmes dimensions. Pour qu'un cornet constitue une bonne antenne, il faut que la distribution du champ sur son ouverture puisse être considérée comme équiphase, donc que les surfaces d'onde, sphériques, soient assimilables à des plans. Ceci entraîne que les cornets doivent avoir un angle d'ouverture très faible. Les cornets de bonne qualité et de grand gain, donc de grande surface rayonnante, sont par conséquent très longs.

Pour ces raisons, les cornets sont rarement employés comme antennes. Par contre, ils constituent les sources primaires des antennes en éclairant un réflecteur qui rayonne l'onde à son tour. Dans cette application, on utilise justement le fait qu'ils donnent naissance à une onde sphérique ayant pour origine le centre de phase, un des problèmes venant d'ailleurs de la difficulté qu'il y a à obtenir un centre de phase réellement ponctuel et identique pour les deux ondes polarisées orthogonalement qu'émettent ou reçoivent les antennes à double accès.

La gamme de fréquences dans laquelle un cornet fonctionne correctement est limitée inférieurement par la fréquence de coupure et supérieurement par la fréquence correspondant à l'apparition de modes parasites sur l'embouchure.

2.2. Antennes à réflecteurs

2.2.1. *Structure*

Les antennes à réflecteurs sont constituées par l'association d'un cornet et d'une surface réfléchissante.

Dans les antennes à un seul réflecteur, la surface réfléchissante est un paraboloïde ou une portion de paraboloïde au foyer duquel se trouve le centre de phase du cornet.

Les rayons réfléchis sont parallèles et la phase est la même en tout point d'un plan Π situé derrière la source et perpendiculaire à l'axe :

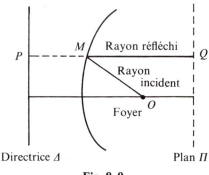

Fig. 8.9.

Ceci découle de propriétés élémentaires du paraboloïde (Fig. 8.9) :

$$OM + MQ = PM + MQ \quad \text{donc} \quad OM + MQ = \text{Cte}.$$

Une antenne parabolique parfaite réalise donc une ouverture équiphase parfaite (dans la mesure où la longueur d'onde est infiniment petite par rapport au diamètre de l'antenne).

Il y a 3 familles d'antennes à réflecteur unique. La source peut être centrale (Fig. 8.10), excentrée (Fig. 8.11) ou l'antenne peut être constituée d'un cornet très allongé muni d'un réflecteur (Fig. 8.12).

Pour améliorer sa résistance aux intempéries, on peut la recouvrir d'un radôme (Fig. 8.13).

Pour améliorer le diagramme de rayonnement, on peut entourer l'antenne d'une jupe tapissée d'absorbant (Fig. 8.14).

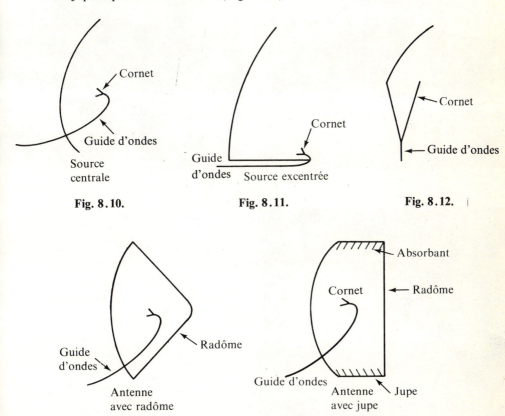

Fig. 8.10.   Fig. 8.11.   Fig. 8.12.

Fig. 8.13.   Fig. 8.14.

On réalise aussi des antennes à plusieurs réflecteurs : la source éclaire le réflecteur principal, de type paraboloïdal, par l'intermédiaire de plusieurs réflecteurs auxiliaires. Le nombre de paramètres sur lesquels on peut agir étant plus élevé que dans le cas des antennes à un seul réflecteur et le trajet des ondes entre la source et le réflecteur principal étant plus grand pour un encombrement identique, ces antennes peuvent être rendues apériodiques sur une plus large bande que les antennes à un seul réflecteur.

a)

b)

c)

a) Antenne à plusieurs réflecteurs à large bande pouvant transmettre les bandes :
- 3,8-4,2 GHz (1 260 voies par canal)
- 5,9-6,4 GHz (1 800 voies par canal)
- 6,4-7,1 GHz (2 700 voies par canal)
- 10,7-11,7 GHz (1 920 voies par canal)

(*Cliché CNET*)

b) Antenne parabolique avec jupe. (*Cliché CNET*)

c) Antenne parabolique à source centrale. (*Cliché DTRN*)

Le modèle le plus simple d'antenne à plusieurs réflecteurs est l'antenne Cassegrain (Fig. 8.15). Le réflecteur principal est un paraboloïde de foyer F_2 et le réflecteur auxiliaire est un hyperboloïde dont l'un des foyers est F_2 et dont l'autre est confondu avec le centre de phase F_1 de la source primaire. L'ensemble réalise une ouverture équiphase circulaire.

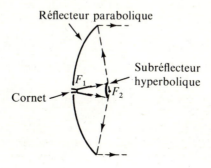

Fig. 8.15. Antenne Cassegrain à source centrale.

Ce montage permet de diminuer les rayonnements parasites vers l'arrière, puisque la source primaire est dirigée vers l'avant.

L'antenne Cassegrain est systématiquement utilisée pour les stations de télécommunications par satellites : le récepteur peut être situé juste au sommet du paraboloïde, donc très près de la source, ce qui évite les pertes dans les guides d'ondes.

On trouve d'autres types d'antennes à plusieurs réflecteurs (Fig. 8.16) :

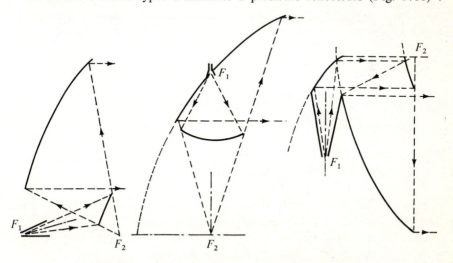

Fig. 8.16. Types d'antennes à plusieurs réflecteurs.

Lorsque l'on utilise des antennes à très large bande pour la transmission de canaux appartenant à des plans de fréquences différents, l'antenne est

152 Les équipements

précédée d'un multiplexeur de canaux qui réalise le regroupement des signaux issus des divers guides d'ondes.

2.2.2. Rendement. Gain

Si une antenne d'aire S réalisait parfaitement une ouverture équiphase sur laquelle la distribution du champ était uniforme, son gain serait donné par la formule $G = 4\pi S/\lambda^2$.

Si le cornet servant de source primaire donnait un éclairement constant du réflecteur, la puissance qu'il émettrait ne pourrait être limitée au seul réflecteur : il y aurait un débordement considérable vers l'arrière.

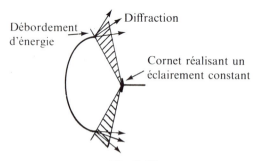

Fig. 8.17.

Ce débordement vers l'arrière a deux conséquences :

— diminution du gain de l'antenne, puisqu'une partie de l'énergie est perdue ;

— dégradation du diagramme de rayonnement, ce dernier phénomène étant aggravé par la diffraction sur les bords de l'antenne éclairés à un niveau élevé.

Pour obtenir des antennes ayant un bon diagramme de rayonnement, on adopte une loi d'éclairement décroissant du centre vers la périphérie. L'amélioration du diagramme de rayonnement qui en résulte est due :

— au fait qu'une ouverture équiphase parfaite ayant une loi d'éclairement décroissant a une meilleure directivité qu'une ouverture équiphase parfaite d'éclairement constant (cf. § 1.1) ;

— à la diminution de l'énergie rayonnée vers l'arrière ;

— à la diminution de l'énergie diffractée sur les bords.

En revanche, une antenne ayant une loi d'éclairement décroissant a un gain plus faible qu'une antenne éclairée uniformément.

Pour une antenne de dimensions données, il apparaît donc nécessaire de trouver un compromis entre le gain et la directivité.

D'autres phénomènes diminuent le gain, mais leur influence est plus faible que celle de la limitation volontaire de l'éclairement :

— Il y a toujours une partie de l'énergie de la source qui n'atteint pas le réflecteur et qui est perdue par débordement.

— Une partie de l'énergie est diffractée en dehors du lobe principal, à un niveau plus élevé que dans le cas de l'antenne parfaite.

— Le réflecteur lui-même n'est pas un conducteur parfait, et il s'y produit des pertes par effet Joule.

— Une partie de l'énergie, réfléchie par le réflecteur, est interceptée par le cornet et n'est donc pas émise.

Nous avons vu qu'on appelle rendement η d'une antenne d'aire S le rapport entre son gain et celui d'une ouverture équiphase de même aire

$$\eta = \frac{G}{4\pi S/\lambda^2}.$$

Le rendement d'une antenne très directive est couramment de l'ordre de 0,5.

2.2.3. *Diagrammes de rayonnement*

Les antennes utilisées en faisceaux hertziens sont éclairées par des cornets dans lesquels une onde de fréquence donnée est polarisée horizontalement ou verticalement ; l'antenne modifie les caractéristiques de cette onde. En effet, le réflecteur éclairé par un cornet n'a pas un rôle « passif » : il est le siège de courants induits, et ce sont ces courants qui rayonnent l'onde émise. Les lignes de courant sont perpendiculaires aux lignes de force du champ magnétique.

Prenons l'exemple d'une onde rayonnée en polarisation verticale par le cornet qui éclaire le paraboloïde. Les composantes tangentielles du champ magnétique, obtenues par projection de celui-ci sur la surface parabolique, ne sont pas horizontales, et les lignes de courant ne sont pas parallèles, conformément au schéma 8.18 :

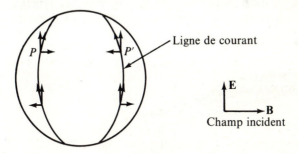

Fig. 8.18.

En un point quelconque P, le vecteur intensité a une composante horizontale et une composante verticale : l'onde rayonnée par un élément de surface dS entourant P n'est donc pas polarisée horizontalement. Une antenne, éclairée selon une polarisation, rayonne selon plusieurs polarisations.

Il convient donc d'étudier deux diagrammes de rayonnement : celui qui correspond à la polarisation de la source s'appelle diagramme en polarisation directe ou diagramme copolaire, et celui qui correspond à la polarisation orthogonale s'appelle diagramme en polarisation croisée, ou diagramme contrapolaire.

Le diagramme théorique copolaire se calcule en considérant l'antenne comme une surface équiphase sur laquelle la distribution du champ décroît du centre vers la périphérie, selon une loi donnée.

On trouve un lobe central et des lobes latéraux. Les lobes latéraux sont d'autant moins marqués que la décroissance de la loi d'éclairement est plus rapide (Fig. 8.19).

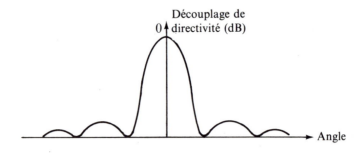

Fig. 8.19. Diagramme copolaire.

Le diagramme contrapolaire se calcule en partant de la distribution de la composante orthogonale du champ rayonné par l'antenne. On remarque que ce champ présente un plan de symétrie. Les composantes horizontales aux points P et P' sont opposées (voir Fig. 8.18). Dans l'axe de l'antenne, les actions des composantes symétriques s'annulent et le champ en polarisation orthogonale est nul. Quand on s'éloigne de l'axe, la symétrie ne joue plus et des lobes apparaissent. Le diagramme théorique a l'aspect de la figure 8.20.

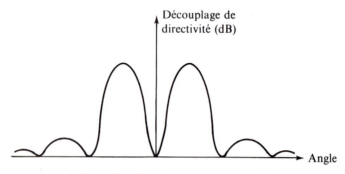

Fig. 8.20. Diagramme contrapolaire.

Les figures 8.21 et 8.22 représentent des diagrammes réels de bonnes antennes à 6 GHz, en polarisation directe et croisée, tracés en coordonnées polaires.

Antennes

On constate l'irrégularité et l'absence de symétrie de ces diagrammes. Les lobes secondaires sont diffus.

Les diagrammes relevés pour une antenne donnée dépendent de la fréquence de l'onde émise, et deux antennes du même type ont des diagrammes différents. Le diagramme contrapolaire présente dans l'axe un minimum souvent très marqué, mais qui n'est pas un zéro.

La différence entre les gains dans l'axe pour la polarisation de fonctionnement et pour la polarisation orthogonale s'appelle découplage de polarisation. Il vaut couramment 30 dB pour les bonnes antennes. Il est meilleur pour les antennes à symétrie de révolution que pour les autres types d'antennes.

L'aspect des diagrammes réels s'explique par les imperfections de l'antenne :
— Le centre de phase du cornet n'est pas exactement au foyer du paraboloïde, et le cornet n'est pas exactement dirigé dans l'axe : dans ces conditions, l'antenne n'est plus assimilable à une ouverture équiphase. Il est évident que l'on attache la plus grande importance au positionnement du cornet. Il en va naturellement de même pour le positionnement relatif des divers réflecteurs dans le cas d'antennes à plusieurs réflecteurs.

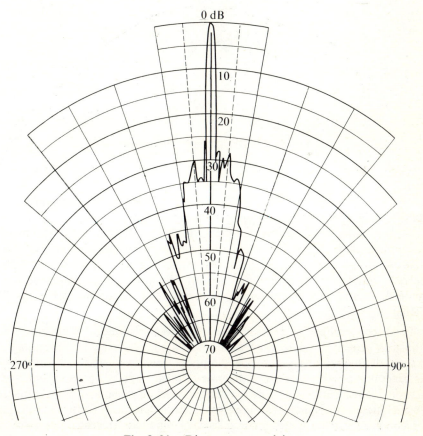

Fig. 8.21. Diagramme copolaire.

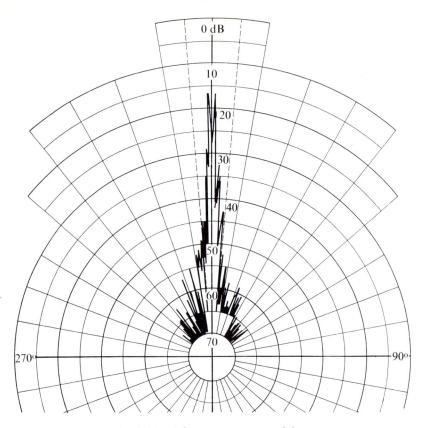

Fig. 8.22. Diagramme contrapolaire.

— Le réflecteur n'est pas parfaitement parabolique. La solution réside dans le soin apporté à l'usinage et au montage.

— Les bords du réflecteur, les supports du cornet et le cornet lui-même provoquent de la diffraction. Ce phénomène est inévitable. Une jupe tapissée d'absorbant située autour d'une antenne parabolique peut diminuer l'effet de cette diffraction. L'adoption d'une loi d'éclairement fortement décroissante du centre vers la périphérie diminue la diffraction sur les bords de l'antenne.

Pour tenir compte de la dispersion des caractéristiques des antennes, on utilise en général des diagrammes-enveloppes pour les calculs de brouillage : il s'agit de diagrammes réguliers et simplifiés obtenus à partir de l'enveloppe de diagrammes réels mesurés à diverses fréquences sur diverses antennes de la série. Dans l'établissement de ces diagrammes, on prend souvent une marge de quelques décibels pour tenir compte du vieillissement de l'antenne, puisque les contraintes mécaniques auxquelles la soumettent le vent et le givre la déforment et dégradent un peu son diagramme.

Antennes

Lorsque l'on a besoin de connaître le diagramme d'une antenne ordinaire et que l'on ne dispose pas de résultats de mesures, on peut l'évaluer par application de la formule (8.6) semi-empirique tirée de la référence bibliographique (8.8) :

(8.6) $\qquad G = 52 - 10 \log \dfrac{D}{\lambda} - 25 \log \varphi$

avec : G = gain (dB) de l'antenne dans la direction φ,
D = diamètre de l'antenne,
λ = longueur d'onde.

Cette relation n'est valable qu'entre deux angles φ_1 et φ_2 donnés par le tableau 8.23. Entre φ_2 et 90°, le gain peut être considéré comme égal à 0 dB. A partir de 90°, on observe une nouvelle décroissance qui dépend fortement du type d'antenne.

Cette formule, établie pour des antennes de qualité courante, est évidemment pessimiste pour les antennes de haute qualité.

Le tableau 8.23 donne le gain dans l'axe G_0 (évaluation approximative), l'angle d'ouverture à 3 dB du faisceau rayonné et les valeurs de φ_1 et φ_2, en fonction du rapport D/λ.

D/λ	G_0 dB	φ_0	φ_1	φ_2
15	31	4,7	6,7	40
20	34	3,5	5	36,5
25	36	2,8	4	33
30	37	2,3	3,3	30
40	40	1,7	2,5	27,5
50	42	1,4	2	25
60	43	1,2	1,7	23
80	46	0,9	1,25	21
100	48	0,7	1	19

Fig. 8.23.

2.2.4. *Adaptation*

Une partie de l'énergie émise par la source primaire est re-rayonnée en direction de celle-ci par le réflecteur. Si on ne prend pas de précaution, la présence du réflecteur provoque donc la désadaptation du cornet et l'apparition d'ondes stationnaires dans la ligne en hyperfréquences d'alimentation de l'antenne.

Les antennes à symétrie de révolution sont les plus sensibles à ce défaut. Pour l'éviter, on place devant la source une rondelle plane réfléchissante telle que l'onde qu'elle renvoie arrive sur la source en opposition de phase avec l'onde renvoyée par le reste du paraboloïde (Fig. 8.24).

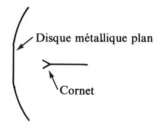

Fig. 8.24.

Toutefois, l'adoption de ce dispositif augmente le niveau des lobes latéraux. Pour les antennes à source excentrée, ce phénomène est négligeable.

Quel que soit le modèle d'antenne utilisé, son adaptation (c'est-à-dire son rapport d'ondes stationnaires) en est une caractéristique fondamentale. En effet, les réflexions au niveau des branchements mal adaptés provoquent des distorsions de temps de propagation de groupe, et par conséquent du bruit d'intermodulation (cf. chapitre 11).

3. RÉFLECTEURS PLANS

Les propriétés réfléchissantes des miroirs métalliques sont utilisées pour dévier la direction de propagation des ondes. Il existe deux catégories de réflecteurs plans, suivant qu'ils se trouvent dans le champ proche de l'antenne (zone de Rayleigh) ou dans son champ lointain (zone de Fraunhofer).

3.1. Réflecteur en champ proche (antenne périscopique)

Il est constitué par l'association d'une antenne et d'un réflecteur plan placé dans la zone de Rayleigh ou au début de la zone de Fresnel de celle-ci (Fig. 8.25).

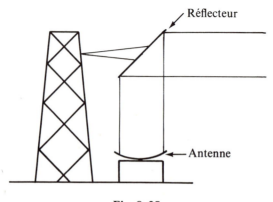

Fig. 8.25.

Antennes

L'onde rayonnée par l'antenne induit un courant de circulation sur le récepteur et celui-ci re-rayonne l'énergie qu'il a reçue, se comportant à son tour comme une ouverture rayonnante qui est approximativement équiphase tant que le réflecteur est dans la zone de Rayleigh de l'antenne, mais sur laquelle la distribution du champ n'est pas uniforme.

Le gain du périscope, c'est-à-dire le gain de l'ouverture à laquelle le réflecteur est assimilable, est évidemment différent du gain de l'antenne, et dépend de la forme du réflecteur — rectangulaire, elliptique ou autre — des dimensions relatives de l'antenne et du réflecteur, de leur distance et de la fréquence d'utilisation.

On appelle gain apporté par le périscope le rapport entre le gain du périscope et le gain de l'antenne. Les courbes 8.26 et 8.27 permettent de calculer le gain apporté par le périscope en fonction des caractéristiques géométriques du système (elles sont tirées des références bibliographiques (8.9) et (8.10)).

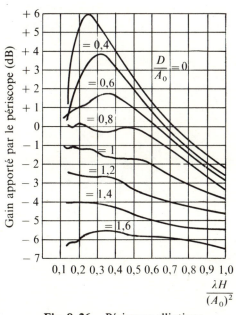

Fig. 8.26. Périscope elliptique. **Fig. 8.27.** Périscope rectangulaire.

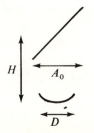

paramètres du système :

H : distance antenne-périscope
D : diamètre de l'antenne
A_0 : dimension de l'ouverture équivalente au périscope.

On remarquera que, dans certaines conditions d'utilisation, le gain du périscope peut être supérieur au gain de l'antenne seule.

' Le périscope est parfois utilisé lorsque le dégagement du bond hertzien impose une hauteur particulièrement élevée pour l'antenne, et que le bilan énergétique est tel qu'on ne puisse pas accepter de pertes importantes dans les guides d'ondes qui relieraient l'antenne placée au sommet du pylône jusqu'aux équipements au sol.

Toutefois, le domaine d'emploi des périscopes est considérablement limité par leur diagramme de rayonnement. L'onde émise par l'antenne est diffractée par le pylône, les supports du périscope et le périscope lui-même : les lobes secondaires de rayonnement sont assez élevés et relativement imprévisibles, puisque liés à l'environnement métallique du système. L'emploi de pylônes métalliques tubulaires, l'éloignement de l'antenne par rapport au pylône, et l'installation de périscopes de forme très élaborée peuvent améliorer ce diagramme.

L'utilisation de périscopes dans les stations-relais interdit l'emploi de plans de fréquences à deux fréquences par canal, puisque le rayonnement arrière à la fréquence F émise au relais va perturber la réception de la station suivante (Fig. 8.28).

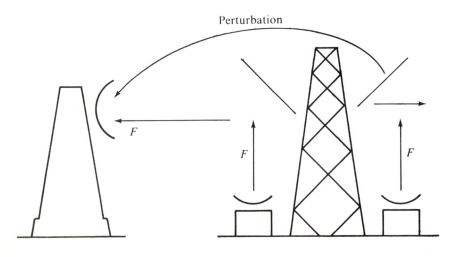

Fig. 8.28.

Un autre brouillage apparaîtrait dans le relais (Fig. 8.29) si on utilisait des plans de fréquences à deux fréquences.

Les diffractions de l'onde sur le pylône et les supports font qu'une antenne reçoit une partie de l'énergie qui était destinée à l'autre.

La seule solution est alors l'emploi de plans de fréquences à 4 fréquences par canal.

Les périscopes ne sont donc utilisables en relais que dans des régions où le réseau est peu dense.

Antennes

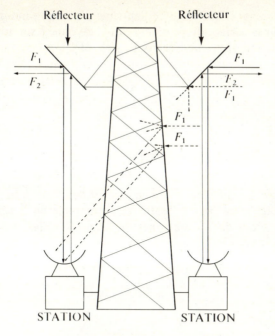

------→ Diffraction sur le pylône

Fig. 8.29.

3.2. Réflecteur en champ lointain (relais passif)

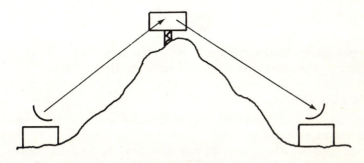

Fig. 8.30.

Lorsque le profil topographique entre deux stations est défavorable et que l'on désire éviter la création d'une station active pour des raisons d'économie ou de difficulté d'accès, nous avons vu qu'on peut installer un miroir plan sur un point haut (Fig. 8.30), dans la zone de champ lointain des antennes (zone de Fraunhofer).

L'onde électromagnétique issue de l'antenne d'émission induit un courant de circulation sur la surface du passif et celui-ci rayonne à son tour, les angles d'incidence et de réflexion étant égaux (Fig. 8.31).

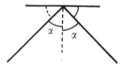

Fig. 8.31.

Lorsque l'angle 2 α dont dévie l'onde devient supérieur à une centaine de degrés, le montage n'est plus utilisable et on emploie un double passif, les deux réflecteurs étant dans leurs zones de Rayleigh respectives (Fig. 8.32).

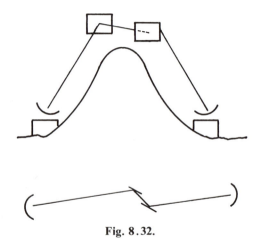

Fig. 8.32.

L'emploi de ce montage entraîne une perte supplémentaire de quelques décibels (2 à 3 environ) par rapport à celui du simple passif.

L'utilisation de relais passifs en champ lointain est économique, mais présente trois défauts :

— introduction d'une perte de transmission importante, comme nous l'avons vu au chapitre 5 ;

— très mauvais diagramme de rayonnement, dû aux diffractions sur la structure métallique et sur les obstacles environnants ;

— distorsions sur le signal lui-même dues à la superposition d'ondes diffractées arrivant avec des phases différentes, ce qui limite la largeur de bande transmissible.

Par conséquent, dans les pays où le réseau est dense, on limite l'emploi des passifs aux zones difficiles comme les montagnes, ou à des cas particuliers de liaisons à faible capacité.

BIBLIOGRAPHIE

LIVRES

(8.1) L. Thourel, *Les antennes*, Dunod, (1971).
(8.2) R. Rigal et Y. Place, *Cours de radioélectricité générale*, Tome 1 : circuits fermés, rayonnement, antennes.
(8.3) Nhu Bui-Hai, *Antennes micro-ondes, applications aux faisceaux hertziens*, Masson, (1978).

ARTICLES ET REVUES

(8.4) J. Deltort, Les antennes pour faisceaux hertziens en visibilité, *Câbles et transmission*, (octobre 1976).
(8.5) Nhu Bui-Hai, Réflecteurs passifs, *Revue technique Thomson CSF*, (juin 1976)
(8.6) Ph. Magne et Nhu Bui-Hai, Antenne multibande CM 467, *Revue technique Thomson CSF*, vol. 5 n° 4, (décembre 1975).
(8.7) *CCIR*, Genève 1974, Volume IX, Rapport 614 : Diagramme de rayonnement de référence pour antennes de faisceaux hertziens.
(8.8) L. Boithias et R. Behé, Directivité maximale en dehors de l'axe des ouvertures rayonnantes équiphases, *Annales des Télécommunications*, (septembre-octobre 1971).
(8.9) R. G. Medhurst, Passive microwave mirrors, *Electricity and radio engineering*, (décembre 1959).
(8.10) W. C. Jakes, A theoretical study of an antenna-reflector problem, *Proc. IRE*, (février 1953).

Chapitre 9

Systèmes auxiliaires

Les éléments indispensables à la transmission des signaux sont les modulateurs, les démodulateurs, les émetteurs, les récepteurs, les antennes et les lignes de transmission les reliant aux émetteurs-récepteurs.

Une liaison qui ne comprendrait que ces équipements serait inexploitable. Il faut y ajouter des équipements auxiliaires qui sont principalement :

— les équipements d'échange d'informations de service entre les stations ;
— éventuellement, une commutation de canaux.

1. LES INFORMATIONS DE SERVICE

1.1. Catégories d'informations de service

Il y a trois catégories d'informations de service :

a) *Voies de service* :

Elles assurent les liaisons téléphoniques entre les stations, à l'usage du personnel d'exploitation.

Une voie de service peut être express ou omnibus.

Les voies de service express, munies de dispositifs d'appel sélectif, réalisent la liaison entre les stations pourvues de personnel.

Les voies de service omnibus, à appel non sélectif, desservent les stations qui n'ont pas de personnel permanent ; les communications sont établies lors de l'intervention du personnel de maintenance dans ces stations.

b) *Télésignalisations et télémesures*

La fiabilité des systèmes transistorisés est telle qu'il est inutile d'avoir du personnel de maintenance dans chaque station. Le personnel est donc regroupé

Systèmes auxiliaires 165

en quelques centres, appelés centres surveillants, qui ont chacun la responsabilité d'une zone comprenant des centres surveillés sans personnel. Il faut donc transmettre des informations depuis les centres surveillés vers les centres surveillants. Ces informations sont de deux types :

— *télésignalisations* : ce sont des informations d'état, telles que : fonctionnement ou absence de fonctionnement d'un émetteur, d'un récepteur, de l'alimentation... ;

— *télémesures* : ce sont des informations sur les paramètres essentiels des équipements. L'envoi de télémesures est facultatif.

c) *Télécommandes*

Une station peut émettre des ordres à l'intention d'autres stations. Les télécommandes peuvent être déclenchées :

— manuellement, par le personnel de surveillance ;
— automatiquement (par exemple, ordres de commutation automatique).

1.2. Caractéristiques des informations de service

Les informations de service sont transmises sur des voies téléphoniques de bande 300 Hz-3 400 Hz et de caractéristiques conformes aux recommandations du CCITT.

Les voies de service sont donc des voies téléphoniques ordinaires.

Les télésignalisations, télémesures et télécommandes emploient les techniques de la télégraphie harmonique ou de la transmission de données, les fréquences utilisées étant comprises dans la bande 300 Hz-3 400 Hz.

Les informations de service nécessaires à l'exploitation d'un réseau occupent plusieurs voies téléphoniques. Ces voies peuvent soit être transmises séparément, soit le plus souvent regroupées par multiplexage en fréquence ou dans le temps.

1.3. Transmission des informations de service

La transmission des informations de service doit être très sûre. En effet, elles sont indispensables lorsqu'il y a une panne de liaison ; et il faut évidemment qu'une coupure de liaison n'entraîne pas de coupure des liaisons de service.

La transmission des informations de service peut se faire soit de façon indépendante de la liaison principale, soit sur la liaison principale.

1.3.1. *Transmission indépendante de la liaison principale*

1.3.1.1. *Transmission sur câble*

Les voies téléphoniques contenant les informations de service ayant les mêmes caractéristiques que les voies téléphoniques normales, il est possible de les transmettre par le réseau de câbles.

On recourt souvent à cette solution lorsqu'une liaison télésurveillée n'aboutit pas au centre surveillant.

Système de télésurveillance et de mesure automatique de qualité des liaisons hertziennes.

(*Cliché CNET*)

Systèmes auxiliaires

1.3.1.2. *Faisceau hertzien auxiliaire*

Il y a deux types de faisceaux hertziens auxiliaires. Ils peuvent :

— Etre totalement indépendants du faisceau hertzien principal. Fonctionnant dans une bande de fréquence différente, ils ont une infrastructure spéciale.

— Utiliser les mêmes antennes, les mêmes lignes de transmission en hyperfréquence que la liaison principale. Les émetteurs-récepteurs du faisceau hertzien auxiliaire sont reliés aux lignes en hyperfréquence de la liaison principale par des aiguillages. Dans ce cas, le faisceau auxiliaire utilise la même bande de fréquences que le faisceau principal. Les fréquences qu'il emploie sont situées aux extrémités des demi-bandes de la liaison principale.

La deuxième solution est généralement plus économique que la première.

1.3.2. *Transmission sur la liaison principale*

Si les liaisons ont une fiabilité satisfaisante, ce qui est le cas pour les systèmes transistorisés, il est possible de transmettre les informations de service sur la liaison principale. Pour avoir une bonne sécurité d'acheminement, on transmet les informations de service en parallèle sur deux canaux.

1.3.2.1. *Transmission en sous-bande de base*

Les multiplex téléphoniques analogiques ont, selon leur capacité, une limite inférieure donnée par le tableau :

Capacité (voies)	600	960	1 260	1 800	2 700
Fréquence inférieure (kHz)	60 ou 64	60 ou 316	60 ou 316	312 ou 316	312 ou 316

On peut utiliser la sous-bande de base pour transmettre les informations de service, en général regroupées par multiplexage à répartition de fréquence. L'introduction des informations de service peut se faire de deux façons :

— dans les stations de modulation, on peut les injecter avant modulation par simple addition au signal multiplex ;

— dans les stations de modulation aussi bien que dans les stations relais sans démodulation, on peut les injecter par modulation de phase de l'oscillateur local d'émission ;

L'extraction des informations de service peut se faire de deux façons :

— dans les stations de démodulation, on les extrait après démodulation par filtrage du multiplex ;

— dans les stations relais, on doit installer un démodulateur auxiliaire mis en parallèle à la sortie du récepteur. Ce démodulateur n'ayant pour fonction que la démodulation de la sous-bande de base, il peut être très simple, et par conséquent beaucoup moins cher qu'un démodulateur normal.

1.3.2.2. *Transmission en sur-bande de base*

Le spectre d'un signal de télévision s'étend jusqu'à des fréquences très basses. La sous-bande de base étant inexistante, les informations de service peuvent être transmises en sur-bande de base, par modulation de sous-porteuses.

La mise en œuvre d'un tel dispositif est difficile car la sur-bande de base est très sensible au bruit et aux distorsions.

Si une liaison transmet à la fois des multiplex téléphoniques et des signaux de télévision, on achemine de préférence toutes les informations de service en sous-bande de base des multiplex téléphoniques.

1.3.2.3. *Exemples d'autres solutions*

Lorsque le faisceau principal achemine des signaux numériques, d'autres solutions doivent être envisagées.

Les voies de service peuvent être regroupées par multiplexage temporel.

Dans certains systèmes, le multiplex temporel de service est transmis par modulation d'amplitude à faible indice de la porteuse modulée en phase par le signal principal.

On peut envisager l'utilisation d'une « trame hertzienne » : le débit du multiplex principal est légèrement accéléré. Les informations de service sont injectées par multiplexage temporel avec le multiplex principal.

2. COMMUTATION DE CANAUX

2.1. Présentation

En cas de mauvais fonctionnement, un canal peut être :

— *indisponible*

On considère qu'un canal est indisponible s'il est coupé pendant plus d'une dizaine de secondes consécutives.

— *de mauvaise qualité*

On considère qu'un canal est de mauvaise qualité s'il subit des coupures brèves, ou si le bruit dépasse une certaine valeur pour les liaisons analogiques, ou si le taux d'erreurs dépasse une certaine valeur pour les liaisons numériques (les objectifs de qualité sont exposés aux chapitres 13 et 14).

Les causes d'indisponibilité sont :
— les pannes d'équipements ;
— les coupures volontaires rendues nécessaires par les opérations de maintenance ;
— éventuellement, les coupures de longue durée dues à la pluie pour les liaisons de fréquence élevée.

Les causes de mauvaise qualité sont :
— certaines défaillances d'équipements (défauts fugitifs),
— les évanouissements de propagation.

Systèmes auxiliaires

Pour améliorer la qualité et la disponibilité des liaisons, on garde un ou plusieurs canaux en secours et on utilise une commutation automatique pour faire passer sur un canal de secours les signaux qui étaient acheminés sur un canal défaillant.

Une commutation automatique est caractérisée par :
— le nombre de canaux commutés ;
— les critères de commutation ;
— le point de commutation ;
— la séquence de commutation.

2.2. Nombre de canaux commutés

Soit n le nombre de canaux normaux.

On considère que, lorsque $n \leqslant 7$, un seul canal de secours suffit à assurer une amélioration convenable de la qualité et de la disponibilité. Une telle organisation est dite $n + 1$.

Par contre, quand $n > 7$, la probabilité pour que deux canaux normaux soient défaillants en même temps n'est pas négligeable, et il est préférable d'avoir deux canaux de secours. Une telle organisation est dite $n + 2$.

2.3. Critère de commutation

2.3.1. *Multiplex analogiques de téléphonie*

Pour surveiller le fonctionnement d'une liaison analogique de téléphonie, des appréciateurs de qualité surveillent à la réception de chaque canal :

— Le niveau d'un pilote de continuité :

Ce pilote, situé en sur-bande de base, est injecté côté émission, soit au niveau du modulateur, soit au niveau de la commutation. Une baisse de pilote supérieure à une certaine valeur (3 à 6 dB en général) est interprétée comme une coupure.

— Le niveau de bruit :

Deux fenêtres de mesure de bruit encadrent le multiplex. On choisit en général deux seuils de bruit pour provoquer la commutation : le premier correspond à une dégradation de qualité sans qu'il y ait coupure de la liaison, et le deuxième correspond à la coupure de la liaison. Ce choix de deux critères permet de commuter sur le secours, non seulement un canal qui est coupé par le bruit (amélioration de la disponibilité), mais aussi un canal qui est bruyant, tout en étant exploitable (amélioration de la qualité).

2.3.2. *Signal analogique de télévision*

Le principe est analogue à celui de la téléphonie :
— on surveille le niveau d'un pilote injecté en sur-bande de base ;
— on mesure le bruit dans une fenêtre de mesure situé en sur-bande de base, à proximité du pilote (il n'est pas possible de surveiller aussi le bruit

dans les fréquences basses comme on le fait en téléphonie, puisque la sous-bande de base n'existe pas en télévision).

2.3.3. *Signaux numériques*

Les méthodes de surveillance de qualité d'un signal numérique en exploitation ne sont pas encore fixées. En attendant que les études en cours aboutissent, on doit se contenter de commutations qui améliorent uniquement la disponibilité.

Pour mettre en évidence la coupure de la liaison, on peut par exemple choisir comme critère la perte du signal de rythme du démodulateur.

2.4. Point de commutation

La commutation peut avoir lieu en bande de base ou en fréquence intermédiaire.

2.4.1. *Commutation en bande de base*

Elle ne peut avoir lieu que dans les stations de modulation et démodulation. Le schéma est le suivant :

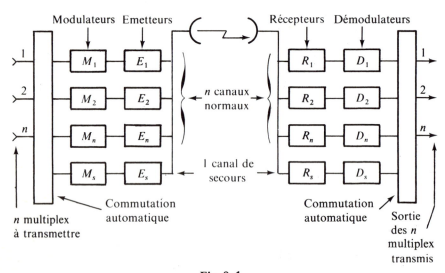

Fig. 9.1.

Les appréciateurs de qualité de la commutation côté réception mesurent la qualité du signal démodulé.

2.4.2. *Commutation en fréquence intermédiaire*

Il peut être intéressant de choisir des sections de commutation différentes des sections de modulation, par exemple lorsque deux liaisons ont en commun une partie de leur itinéraire, conformément à l'exemple 9.2.

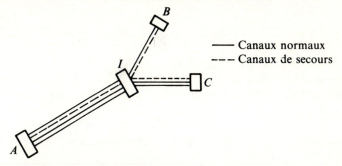

- liaison *AB* : 1 canal normal
- liaison *AC* : 2 canaux normaux
- le canal de secours est commun aux deux liaisons sur la portion *AI*.

Fig. 9.2.

Dans ce cas, la commutation a lieu en fréquence intermédiaire. Dans le cas représenté par le schéma 9.2, la disposition des équipements est la suivante :

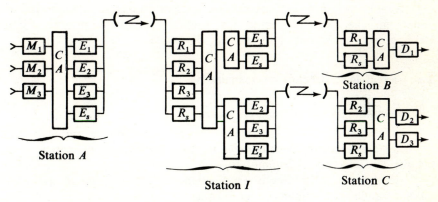

Fig. 9.3.

On remarque que le signal n'est pas démodulé au moment où il traverse la commutation : les appréciateurs de qualité doivent être précédés de démodulateurs auxiliaires qui permettent d'extraire le pilote et les fenêtres de mesure de bruit.

La commutation en *FI* peut aussi être utilisée lorsque les caractéristiques des signaux en bande de base sont différentes : le cas le plus fréquent est celui des faisceaux comprenant des canaux de téléphonie et de télévision avec un secours commun.

2.5. Séquence de commutation

En général les principales phases d'une séquence de commutation sont les suivantes :

— détection d'une défaillance par les appréciateurs de qualité côté réception ;
— vérification de l'état du canal de secours ;
— formation d'un ordre de télécommande qui est envoyé à l'extrémité émission (ces ordres de télécommande font partie des signaux de service étudiés au § 1) ;
— reconnaissance de l'ordre par la logique du côté émission ;
— mise en parallèle des communications côté émission sur le canal défaillant et le canal de secours ;
— commutation côté réception.

Dans ce type de séquence, si le canal principal n'est pas coupé mais seulement de mauvaise qualité, la mise en parallèle des canaux côté émission permet une commutation sans coupure.

Si le canal normal est coupé brutalement, la durée de l'interruption dépend de la vitesse de déroulement du cycle de fonctionnement, et elle vaut couramment de 10 à 40 ms.

Lorsque la défaillance du canal normal cesse, la commutation inverse est automatiquement déclenchée, et le canal de secours est libéré.

Pour prévoir le cas où deux canaux seraient coupés simultanément, on adopte en général une hiérarchie entre canaux : le canal de priorité la plus élevée a accès au secours au détriment de l'autre.

2.6. Exemple de structure de commutation

Une commutation comprend en général :

— une logique qui dirige le déroulement des séquences de commutation ;
— des appréciateurs de qualité, dont les informations permettent à la logique de déclencher la commutation ;
— des émetteurs d'ordres qui permettent à l'extrémité de réception de télécommander la commutation côté émission ;
— des récepteurs d'ordres qui permettent l'exécution côté émission des télécommandes émises par le côté réception ;
— un commutateur (électronique ou à relais).

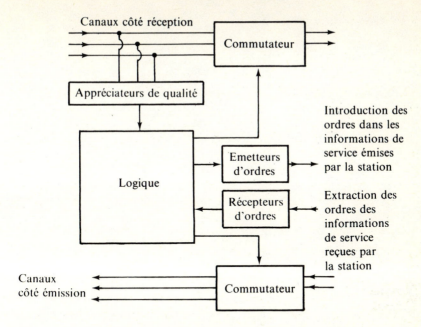

Fig. 9.4. Schéma de principe d'une commutation.

BIBLIOGRAPHIE

ARTICLES ET REVUES

A. Danflous et J. P. Garé, Le nouveau système de surveillance des stations hertziennes, *Câbles et Transmission*, (octobre 76).

Quatrième partie

Qualité des liaisons

Chapitre 10 : **Bruit thermique**
Chapitre 11 : **Distorsions des signaux analogiques**
Chapitre 12 : **Brouillage des liaisons analogiques**
Chapitre 13 : **Qualité des liaisons analogiques**
Chapitre 14 : **Taux d'erreurs, brouillage et qualité des liaisons numériques**
Chapitre 15 : **Mesures de qualité**

Chapitre 10

Faisceaux hertziens analogiques Le bruit thermique

1. BRUIT THERMIQUE AVANT DÉMODULATION POUR UNE LIAISON EN UN BOND

1.1. Bruit capté par l'antenne

Une antenne capte du bruit provenant des rayonnements émis par le milieu environnant. Le bruit fourni par l'antenne est fonction de son diagramme de rayonnement, de la direction dans laquelle elle est pointée et de l'état du milieu environnant. Par analogie avec l'expression du bruit disponible aux bornes d'une résistance, on écrit la puissance de bruit disponible aux bornes d'une antenne sous la forme :

(10.1) $\qquad N = KT_a \mathscr{B}$

où $\mathscr{B}$ est la largeur de la bande dans laquelle est effectuée la mesure,
K est la constante de Boltzmann,
T_a est un facteur de proportionnalité appelé température de bruit de l'antenne. C'est ce terme que nous allons calculer.

Pour un corps noir, c'est-à-dire parfaitement absorbant, la puissance rayonnée par un élément dS dans une direction faisant un angle α avec la normale et à l'intérieur d'un angle solide $d\Omega$ ne dépend que de α, dS, $d\Omega$, de la température du corps et de la longueur d'onde considérée. On rappelle que, dans le domaine des ondes hertziennes et pour les températures courantes, cette puissance dP est donnée par la formule suivante :

(10.2) $\qquad dP = \dfrac{KT\mathscr{B}}{\lambda^2} \cos \alpha \, dS \, d\Omega$

où K = constante de Boltzmann,
 T = température absolue du corps,
 λ = longueur d'onde rayonnée,
 $\mathcal{B}$ = bande passante de l'appareil de mesure, supposée suffisamment étroite pour que λ y soit considéré comme constant. A l'intérieur de la bande étroite $\mathcal{B}$, le bruit peut être considéré comme *blanc*, c'est-à-dire de densité spectrale constante.

Pour un corps réel, qui n'est que partiellement absorbant, la puissance émise, toutes choses égales par ailleurs, est inférieure à celle que donne la formule (10.2). On définit une température équivalente de rayonnement T_e, inférieure à la température réelle, qui est la température à laquelle il faudrait porter le corps noir pour obtenir la même densité spectrale de rayonnement à la longueur d'onde considérée.

Pour un corps quelconque, la formule (10.2) devient :

$$(10.3) \qquad dP = \frac{KT_e \mathcal{B}}{\lambda^2} \cos \alpha \, dS \, d\Omega \,.$$

Repérons les points de l'espace par des coordonnées sphériques (R, θ, φ) ayant pour origine le centre de l'antenne. Considérons un élément matériel dS, de coordonnées $(R_0, \theta_0, \varphi_0)$, de température équivalente T_e, en visibilité directe de l'antenne ; soit α_0 l'angle de la normale à dS avec la droite reliant dS au centre de l'antenne (Fig. 10.1).

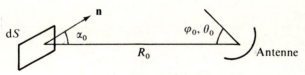

Fig. 10.1.

Cet élément se comporte comme une antenne d'émission. La densité de puissance par unité de surface qu'il crée au niveau de l'antenne de réception vaut, d'après (10.3) :

$$(10.4) \qquad d\Phi = \frac{KT_e \mathcal{B}}{\lambda^2} \cos \alpha_0 \frac{dS}{R_0^2} \, (\text{W/m}^2) \,.$$

Placée dans une densité de puissance par unité de surface $d\Phi$, une antenne d'aire équivalente $S_e(\theta_0, \varphi_0)$ dans la direction considérée capte la puissance :

$$dP_{r_0} = d\Phi \cdot S_e(\theta_0, \varphi_0) \,.$$

Ce qui s'écrit, en faisant intervenir le gain $G(\theta_0, \varphi_0)$ de l'antenne :

$$(10.5) \qquad dP_{r_0} = \frac{\lambda^2}{4\pi} d\Phi G(\theta_0, \varphi_0) \,.$$

En remplaçant dΦ par sa valeur tirée de (10.4) et en remarquant que d$S \cos \alpha_0 / R_0^2$ n'est autre que l'angle solide dΩ_0 sous lequel l'antenne voit l'élément de surface dS, on obtient :

(10.6) $\quad dP_{r_0} = KT_e \mathscr{B} G(\theta_0, \varphi_0) \dfrac{d\Omega}{4\pi}$.

La puissance reçue par l'antenne du fait du rayonnement de toute la matière qui l'entoure (et qui n'est pas à température uniforme) vaut donc :

(10.7) $\quad P_r = \dfrac{K\mathscr{B}}{4\pi} \iint_\Omega T_e(\theta, \varphi) G(\theta, \varphi) d\Omega$

d'où la température de bruit de l'antenne :

(10.8) $\quad \boxed{T_a = \dfrac{1}{4\pi} \iint_\Omega T_e(\theta, \varphi) G(\theta, \varphi) d\Omega}$.

Calculons ce terme dans le cas particulier où l'environnement est à la même température équivalente T_e. Dans ce cas,

$$T_a = \dfrac{T_e}{4\pi} \iint_\Omega G(\theta, \varphi) d\Omega$$

or, par définition, le gain $G(\theta, \varphi)$ est le rapport entre la densité de puissance par angle solide $P(\theta, \varphi)$ émise par l'antenne à la densité de puissance par angle solide P_i émise par l'antenne isotrope, lorsqu'une même puissance P_0 est appliquée à ces deux antennes :

$$G(\theta, \varphi) = \dfrac{P(\theta, \varphi)}{P_i} \quad \text{et} \quad P_i = \dfrac{P_0}{4\pi}$$

d'où

$$\iint_\Omega G(\theta, \varphi) d\Omega = \dfrac{4\pi}{P_0} \iint_\Omega P(\theta, \varphi) d\Omega .$$

En supposant que toute la puissance appliquée à l'antenne est effectivement rayonnée par celle-ci, on a :

$$\iint P(\theta, \varphi) d\Omega = P_0$$

donc

(10.9) $\quad \iint_\Omega G(\theta, \varphi) d\Omega = 4\pi$.

Par conséquent, lorsque tout l'espace entourant l'antenne est à une température équivalente T_e, la température de bruit de l'antenne est égale à la température équivalente de l'espace environnant.

La réalité est quelque peu différente. On peut la schématiser en considérant que l'espace se divise en deux parties :

— le ciel, de température équivalente de rayonnement très basse (quelques dizaines de K) et variable en fonction de l'état atmosphérique et de la direction visée ;

— la Terre, dont on peut considérer avec une approximation suffisante que sa température équivalente est égale à sa température thermodynamique réelle T.

On écrit alors :

$$(10.10) \qquad T_a = \frac{T}{4\pi} \iint_{\text{Terre}} G(\theta, \varphi) \, d\Omega + \frac{1}{4\pi} \iint_{\text{Ciel}} T_e(\theta, \varphi) \, G(\theta, \varphi) \, d\Omega.$$

Les antennes des faisceaux hertziens sont orientées de telle façon que le trajet entre émetteur et récepteur passe à peu de hauteur au-dessus des obstacles. Ceci signifie qu'une grande partie du premier lobe du diagramme de rayonnement intercepte le sol (Fig. 10.2) :

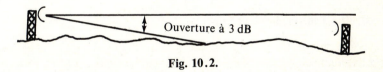

Fig. 10.2.

Le gain $G(\theta, \varphi)$ dans le premier lobe est très supérieur au gain en d'autres points du diagramme. Comme de plus la température de la Terre est très supérieure à la température équivalente du ciel, la formule (10.10) devient, en effectuant une approximation :

$$T_a \simeq \frac{T}{4\pi} \iint_{\text{Terre}} G(\theta, \varphi) \, d\Omega.$$

Le premier lobe contient la majeure partie de l'énergie rayonnée par une antenne, donc :

$$\iint G(\theta, \varphi) \, d\Omega \simeq 4\pi,$$

lorsqu'on limite le domaine d'intégration au premier lobe.

On en déduit que, avec une approximation par excès, on peut poser :

$$\iint_{\text{Terre}} G(\theta, \varphi) \, d\Omega \simeq 4\pi.$$

D'où :

(10.11) $\boxed{T_a \simeq T}$.

Dans le domaine d'emploi des faisceaux hertziens, la température de bruit d'une antenne sera donc considérée comme égale à la température thermodynamique de la Terre.

On fait les calculs avec $T_a = 293$ K.

Ce résultat approché n'est pas valable pour d'autres domaines, ainsi que le prouve l'exemple des stations de télécommunications par satellites. L'antenne est pointée vers le ciel, source froide ; le rayonnement de la terre, source beaucoup plus chaude, n'est capté que par des lobes latéraux, le terme

$$\iint_{\text{Terre}} G(\theta, \varphi) \, d\Omega$$

variant en fonction de l'orientation de l'antenne et des caractéristiques de celle-ci. Les deux termes de la formule (10.10) interviennent de façon également significative et le calcul, pour des antennes de bonne qualité, conduit à des températures de bruit de l'ordre de quelques dizaines de Kelvin.

1.2. Bruit à l'entrée du récepteur

Du point de vue thermodynamique, le guide d'ondes ou le câble coaxial reliant l'antenne au récepteur est caractérisé par les deux propriétés suivantes :
— sa température absolue T,
— la fraction $1 - 1/A$ de l'énergie qu'il absorbe, où A représente l'atténuation que subit une onde à la traversée du guide ou du coaxial.

A la sortie du guide d'ondes ou du câble coaxial, le bruit blanc capté par l'antenne, qui a subi l'affaiblissement A, n'est plus que :

(10.12) $\quad P_1 = \dfrac{K T_a \mathcal{B}}{A}$.

On démontre que, si un corps absorbe une fraction $1 - 1/A$ de la puissance incidente, il émet la même fraction $1 - 1/A$ de la puissance que rayonnerait le corps noir à la même température T. On peut en déduire que la puissance de bruit émise par le guide d'ondes est :

$$P_2 = K T \mathcal{B} \left(1 - \frac{1}{A}\right).$$

D'où la puissance de bruit blanc qui est disponible à l'entrée du récepteur :

(10.13) $\quad N_e = \dfrac{K T_a \mathcal{B}}{A} + K T \mathcal{B} \left(1 - \dfrac{1}{A}\right)$.

Pour les faisceaux hertziens, la température de bruit de l'antenne est égale à la température thermodynamique du milieu environnant, donc $T_a = T$; la formule devient :

(10.14) $\boxed{N_e = KT\mathcal{B}}$.

Tout se passe comme si une résistance égale à la résistance d'entrée du récepteur et portée à la température T était placée à l'entrée de celui-ci.

1.3. Bruit à l'entrée du démodulateur

Le récepteur, de gain G, amplifie le bruit présent en son entrée ; il crée en plus du bruit thermique dû à l'agitation électronique à l'intérieur des composants qui le constituent.

A la sortie du récepteur se présente donc du bruit thermique, c'est-à-dire blanc et gaussien, dans une bande centrée sur la fréquence intermédiaire et de largeur $\mathcal{B}$ égale à la bande passante du récepteur.

Le bruit créé par un récepteur est défini, soit par son facteur de bruit $\mathcal{F}$, soit par sa température de bruit T_R.

La température équivalente de bruit T_R est la température thermodynamique de la résistance pure, source de bruit, qu'il conviendrait de brancher à l'entrée du récepteur supposé ne pas créer de bruit pour obtenir à la sortie le même bruit que celui normalement créé par le récepteur considéré. Le bruit N_R créé par le récepteur et la température équivalente de bruit T_R de celui-ci sont donc liés par :

(10.15) $N_R = KT_R \mathcal{B} G$.

En technique hertzienne, on utilise plus souvent le facteur de bruit $\mathcal{F}$ qui est défini comme le rapport entre la puissance maximale de bruit N_s utilisable en sortie du récepteur et la puissance de bruit qui serait utilisable en sortie dans le cas où le récepteur ne serait pas bruyant et où la seule source de bruit serait une résistance pure à la température ambiante T_0 (293 K) placée à l'entrée du récepteur.

Par conséquent :

(10.16) $N_s = \mathcal{F} K T_0 \mathcal{B} G$.

Le rapport entre la puissance C de la porteuse et le bruit N_s en sortie du récepteur vaut donc :

(10.17) $\dfrac{C}{N_s} = \dfrac{P_e}{A \mathcal{F} K T \mathcal{B}}$

où P_e est la puissance émise et A l'affaiblissement de transmission sur le bond.

Cherchons la relation entre T_R et $\mathscr{F}$. D'après les définitions de N_R et N_s :

$$N_s = N_R + KT_0 \mathscr{B} G$$

$$\Rightarrow \mathscr{F} KT_0 \mathscr{B} G = KT_R \mathscr{B} G + KT_0 \mathscr{B} G$$

d'où

(10.18) $\quad \boxed{\mathscr{F} = 1 + \dfrac{T_R}{T_0}}$.

Voici quelques valeurs correspondantes :

$\mathscr{F}$ (dB)	1	3	6	7	8	9	10	11	12
T_R (Kelvin)	75	300	900	1 200	1 600	2 100	2 700	3 400	4 400

Le facteur de bruit s'exprime en décibels. Les récepteurs de faisceaux hertziens ont couramment des facteurs de bruit compris entre 7 et 13 dB. En toute rigueur, le facteur de bruit d'un récepteur dépend de l'amplification apportée par celui-ci. Nous avons vu en effet que le récepteur est composé d'une succession d'étages amplificateurs dont le premier a un gain constant (*PAFI*) et dont les suivants ont des gains variables en fonction de la propagation. On sait que le facteur de bruit d'une chaîne de n quadripôles de gains G_j et de facteurs de bruit $\mathscr{F}_j$ est donné par :

(10.19) $\quad \mathscr{F} = \mathscr{F}_1 + \dfrac{\mathscr{F}_2 - 1}{G_1} + \cdots + \dfrac{\mathscr{F}_n - 1}{G_1 G_2 \ldots G_{n-1}}$.

Donc si G_j ($j \geqslant 2$) varie, $\mathscr{F}$ varie.

Dans la pratique, le gain G_1 du premier étage (*PAFI*), son facteur de bruit et le domaine de variation G_j pour $j \geqslant 2$ sont tels que l'on peut considérer $\mathscr{F}$ comme constant avec une précision suffisante.

2. BRUIT THERMIQUE AVANT DÉMODULATION POUR UNE LIAISON EN PLUSIEURS BONDS

Les émetteurs, les modulateurs et les démodulateurs sont supposés ne produire aucun bruit.

Considérons une liaison en n bonds et appelons :

P_{ej} : la puissance émise par le j-ème émetteur,
G_{ej} : le gain du j-ème émetteur,
A_j : l'affaiblissement de transmission entre la sortie du j-ème émetteur et l'entrée du j-ème récepteur,
$\mathscr{F}_j$: le facteur de bruit du j-ème récepteur,
G_{rj} : le gain du j-ème récepteur.

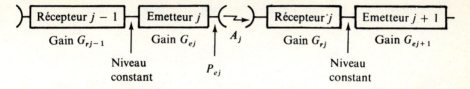

Fig. 10.3.

Le niveau d'interconnexion entre émetteurs et récepteurs est supposé identique pour tous les bonds. Ceci entraîne que

$$A_j = G_{ej}.G_{rj}.$$

Le bruit à la sortie du premier récepteur vaut :

$$N_1 = \mathscr{F}_1 KT\mathscr{B}\, G_{r1}.$$

Il subit ensuite :
— une amplification G_{e2} dans l'émetteur n° 2,
— un affaiblissement A_2 dans le 2e bond,
— une amplification G_{r2} dans le récepteur n° 2.

A la sortie du 2e récepteur, il est devenu :

$$N'_1 = N_1 \frac{G_{e2}\, G_{r2}}{A_2}, \quad \text{donc} \quad N'_1 = N_1.$$

On le retrouve identique à lui-même, ce qui était a priori évident. L'ensemble composé de l'antenne de réception et du 2e récepteur introduit de plus un bruit $\mathscr{F}_2\, KT\mathscr{B} G_{r2}$.

Le bruit en sortie du 2e récepteur vaut donc :

$$N_2 = \mathscr{F}_1 KT\mathscr{B} G_{r1} + \mathscr{F}_2 KT\mathscr{B} G_{r2}.$$

Par récurrence, on voit donc que le bruit qui se présente à la sortie du n-ème et dernier récepteur vaut :

$$N = KT(\mathscr{F}_1 G_{r1} + \cdots + \mathscr{F}_n G_{rn})\mathscr{B}.$$

Les récepteurs ayant en général des facteurs de bruit égaux, cette formule s'écrit :

(10.20) $\qquad N = \mathscr{F} KT(G_{r1} + \cdots + G_{rn})\mathscr{B}.$

La puissance C fournie par la porteuse à l'entrée du démodulateur vaut :

$$C = P_{en} \frac{G_{rn}}{A_n}, \quad \text{donc} \quad C = \frac{P_{en}}{G_{en}}.$$

Le rapport porteuse/bruit à l'entrée du démodulateur vaut donc :

$$\frac{C}{N} = \frac{P_{en}}{G_{en}(G_{r1} + \cdots + G_{rn}) \mathscr{F} KT \mathscr{B}}.$$

Les matériels sont en général identiques. Cette formule s'écrit alors :

$$\frac{C}{N} = \frac{P_{en}}{G_e(G_{r1} + \cdots + G_{rn}) \mathscr{F} KT \mathscr{B}} \qquad \text{(où } G_e \text{ est le gain commun des émetteurs)}.$$

Or :
$$G_e G_{rj} = A_j.$$

Le rapport porteuse/bruit à l'entrée du démodulateur vaut donc :

(10.21) $$\boxed{\frac{C}{N} = \frac{P_e}{(A_1 + \cdots + A_n) \mathscr{F} KT \mathscr{B}}}.$$

Nous appellerons la somme $A = A_1 + \cdots + A_n$ affaiblissement équivalent (attention, cette somme se fait en valeur arithmétique et non en décibels !). La formule (10.21) est alors de forme identique à la formule (10.17).

3. RAPPORT SIGNAL/BRUIT EN TÉLÉPHONIE

3.1. Calcul du rapport signal/bruit après démodulation

Nous calculons ce rapport dans une voie téléphonique de largeur b ($b = 3{,}1$ kHz) et de fréquence centrale *après démodulation* f.

Le signal est le signal d'essai de 1 mW appliqué en un point de niveau relatif zéro. Par définition, le bruit thermique se calcule en supposant que la porteuse n'est modulée que par la voie téléphonique étudiée — et non par le multiplex complet — ; partout où cela est nécessaire, nous pourrons évidemment négliger l'effet de cette modulation. Les notations employées dans ce paragraphe sont les mêmes que celles du chapitre 2 dont les résultats sont utilisés ici.

Nous supposerons que le signal que l'on retrouve à la sortie du démodulateur est d'amplitude identique à celui que l'on applique à l'entrée du modulateur, ce qui n'enlève rien à la généralité du raisonnement.

Soit V la tension *efficace* du signal d'essai à l'entrée du modulateur et ω sa pulsation.

A la sortie du modulateur, on trouve la porteuse modulée $S(t)$. Avec les notations habituelles, on pose :

$$S(t) = a \cos \left(\Omega_0 t + 2 \pi k \int_0^t V \sqrt{2} \cos \omega_0 \tau \, d\tau + \varphi_0 \right).$$

Soit ΔF_{eff} l'excursion *efficace* de fréquence provoquée par le signal d'essai (c'est cette excursion qui figure en général dans les caractéristiques techniques des matériels). La définition de cette excursion permet d'écrire :

$$\Delta F_{\text{eff}} = kV.$$

La puissance fournie par le signal sinusoïdal $V.\sqrt{2}\cos\omega_0 t$ sur la résistance de sortie R_s du démodulateur peut donc s'écrire :

$$(10.22) \quad S = \frac{\Delta F_{\text{eff}}^2}{k^2 R_s}.$$

Passons au bruit. D'après la formule (2.16), son spectre symétrique s'écrit :

$$\beta(f) = \frac{N_0 R_e}{a_0^2 k^2} f^2.$$

La puissance de la porteuse à l'entrée du démodulateur vaut :

$$(10.23) \quad C = \frac{a_0^2}{2 R_e}.$$

D'où :

$$(10.24) \quad \beta(f) = \frac{N_0}{2 Ck^2} f^2.$$

On déduit de (10.21) que :

$$\frac{C}{N_0} = \frac{P_e}{A\mathscr{F}KT},$$

où A représente l'affaiblissement équivalent.

Donc :

$$(10.25) \quad \beta(f) = \frac{A\mathscr{F}KT}{2 P_e k^2} f^2.$$

Sur la résistance de sortie R_s du démodulateur, le bruit dans une voie téléphonique s'étendant de $f_0 - b/2$ à $f_0 + b/2$ vaut, d'après (2.8) :

$$B = \frac{\mathscr{F}KT}{2 k^2} \frac{A}{P_e} \frac{2}{R_s} \int_{f_0 - b/2}^{f_0 + b/2} f^2 \, df.$$

Donc :

$$(10.26) \quad B = \frac{\mathscr{F}KTbA}{k^2 P_e R_s} f_0^2.$$

Le rapport signal sur bruit thermique dans la voie étudiée vaut donc :

$$(10.27) \quad \left(\frac{S}{B}\right)_{\text{Th}} = \frac{P_e}{A\mathscr{F}KTb} \left(\frac{\Delta F_{\text{eff}}}{f_0}\right)^2.$$

Dans la pratique, on exprime ce rapport en décibels. Il est aussi fréquent que l'on calcule, non pas le rapport signal/bruit, mais la puissance de bruit mesurée en un point de niveau relatif zéro, c'est-à-dire en un point où le signal d'essai vaut 1 mW. La puissance de bruit est alors exprimée, soit en dBm0, soit en picowatts (1 pW = 10^{-12} W).

Voici le tableau des correspondances entre ces différentes expressions :

S/B en décibels	90	80	70	...	43,2	30	...
B en dBm0	− 90	− 80	− 70	...	− 43,2	− 30	...
B en picowatts	1	10	100	...	47 500	1 000 000	...

3.2. Corrections

3.2.1. *Pondération psophométrique*

La bande passante de l'oreille humaine n'est pas linéaire : après le filtrage que lui fait subir l'oreille, le bruit dans une voie téléphonique n'est plus blanc et les fréquences extrêmes sont plus affaiblies que les fréquences centrales. Le minimum de l'affaiblissement se situe aux alentours de 800 Hz. Or le rapport signal/bruit se mesure pour un signal d'essai de 800 Hz. Ceci signifie que la traversée de l'oreille humaine améliore le rapport signal sur bruit, comme le schématise la figure 10.4.

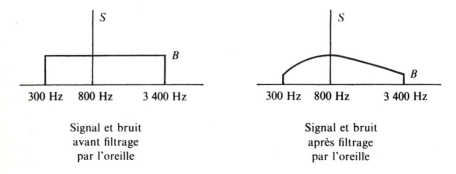

Signal et bruit avant filtrage par l'oreille

Signal et bruit après filtrage par l'oreille

Fig. 10.4.

Des études statistiques ont permis d'évaluer la forme de la bande passante de l'oreille et d'évaluer l'amélioration apportée par le filtrage, compte tenu des propriétés de la transmission téléphonique. La figure 10.5 donne la caractéristique de filtrage du psophomètre normalisé par le CCITT (avis G 223).

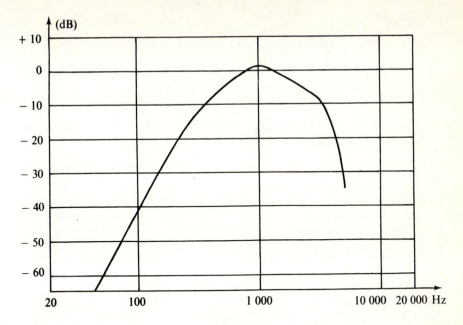

Fig. 10.5.

Lorsque le bruit a été calculé dans une largeur de bande de 3,1 kHz, ce filtrage apporte une amélioration de 2,5 dB ; ce terme est appelé pondération psophométrique. Dans les calculs suivants, nous appellerons p_1 le coefficient défini par :

$$10 \log p_1 = 2{,}5 \text{ dB}.$$

Pour indiquer que le bruit a subi cette pondération, on fait suivre son expression de la lettre p (dBp, dBm0p, pWp...).

3.2.2. *Préaccentuation-désaccentuation*

La formule (10.27) montre que la puissance de bruit dans une voie téléphonique est proportionnelle au carré de la fréquence de cette voie après démodulation : une communication transposée dans la partie haute du multiplex est beaucoup plus bruitée qu'une communication transposée dans la partie basse. Il est nécessaire de compenser ce déséquilibre pour uniformiser la qualité des voies téléphoniques. Pour cela, on augmente l'excursion de fréquence que provoque le signal d'essai lorsqu'il est transposé dans les voies hautes et on diminue l'excursion qu'il provoque lorsqu'il est transposé dans les voies basses, conformément à la courbe d'équation :

$$(10.28) \qquad 20 \log \frac{\Delta F(f)}{\Delta F_{\text{eff}}} = 5 - 10 \log \left[1 + \frac{6{,}90}{1 + 5{,}25/[(f_r/f) - (f/f_r)]^2} \right]$$

dans laquelle :

ΔF_{eff} = excursion efficace nominale de fréquence provoquée par le signal d'essai,

$\Delta F(f)$ = excursion efficace de fréquence provoquée par le signal d'essai appliqué à la fréquence f,

f_r = fréquence de résonance du réseau, avec $f_r = 1{,}25\, f_{max}$, où f_{max} est la fréquence maximale du multiplex téléphonique.

La figure (10.6) donne cette courbe qui résulte d'accords internationaux dans le cadre du CCIR.

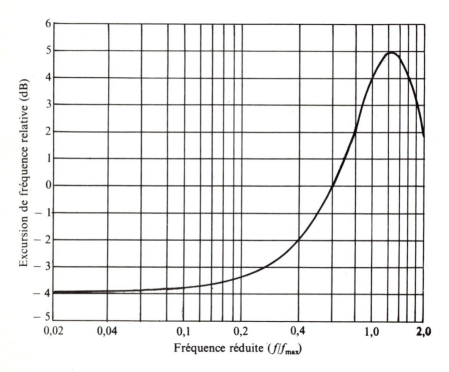

Fig. 10.6.

La loi de variation de $\Delta F(f)$ a été choisie de telle façon que la valeur efficace moyenne de l'excursion de fréquence après préaccentuation soit égale à la valeur efficace ΔF_{eff} de l'excursion de fréquence sans préaccentuation ; la préaccentuation ne modifie donc pas sensiblement la forme du spectre et elle n'influe en particulier pas sur la largeur de la bande de Carson. La figure (10.7) donne un exemple d'effet de la préaccentuation sur le spectre d'une onde modulée.

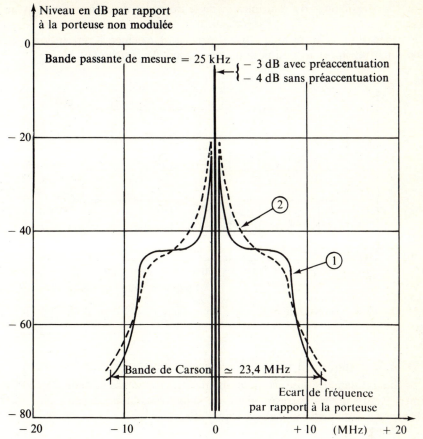

Fig. 10.7. Effet de la préaccentuation sur la répartition spectrale de l'énergie de la porteuse modulée : ① avec préaccentuation ; ② sans préaccentuation.

En posant

$$\left[\frac{\Delta F(f)}{\Delta F_{\text{eff}}}\right]^2 = p_2(f),$$

coefficient de préaccentuation, on voit que la formule (10.27) devient :

$$(10.29) \quad \left(\frac{S}{B}\right)_{\text{Th}} = \frac{P_e}{A\mathscr{F}KTb}\left(\frac{\Delta F_{\text{eff}}}{f}\right)^2 p_1 p_2(f).$$

La courbe (10.6) montre que :

$10 \log p_2(f) = -4$ dB pour la fréquence minimale du multiplex,
$10 \log p_2(f) = +4$ dB pour la fréquence maximale du multiplex,
$10 \log p_2(f) = 0$ pour $f = 0{,}608 f_{\text{max}}$.

L'effet de l'accentuation est donc d'améliorer de 4 dB le rapport signal/bruit pour les voies hautes du multiplex et de le dégrader d'autant pour les voies basses.

L'application de la formule (10.29) permet de calculer la répartition spectrale du bruit après démodulation ; on obtient la courbe (10.8) :

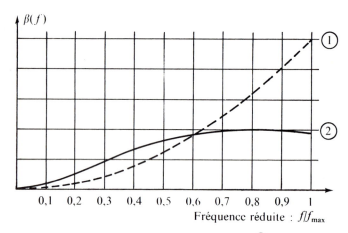

Fig. 10.8. Spectres de bruit après démodulation : ① bruit parabolique ; ② bruit avec préaccentuation et désaccentuation.

Dans la pratique, on réalise la préaccentuation de la façon suivante :

— le modulateur utilisé est un modulateur de fréquence normal, c'est-à-dire dont l'excursion ΔF correspondant au signal d'essai ne dépend pas de la fréquence à laquelle ce signal est transposé ;

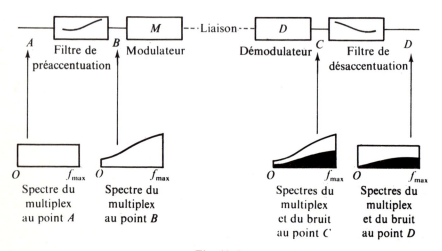

Fig. 10.9.

— le modulateur est précédé d'un filtre dont la courbe amplitude-fréquence correspond à celle de la figure (10.6).

L'opération inverse, la désaccentuation, est réalisée de la façon suivante :
— le démodulateur est un démodulateur de fréquence normal,
— il est suivi d'un filtre dont la courbe amplitude-fréquence est l'inverse de celle de la figure (10.6).

A la sortie de ce filtre, toutes les voies téléphoniques sont au même niveau ; le spectre de bruit a été modifié, le rapport signal/bruit étant alors donné par la formule (10.29).

Le schéma (10.9) donne la forme des spectres du multiplex et du bruit en divers points de la liaison.

3.3. Bilan et méthodes pratiques de calcul

Malgré la préaccentuation, le rapport signal sur bruit varie en fonction de la fréquence à laquelle est transposée la voie étudiée (Fig. 10.8). On calcule en général ce rapport dans la voie téléphonique la plus défavorisée, c'est-à-dire la voie haute du multiplex, pour laquelle $10 \log p_2 = + 4$ dB.

L'application de la formule (10.29), en prenant pour fréquence de la voie étudiée la fréquence maximale du multiplex, donne le rapport signal sur bruit thermique dans la voie la plus défavorisée à la réception d'un faisceau hertzien en plusieurs bonds :

$$(10.30) \quad \boxed{\left(\frac{S}{B}\right)_{Th} = \frac{P_e}{A\mathscr{F}KTb}\left(\frac{\Delta F_{eff}}{f_{max}}\right)^2 p_1 p_2}.$$

Avec : P_e = puissance des émetteurs,
$\mathscr{F}$ = facteur de bruit des récepteurs,
A = affaiblissement équivalent (somme des affaiblissements de chaque bond),
$KT = -174$ dB (mW/Hz),
$b = 3,1$ kHz largeur de la voie téléphonique,
ΔF_{eff} = excursion efficace de fréquence provoquée par le signal d'essai de 0 dBm0,
f_{max} = fréquence maximale du multiplex,
p_1 = pondération $10 \log p_1 = 2,5$ dB,
p_2 = accentuation $10 \log p_2 = 4$ dB.

Lorsqu'on calcule le rapport signal sur bruit, on l'exprime en décibels.

Toutefois, pour individualiser la contribution de chaque bond au bruit total, il est plus intéressant de *calculer les bruits en picowatts*. En prenant $S_0 = 1$ mW (signal d'essai), posons :

$$(10.31) \quad B_j = S_0 \frac{A_j}{P_e} \mathscr{F} KTb \left(\frac{f_{max}}{\Delta F_{eff}}\right)^2 \frac{1}{p_1 p_2}.$$

B_j représente le bruit en un point de niveau relatif zéro que l'on aurait à la réception d'un faisceau en un seul bond de caractéristiques identiques au j-ème bond du faisceau étudié : le bruit total B s'écrit alors, par application de la formule (10.30), avec $A = A_1 + \cdots + A_n$:

$$B = B_1 + \cdots + B_n.$$

D'où la règle pratique :

Pour calculer en picowatts le bruit en un point de niveau relatif zéro à la réception d'un faisceau hertzien en plusieurs bonds, on fait la somme des bruits en picowatts en un point de niveau relatif zéro calculés pour chaque bond comme s'il était le seul, par application de la formule :

$$(10.32) \quad \boxed{\left(\frac{S}{B}\right)_{Th} = \frac{P_r}{\mathscr{F} K T b} \left(\frac{\Delta F_{eff}}{f_{max}}\right)^2 p_1 p_2}$$

où P_r = puissance reçue.

Bien que cela ne pose aucun problème particulier, effectuons ce calcul à titre d'exemple pour un matériel dont les caractéristiques sont les suivantes :

— fréquence 4 GHz,
— capacité 960 voies, donc f_{max} = 4 188 kHz,
— ΔF_{eff} = 200 kHz,
— $\mathscr{F}$ = 8 dB,
— KT = − 174 dB (mW/Hz),
— b = 3,1 kHz, donc $10 \log b$ = 34,9 dB,
— P_e = + 30 dBm (1 W).

On en déduit que :

$$10 \log \left[\frac{1}{\mathscr{F} K T b} \left(\frac{\Delta F_{eff}}{f_{max}}\right)^2 p_1 p_2\right] = 111{,}2 \text{ dBm}.$$

Ce terme est indépendant des conditions d'emploi du matériel, et en particulier de la longueur du bond.

Supposons qu'il y ait trois bonds, tels que, dans les conditions normales de propagation :

$$A_1 = 60 \text{ dB}$$
$$A_2 = 64 \text{ dB}$$
$$A_3 = 70 \text{ dB}.$$

On en déduit :

$$B_1 = -30 + 60 - 111{,}2 = -81{,}2 \text{ dBm0p}$$
$$B_2 = -30 + 64 - 111{,}2 = -77{,}2 \text{ dBm0p}$$
$$B_3 = -30 + 70 - 111{,}2 = -71{,}2 \text{ dBm0p}.$$

Donc en un point de niveau relatif zéro :

$B_1 = 7,6$ pWp
$B_2 = 19$ pWp
$B_3 = 75,8$ pWp .

Bruit thermique total : $B_{Th} = 102,4$ pWp, dans les conditions normales de propagation.

3.4. Influence de la propagation

Pour un faisceau en un seul bond, le rapport signal sur bruit est proportionnel à la puissance de réception ; ceci entraîne que, à puissance émise constante, le bruit thermique sur un bond est proportionnel aux évanouissements de propagation. Le bruit thermique sur la liaison dépend donc des caractéristiques de la propagation sur chaque bond, à chaque instant.

3.4.1.

Le calcul du bruit thermique dans les conditions normales de propagation ne pose aucun problème particulier : il suffit, nous l'avons vu, de calculer le niveau de réception pour chaque bond dans les conditions normales par application de la formule (5.6), puis le bruit par application de la formule (10.32) et d'effectuer la sommation des bruits de chaque bond.

3.4.2.

Dans le cadre des méthodes de calcul de qualité préconisées par le CCIR, exposées en détail au chapitre 13, on est amené à calculer, dans l'étude du fonctionnement quasi normal de la liaison, le niveau du bruit total non dépassé pendant plus de 20 % du temps d'un mois quelconque, ce qui nécessite la connaissance du bruit thermique non dépassé pendant cette durée. La profondeur d'évanouissement non dépassée pendant plus de 20 % du mois le plus défavorisé est donnée par la formule (6.11), rappelée ci-dessous :

$$\alpha = 10 \log \left[1 + \frac{d^2 \, f^{0,8}}{8\,500} \right].$$

Les évanouissements considérés sont peu profonds — quelques décibels — et relativement longs. Il est donc justifié de faire l'approximation suivante, quelque peu pessimiste : *le bruit thermique non dépassé pendant plus de 20 % du temps sur la liaison est égal à la somme des bruits thermiques non dépassés pendant plus de 20 % du temps sur chaque bond.*

Dans l'exemple étudié au paragraphe 3.3, supposons que les longueurs des bonds soient :

$d_1 = 20$ km
$d_2 = 50$ km
$d_3 = 50$ km .

Les évanouissements non dépassés pendant plus de 20 % du temps d'un mois quelconque valent, d'après (6.11) :

$$E_1 = 0,6 \text{ dB}$$
$$E_2 = 2,7 \text{ dB}$$
$$E_3 = 2,7 \text{ dB}.$$

D'où les bruits thermiques correspondants B'_1, B'_2 et B'_3, en fonction des bruits thermiques B_1, B_2, B_3 calculés dans les conditions normales :

$$B'_1 = 1,1\, B_1$$
$$B'_2 = 1,9\, B_2$$
$$B'_3 = 1,9\, B_3.$$

D'où le bruit *thermique* total non dépassé pendant plus de 20 % du temps :

$$B'_{\text{Th}} = 188 \text{ pWp}.$$

3.4.3.

Pour évaluer la sensibilité du faisceau aux évanouissements très profonds, la méthode employée consiste à fixer une valeur élevée de bruit B_F et à calculer la fraction de temps du mois le plus défavorisé ou de l'année moyenne pendant laquelle le bruit thermique est plus élevé que B_F.

En général, on prend $B_F = 47\,500$ pWp (voir les objectifs de qualité du CCIR exposés au chapitre 13). Les évanouissements nécessaires pour que le bruit thermique dû à un bond atteigne cette valeur sont très élevés (30 à 40 dB). Ils ne se produisent que pendant de très courtes durées et sont dus à des conditions climatiques locales. On en déduit qu'il n'y a pas simultanéité entre les évanouissements profonds qui peuvent affecter des bonds différents d'une même liaison, ou, en d'autres termes que, lorsque le bruit thermique dû à un bond devient très important, les bruits thermiques dus aux autres bonds sont à un niveau voisin du niveau nominal. Pour simplifier les calculs, on peut alors considérer que, lorsqu'un bond subit un évanouissement profond, le bruit thermique sur la liaison est égal au bruit thermique provoqué par le bond dégradé, et que tous les bruits fixes (par exemple ceux qui sont dus aux distorsions étudiées au chapitre 11) sont négligeables devant le bruit thermique.

On en déduit que *la durée pendant laquelle le bruit B_F est dépassé sur la liaison est la somme des durées pendant lesquelles chaque bond pris séparément provoque le dépassement de ce bruit.*

Le calcul de la fraction de temps pendant laquelle le bruit thermique sur un bond est supérieur à B_F se fait de la façon suivante :

Posons :

P_{r_0} = puissance nominale de réception

B_{Th_0} = bruit thermique nominal sur le bond

B_F = bruit fort (47 500 pWp par exemple)

P_F = puissance de réception correspondant à B_F.

D'après (10.32), on a :

$$\frac{P_{r_0}}{P_F} = \frac{B_F}{B_{Th_0}}.$$

L'évanouissement nécessaire pour que le bruit thermique atteigne B_F vaut donc, en décibels :

(10.33) $$\boxed{M = 10 \log \frac{B_F}{B_{Th_0}}}$$

l'application de la formule (6.13) permet de calculer la fraction du temps pendant laquelle l'évanouissement est supérieur à B_F.

Reprenons l'exemple du 3.3 où le faisceau étudié avait 3 bonds, à 4 GHz, avec :

$B_1 = 7,6$ pWp
$B_2 = 19$ pWp
$B_3 = 75,8$ pWp.

Avec $B_F = 47\,500$ pWp, les marges sont :

$M_1 = 38$ dB
$M_2 = 34$ dB
$M_3 = 28$ dB.

La formule (6.13) donne alors la fraction du mois le plus favorisé pendant laquelle les marges considérées ne sont pas dépassées :

$p_1 = 3,2 \cdot 10^{-7}$
$p_2 = 1,9 \cdot 10^{-5}$
$p_3 = 7,9 \cdot 10^{-5}.$

D'où la fraction du mois le plus défavorisé pendant laquelle le bruit thermique est supérieur à B_F : $p = 9,8 \cdot 10^{-5}$. On remarque sur cet exemple que la contribution du bond court est nettement plus faible que celle des bonds longs.

3.4.4.

Un dernier paramètre intéressant est la fraction du temps du mois le plus favorisé ou de l'année moyenne pendant laquelle les évanouissements de propagation placent le démodulateur dans des conditions de fonctionnement qui provoquent la coupure de la liaison.

Nous avons vu au chapitre 2, paragraphe 5.3 qu'un démodulateur ne fonctionne normalement que si :

(10.34) $C/N > 10$ dB

avec C = puissance de la porteuse à l'entrée du démodulateur,
N = puissance du bruit à l'entrée du démodulateur.

D'après (10.21) :

$$\frac{C}{N} = \frac{P_e}{(A_1 + A_2 + \cdots + A_n)\mathscr{F}KT\mathscr{B}}.$$

Si le bond j subit un évanouissement très profond, on voit que :

$$A_1 + A_2 + \cdots + A_n \simeq A_j.$$

Dans ces conditions :

(10.35) $\quad \dfrac{C}{N} \simeq \dfrac{P_{rj}}{\mathscr{F}KT\mathscr{B}}.$

Formule où P_{rj} représente la puissance reçue sur le bond j. L'évanouissement sur le bond j provoque la coupure si :

(10.36) $\quad \dfrac{P_{rj}}{\mathscr{F}KT\mathscr{B}} < 10.$

Par conséquent, lorsque, sur un bond quelconque, la puissance reçue descend au-dessous de la valeur $P_{\text{seuil}} = 10\,\mathscr{F}KT\mathscr{B}$, *la liaison est coupée.*

On remarquera que cette valeur ne dépend que des caractéristiques des récepteurs. Cherchons-en une valeur courante, pour des systèmes à forte capacité :

$$\mathscr{F} \simeq 10 \text{ dB}$$
$$\mathscr{B} \simeq 40 \text{ MHz}$$

d'où $P_{\text{seuil}} = -80$ dBm.

Le calcul de la durée de coupure est identique à celui de la durée de dépassement des 47 500 pWp : on calcule la marge par rapport au seuil P_{seuil} puis on applique la formule (6.13).

Pour les systèmes à forte capacité courants, la marge de rapport au seuil est de l'ordre de 40 dB à 60 dB.

4. RAPPORT SIGNAL/BRUIT EN TÉLÉVISION

4.1. Calcul du rapport signal/bruit après démodulation

Par définition, le rapport signal sur bruit en télévision est le rapport entre l'amplitude crête-à-crête du signal d'image (à l'exclusion des impulsions de synchronisation) et de la valeur quadratique moyenne de la tension de bruit dans la bande de fréquences qui s'étend de 10 kHz à la valeur nominale $\mathscr{B}_v$ de la limite supérieure de la bande vidéo. Le choix de la limite inférieure 10 kHz est destiné à éliminer les ronflements des alimentations des mesures réelles. Pour les calculs, on peut évidemment considérer que la bande s'étend de 0 à $\mathscr{B}_v$. Notons qu'il s'agit ici d'un *rapport de tensions*.

Les équations (10.25) et (2.8) permettent le calcul de la puissance de bruit dans la bande vidéo de façon analogue à la méthode employée pour la téléphonie :

$$B = \frac{\mathscr{F}KTA}{2k^2 P_e} \cdot \frac{2}{R_s} \int_0^{\mathscr{B}_v} f^2\, df$$

$$B = \frac{\mathscr{F}KTA}{P_e} \frac{1}{k^2 R_s} \frac{\mathscr{B}_v^3}{3}.$$

D'autre part, en appelant ΔF_{cc} l'excursion crête-à-crête de fréquence provoquée par l'ensemble du signal vidéo (image + synchronisation) nous voyons que la tension crête-à-crête du signal d'image, qui représente en amplitude 70 % du signe total, vaut :

$$V_{ccI} = 0{,}7\,\frac{\Delta F_{cc}}{k}.$$

D'où le rapport signal/bruit :

(10.37) $\quad \left(\dfrac{S}{B}\right)^2_{\text{Th}} = \dfrac{P_e}{A\mathscr{F}KT\mathscr{B}_v} 1{,}5\left(\dfrac{\Delta F_{cc}}{\mathscr{B}_v}\right)^2.$

On peut exprimer ce rapport en décibels. Il est fréquent que l'on calcule la « tension de bruit », c'est-à-dire sa valeur quadratique moyenne en un point où le signal vidéo a une amplitude de 1 V, donc où $V_{ccI} = 0{,}7$ V.

4.2. Corrections

4.2.1. *Pondération vidéométrique*

L'effet d'un parasite erratique continu sur le signal de télévision dépend de la fréquence du parasite. Il convient donc d'introduire une pondération de la formule (10.37) destinée à tenir compte de la sensibilité différente de l'œil aux diverses fréquences du spectre du bruit. Ce facteur de pondération dépend de la forme du bruit et du système de télévision ; il a été établi à la suite de nombreuses expériences sur la sensibilité des téléspectateurs aux parasites affectant les images. Ces expériences étant subjectives, la détermination de la caractéristique de pondération, qui n'est autre que la courbe de réponse en fréquence de l'ensemble tube + écran + téléspectateur moyen, est évidemment assez arbitraire.

Toutefois, les expériences faites dans plusieurs pays donnant des résultats concordants, on a pu en déduire une normalisation internationale.

Pour tous les systèmes autres que le système M, la caractéristique de pondération est donnée par la formule (10.38) :

(10.38) $\quad g^2(f) = \dfrac{1}{1 + (f/f_1)^2}.$

Pour le système M, la formule est :

$$(10.39) \quad g_M^2(f) = \frac{1 + (f/f_3)^2}{[1 + (f/f_1)^2][1 + (f/f_2)^2]}.$$

Les paramètres f_1, f_2, f_3 sont donnés dans le tableau ci-dessous :

Système	f_1 (MHz)	f_2 (MHz)	f_3 (MHz)	Limite de la bande vidéo
M	0,270	1,37	0,390	4,2
B, C, G, H	0,482	—	—	5
I	0,796	—	—	5
D, K, L	0,482	—	—	6

La figure 10.10 donne la courbe de pondération pour les systèmes à 625 lignes (systèmes B, C, G, H, D, K, L) :

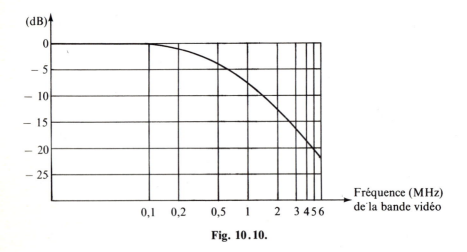

Fig. 10.10.

4.2.2. *Préaccentuation*

La transmission du signal de télévision tel qu'il est défini au chapitre 2, paragraphe 2.2, s'accompagnerait de distorsions inadmissibles. De plus, le niveau élevé des composantes à basse fréquence poserait des problèmes pour réaliser les modulateurs et démodulateurs.

Pour résoudre ces problèmes, on utilise une préaccentuation qui abaisse le niveau des fréquences basses et amplifie celui des fréquences hautes du signal de télévision. Cette préaccentuation est l'objet d'une normalisation internationale (rapport 637 du CCIR).

La caractéristique de désaccentuation est donnée par la formule (10.40) :

$$(10.40) \quad h^2(f) = k \frac{1 + (f/f_a)^2}{1 + (f/f_b)^2}.$$

Les paramètres k, f_a, f_b sont donnés dans le tableau ci-dessous :

Système	k	f_a (MHz)	f_b (MHz)
M	10	0,875	0,187
B, C, G, H	12,59	1,565	0,313
I	12,59	1,565	0,313
D, K, L	12,59	1,565	0,313

En l'absence de préaccentuation, un signal sinusoïdal de 1 V crête-à-crête en un point d'interconnexion vidéo, appliqué à une fréquence quelconque, provoque une excursion crête-à-crête de 8 MHz. Pour les systèmes à 625 lignes (B, C, G, H, D, K, L) et 525 lignes (M), la figure 10.11 donne l'excursion relative de fréquence provoquée par un signal de 1 V_{cc} en fonction de sa fréquence, l'excursion relative 0 dB correspondant à une excursion crête-à-crête de 8 MHz.

Cette courbe a pour équation :

$$p(f) = -20 \log h(f).$$

4.2.3. *Effet cumulé de la pondération et de l'accentuation*

L'effet de la pondération vidéométrique dépend du spectre du bruit auquel on l'applique. Or ce spectre est modifié par l'opération préaccentuation-désaccentuation.

La figure 10.12 donne un exemple de forme du spectre de bruit pour les systèmes à 625 lignes (B, C, G, H, D, K, L) :
— sans désaccentuation ni pondération (bruit parabolique),
— avec pondération seule,
— avec pondération et accentuation.

Définissons le gain de pondération, le gain d'accentuation, ou le gain cumulé de pondération et d'accentuation pour un bruit de spectre donné comme le rapport entre la puissance de ce bruit lorsque son spectre est inchangé

Qualité des liaisons

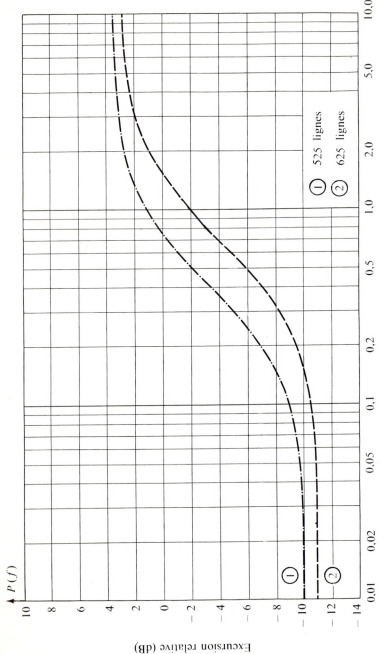

Fig. 10.11.

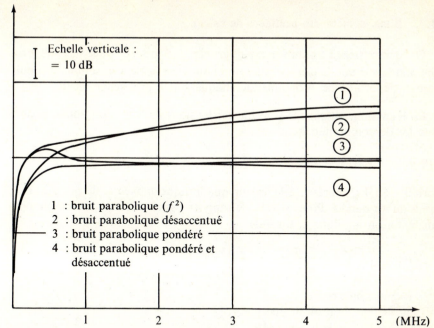

Fig. 10.12. Densité spectrale de bruit en dB (mW/Hz) (à un facteur constant près).

Légende:
1 : bruit parabolique (f^2)
2 : bruit parabolique désaccentué
3 : bruit parabolique pondéré
4 : bruit parabolique pondéré et désaccentué

et de la puissance qu'il a lorsqu'on lui applique la pondération, l'accentuation ou les deux opérations. La valeur des divers gains est donnée par le tableau 10.13 (rapport 410 du CCIR).

Dans tout calcul de rapport signal sur bruit en télévision, il convient de tenir compte du gain p de pondération, d'accentuation, ou de pondération + accentuation (suivant le cas), conformément au tableau 10.13.

Tableau 10.13.

Système	Gain de désaccentuation		Gain de pondération (dB)				Gain cumulé (dB)	
	bruit blanc	bruit parabolique	bruit blanc	bruit parabolique	bruit blanc désaccentué	bruit parabolique désaccentué	bruit blanc	bruit parabolique
M (525 lignes)	− 0,4	2,9	6,2	10,3	2,7	9,9	2,3	12,8
B, C, G, H	− 2,1	2,0	8,5	16,3	3,1	14,3	1,0	16,3
I	− 2,1	2,0	6,5	12,3	2,3	10,9	0,2	12,9
D, K, L	− 1,6	2,3	9,3	17,7	3,5	15,8	1,9	18,1

4.3. Bilan et méthodes pratiques de calcul

On démontrerait comme au paragraphe 3.3 que la puissance de bruit thermique sur une liaison en plusieurs bonds est égale à la somme des puissances de bruit que provoquerait chaque bond pris séparément.

En télévision, on calcule souvent des tensions de bruit ; on applique donc une loi de sommation quadratique :

(10.41) $\quad V_{B\,TOT}^2 = V_{B_1}^2 + \cdots + V_{B_n}^2$

formule où V_{B_i} représente la valeur quadratique moyenne de la tension de bruit dû au bond i. Pour calculer le rapport signal sur bruit thermique pour un bond, on applique la formule :

(10.42) $\quad \left(\dfrac{S}{B}\right)_{Th}^2 = \dfrac{P_r}{\mathscr{F} KT \mathscr{B}_v} \cdot 1{,}5 \left(\dfrac{\Delta F_{cc}}{\mathscr{B}_v}\right)^2 p$

P_r = puissance reçue,
$\mathscr{F}$ = facteur de bruit du récepteur,
$\mathscr{B}_v$ = largeur de la bande vidéo,
KT = $-$ 174 dB (mW/Hz),
ΔF_{cc} = excursion crête-à-crête de fréquence provoquée par un signal sinusoïdal de 1 V crête-à-crête appliqué à l'entrée du système. En général ΔF_{cc} = 8 MHz,
p = correction due à la pondération et à la préaccentuation.

On exprime toujours ce rapport en dB. Si on désire la valeur quadratique moyenne V du bruit en un point où le signal vidéo a une amplitude de 1 V_{cc}, c'est-à-dire là où le signal d'image a une amplitude de 0,7 V_{cc}, on écrit :

(10.43) $\quad V_B = 0{,}7(B/S)$ (V).

Si on désire connaître la puissance P_B de bruit en ce même point, il faut en connaître l'impédance. Elle vaut en général 75 Ω, d'où

(10.44) $\quad P_B = V_B^2/75$.

Voici quelques correspondances entre S/B et V_B :

S/B (dB)	70	60	50	40
V_B (mV)	0,22	0,7	2,2	7

Reprenons le même matériel que celui qui a servi d'exemple au paragraphe 3.3, en supposant qu'il a été réglé pour la télévision (ΔF_{cc} = 8 MHz), et qu'il est utilisé dans les mêmes conditions.

Supposons que le système soit un des systèmes D, K, ou L ; donc :

$\mathcal{B}_v = 6$ MHz

$P = 18{,}1$ dB.

Dans ces conditions :

$$10 \log \left[\frac{1}{\mathcal{F} KT \mathcal{B}_v} \cdot 1{,}5 \left(\frac{\Delta F_{cc}}{\mathcal{B}_v} \right)^2 p \right] = 120{,}6 \text{ dBm}.$$

D'où les rapports signal sur bruit thermique pour chaque bond, et les tensions de bruit en un point où le signal d'image a une amplitude de $0{,}7 \text{ V}_{cc}$:

- $(S/B)_1 = 90{,}6$ dB $\quad V_{B_1} = 0{,}020$ mV
- $(S/B)_2 = 86{,}6$ dB $\quad V_{B_2} = 0{,}033$ mV
- $(S/B)_3 = 80{,}6$ dB $\quad V_{B_3} = 0{,}066$ mV.

Au total :

$$V_B = \sqrt{V_{B_1}^2 + V_{B_2}^2 + V_{B_3}^2}$$

$V_B = 0{,}076$ mV

et $\quad S/B = 79{,}3$ dB.

4.4. Influence de la propagation

Les résultats démontrés au paragraphe 3.4 pour la téléphonie sont valables pour la télévision. En particulier, lorsqu'un bond subit un évanouissement profond, le bruit thermique sur la liaison est égal au bruit thermique sur ce bond.

5. BRUITS DES ÉQUIPEMENTS EN TÉLÉPHONIE ET TÉLÉVISION

Tous les calculs que nous venons de faire supposent que le bruit thermique n'a que deux origines ; les rayonnements captés par l'antenne et l'agitation électronique dans les récepteurs. Or les équipements ne sont pas parfaits, et un bruit de fond dû aux alimentations se superpose au bruit thermique.

De plus, la fréquence des oscillateurs locaux n'est pas parfaitement stable, et une légère scintillation autour de la fréquence nominale se traduit par du bruit. Il faut tenir compte de ces bruits d'équipements. Ces bruits s'introduisent en des points où le signal est à un niveau constant. Leur valeur est donc indépendante des fluctuations de la propagation.

Le bruit dû à plusieurs équipements en série est la somme des puissances de bruit dû à chacun des équipements.

La méthode employée consiste à évaluer statistiquement le bruit produit par un équipement d'un type donné ; cette évaluation se fait en picowatts en un point de niveau relatif zéro pour la téléphonie, et en tension de bruit en un point où le signal vidéo a une amplitude de 1 V en télévision. L'évaluation de ce type de bruit fait partie des caractéristiques fondamentales des équipements.

Pour connaître le bruit dû aux équipements sur une liaison, il suffit alors de faire la somme des bruits dus à chacun des équipements élémentaires traversés.

Attention : ce bruit d'équipements n'a aucun rapport avec les distorsions provoquées par les équipements (voir au chapitre 11). En particulier, on remarquera qu'il existe en l'absence de signal, tout comme le bruit thermique, ce qui n'est pas le cas des distorsions.

BIBLIOGRAPHIE

LIVRES

(10.1) J. Dupraz, *Théorie de la communication*, Eyrolles, (1973).
(10.2) L. Thourel, *Antennes*, chapitre 15 : température de bruit des antennes, Dunod, (1971).

REVUES ET ARTICLES

(10.3) *CCIR*, Genève, (1974), Volume IX :
  Avis 275 : Caractéristiques de préaccentuation pour les faisceaux hertziens à modulation de fréquence : faisceaux hertziens de téléphonie à multiplexage par répartition de fréquence.
  Avis 405 : Faisceaux hertziens de télévision : caractéristiques de préaccentuation.

Chapitre 11

Distorsions des signaux analogiques

Les problèmes de distorsions sont parmi les plus difficiles que l'on ait à traiter dans le domaine de la transmission.

Une étude rigoureuse donnant des résultats exploitables est impossible dans la plupart des cas. On peut obtenir des résultats utilisables en employant des outils mathématiques complexes, tout en faisant un certain nombre d'approximation ; les calculs sur ordinateurs qui en découlent et le contrôle par des expériences permettent alors d'aboutir à des conclusions utiles pour la conception des matériels ou la prévision de la qualité des liaisons.

1. ÉTUDE GÉNÉRALE

1.1. Transmission sans distorsions

Un quadripôle transmet sans distorsions un signal $u_e(t)$ si le signal en sortie $u_s(t)$ lui est proportionnel et retardé d'une valeur constante τ_0.

L'équation de fonctionnement de ce quadripôle est donc :

(11.1) $\quad u_s(t) = Gu_e(t - \tau_0)$

avec G = Cte, τ_0 = Cte.

Supposons que l'on ait à transmettre un ensemble de signaux dont les amplitudes sont inférieures à une valeur donnée et dont le spectre de fréquences occupe un intervalle donné.

La linéarité de l'équation entraîne une première condition de non-distorsion : dans le domaine des amplitudes à transmettre, la chaîne de transmission doit être linéaire en amplitude.

Considérons une onde pure

(11.2) $u_e(t) = e^{j\omega t}$.

L'équation (11.1) entraîne :

(11.3) $u_s(t) = G\, e^{-j\omega \tau_0}\, u_e(t)$.

On en déduit les deux conditions supplémentaires :

— dans le domaine des fréquences à transmettre, le gain en module G doit être indépendant de la fréquence,

— dans le domaine des fréquences à transmettre, le retard de phase $\omega\tau_0$ doit être proportionnel à la fréquence du signal.

Ces trois propriétés sont nécessaires. La décomposition d'un signal en intégrales de Fourier montre qu'elles sont suffisantes.

Il est fondamental de noter que ces 3 conditions concernent la restitution d'un signal sans distorsion, mais non point l'absence de déformation de l'information que porte le signal. Un signal non distordu fournit une information non déformée, mais un signal distordu peut dans certaines conditions être utilisé pour obtenir une information non déformée lorsqu'il existe des traitements du signal qui le permettent. Quelques exemples simples illustrent ce point important. Le modulateur est un quadripôle qui ne respecte pas les trois conditions énoncées, et pourtant la démodulation permet de restituer l'information sans distorsion, si les équipements sont parfaits. En modulation de fréquence, l'amplitude ne porte pas d'information, et la traversée d'un quadripôle qui ne distord que l'amplitude ne provoque pas de distorsions de l'information restituée à la sortie du démodulateur. Il convient donc d'utiliser avec prudence les trois conditions de non-distorsion des signaux, en examinant chaque fois si la distorsion d'un signal affecte l'information qu'il porte.

Analysons ces trois conditions, en examinant leurs conséquences sur l'ensemble de la liaison, ainsi que sur chacun des éléments constitutifs, en partant du principe que les éléments doivent être interchangeables sans qu'il y ait à reprendre les réglages de l'ensemble du système : pour faciliter la maintenance, il convient en effet de refuser les compensations des distorsions dues à certains éléments par celles dues à d'autres, quand ces compensations sont possibles.

Rappelons deux définitions utiles par la suite :

Les accès du quadripôle formé par l'entrée du modulateur et la sortie du démodulateur sont appelés accès en bande de base de la liaison en téléphonie, et accès vidéo en télévision.

Les accès du quadripôle compris entre la sortie du modulateur et l'entrée du démodulateur sont appelés accès en fréquence intermédiaire.

- *Linéarité en amplitude*

Entre accès en bande de base, l'information est portée par l'amplitude du signal. Par conséquent, il doit bien y avoir linéarité en amplitude entre ces accès.

Par contre, entre accès FI, ou entre deux accès d'un quelconque quadripôle compris entre ces accès FI (émetteur-récepteur par exemple), l'information est portée par la phase. Les distorsions qui n'affectent que l'amplitude, du moins dans certaines limites, ne déforment pas l'information. Le limiteur placé dans le démodulateur écrête les variations parasites d'amplitude et le discriminateur peut alors restituer une information non distordue.

La linéarité en amplitude entre accès en FI n'est donc pas une condition nécessaire de non-distorsion de l'information (démonstration au § 2.4.1).

● *Valeur du gain en module*

Entre accès en bande de base, il faut que le gain soit constant en module dans toute la bande occupée par le signal multiplex téléphonique ou par le signal vidéo.

Entre accès en FI, le gain doit être constant dans la bande occupée par l'onde modulée. Cette bande est en théorie infinie, mais en pratique on peut la limiter à la bande de Carson (équation (2.7)). Cette condition doit être respectée pour un grand nombre d'émetteurs-récepteurs en série, ce qui entraîne des conditions très strictes de linéarité et de bande passante pour chacun d'eux : les filtres des émetteurs et des récepteurs, conçus avec le plus grand soin, ont une bande passante très nettement supérieure à la bande de Carson, pour que leur mise en série ne limite pas la bande à une valeur inférieure à celle de Carson.

● *Valeur du déphasage*

Le déphasage doit être proportionnel à la fréquence du signal. Soit $\Phi(\omega)$ le déphasage introduit par un quadripôle. Cette condition s'écrit :

(11.4) $\quad \Phi(\omega) = -\omega\tau$

donc

(11.5) $\quad \dfrac{d\Phi(\omega)}{d\omega} = -\tau$.

Or $-d\Phi(\omega)/d\omega$ n'est autre que le temps de propagation de groupe à travers le quadripôle. La loi de non-distorsion s'énonce donc : *le temps de propagation de groupe doit être constant dans la bande occupée par le signal.*

On montre qu'entre accès en bande de base, cette condition n'est pas contraignante en téléphonie, mais elle l'est en télévision. Elle doit de plus être respectée entre accès en fréquence intermédiaire, et pour tout élément constitutif de la chaîne en fréquence intermédiaire.

1.2. Transmission avec distorsions

La méthode générale employée pour étudier les distorsions utilise la notion de fonction de transfert d'un quadripôle, par application de la transformation de Laplace. Les bases en sont rappelées ci-dessous (sans expliciter les conditions mathématiques d'application).

La transformée de Laplace $U(p)$ d'une fonction $u(t)$ est définie par :

$$(11.6) \quad U(p) = \mathscr{L}(u(t)) \Leftrightarrow U(p) = \int_0^\infty u(t)\,e^{-pt}\,dt.$$

La transformation inverse s'écrit :

$$(11.7) \quad u(t) = \mathscr{L}^{-1}(U(p)) \Leftrightarrow u(t) = \frac{1}{2\pi j}\int_\gamma e^{pt}\,U(p)\,dp$$

dans laquelle le contour d'intégration γ est représenté par la figure 11.1 :

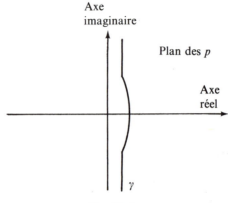

Fig. 11.1.

On définit la fonction de transfert $H(p)$ d'un réseau comme la transformée de Laplace de sa réponse impulsionnelle.

On démontre alors que, si $e(t)$ et $s(t)$ sont les tensions à l'entrée et à la sortie du quadripôle de fonction de transfert $H(p)$ et si $E(p)$ et $S(p)$ sont leurs transformées de Laplace, on a :

$$(11.8) \quad S(p) = H(p)\,E(p)$$

donc

$$(11.9) \quad s(t) = \mathscr{L}^{-1}\{H(p)\,E(p)\}.$$

En théorie, connaissant la fonction de transfert du réseau et la transformée de Laplace du signal d'entrée, on peut déterminer le signal à la sortie.

Lorsque le signal $e(t)$ est obtenu par modulation d'une onde de pulsation Ω_0, on peut l'écrire sous la forme $e(t) = e^{p_0 t} m(t)$ avec $p_0 = j\Omega_0$. En faisant le changement de variable $p \to p_0 + p$ dans la formule (11.9), on obtient :

$$s(t) = \mathscr{L}^{-1}[H(p_0 + p)\,E(p_0 + p)]$$

en posant $M(p) = \mathscr{L}[m(t)]$ on obtient :

(11.10) $s(t) = e^{p_0 t} \mathscr{L}^{-1}[H(p_0 + p) M(p)]$.

Cette formule est utile dans l'étude des distorsions subies par une onde modulée.

Ces formules générales sont d'une utilisation difficile et, dans des cas réels, les calculs d'intégrales deviennent vite inextricables. Dans l'étude limitée que propose ce chapitre, on se contentera d'utiliser des formules approchées dont l'expérience a prouvé la validité.

2. LES DISTORSIONS EN TÉLÉPHONIE

2.1. Distorsion linéaire entre accès en bande de base

Le quadripôle constitué par la liaison entre accès en bande de base a une certaine courbe de réponse amplitude-fréquence dont on peut considérer qu'elle est indépendante du niveau du multiplex, dans le domaine des puissances pour lesquelles est conçu le modulateur.

Considérons une voie téléphonique de 3,1 kHz. La courbe de réponse amplitude-fréquence dans une bande de 3,1 kHz, très étroite devant celle du multiplex, peut être considérée comme constante. Par conséquent, le fait que le gain en module varie avec la fréquence ne provoque pas de distorsion dans une voie téléphonique donnée, mais modifie simplement les niveaux auxquels les voies téléphoniques sont obtenues après démodulation. Cette variation de niveau, qui est une distorsion linéaire du multiplex, peut être maintenue dans des limites acceptables grâce à des réglages appropriés du modulateur et du démodulateur, voire par l'utilisation d'égaliseurs placés après le démodulateur.

Une autre condition de non-distorsion est la constance du temps de propagation de groupe entre accès en bande de base. Les distorsions qui résultent des variations de temps de propagation de groupe entre accès en bande de base sont des distorsions linéaires. Leur effet sur une voie téléphonique donnée s'étudie donc en examinant les variations de temps de propagation de groupe à l'intérieur de la voie étudiée. Une voie téléphonique étant très étroite devant la largeur de bande du multiplex, ces variations sont tout à fait négligeables. Par conséquent, les variations de temps de propagation de groupe entre accès en bande de base sont un paramètre peu significatif.

2.2. Types de distorsions non linéaires

L'utilisateur d'une voie téléphonique n'est évidemment pas sensible aux distorsions non linéaires qui affectent tout le multiplex mais uniquement à leurs conséquences pour la voie qu'il utilise.

Les distorsions non linéaires sont fonction du signal $g(t)$ du multiplex.

Lorsque le multiplex comprend un grand nombre de voies, sa tension instantanée est à peu près indépendante de la tension dans la voie étudiée et il peut être assimilé à un bruit gaussien blanc à bande limitée.

L'utilisateur d'une voie donnée est sensible au résultat du filtrage des distorsions par le filtre de 3,1 kHz qui isole sa voie. Ces distorsions étant une fonction non linéaire d'une tension $g(t)$ aléatoire, le résultat de leur filtrage peut être considéré comme un signal aléatoire indépendant du signal de la voie étudiée : l'effet en est assimilable à du bruit aléatoire.

Par conséquent, en téléphonie, l'étude des distorsions du multiplex se ramène à celle du bruit provoqué dans les voies téléphoniques.

Pour éviter d'avoir à traiter le problème complexe de la détermination de la fonction de transfert $H(p)$ du faisceau hertzien complet, on peut analyser les distorsions en les séparant en deux catégories :

— les distorsions dues aux non-linéarités en amplitude, affectant le signal entre accès en bande de base : nous les appellerons distorsions de première espèce ;

— les distorsions dues aux non-linéarités en phase et aux variations de la bande passante affectant l'onde modulée en fréquence, entre les accès en fréquence intermédiaire. Nous les appellerons distorsions de deuxième espèce.

Cette schématisation n'est pas rigoureuse, sur le plan des principes mathématiques. Toutefois, condition d'être maniée avec précaution, elle représente bien la réalité.

2.3. Distorsions non linéaires de première espèce

Entre les accès en bande de base, la courbe de réponse en amplitude doit être linéaire. Sa non-linéarité est due à la non-linéarité des caractéristiques amplitude-fréquence du modulateur et du démodulateur.

Limitons-nous à une présentation simplifiée du phénomène, en supposant que le signal de sortie est relié au multiplex d'entrée par une fonction du type :

$$(11.11) \quad s(t) = a_1 \, g(t) + a_2 \, g^2(t) + a_3 \, g^3(t) + \cdots + a_n \, g^n(t) + \cdots$$

Cette approximation suppose que les coefficients sont indépendants du signal. Ceci est faux en toute rigueur : il suffit pour s'en convaincre de considérer une sinusoïde pure dont on fait varier la fréquence dans toute la bande ; le coefficient a_1 correspond alors à la distorsion linéaire et n'est pas constant. Toutefois, comme le système est presque parfaitement linéaire et que ses propriétés sont à peu près indépendantes de la fréquence des signaux appliqués, l'approximation en question est valable.

La quasi-linéarité du système a pour conséquence le fait que les coefficients d'ordre supérieur à 3 sont en général faibles devant les autres et peuvent donc être négligés. Les distorsions ont donc pour expression :

$$(11.12) \quad x(t) = a_2 \, g^2(t) + a_3 \, g^3(t).$$

Pour illustrer le phénomène, considérons deux voies téléphoniques, isolées, que nous représentons par des raies pures de fréquences f_1 et f_2, d'amplitude x_1 et x_2.

Les distorsions valent :

(11.13) $\quad x(t) = a_2(x_1 \cos \omega_1 t + x_2 \cos \omega_2 t)^2 + a_3(x_1 \cos \omega_1 t + x_2 \cos \omega_2 t)^3$.

Le développement de cette expression donne des raies dont voici les fréquences et les amplitudes :

Décomposition des distorsions	Fréquence
$+ \dfrac{a_2}{2}(x_1^2 + x_2^2)$	0
$+ \dfrac{3 a_3}{4} x_1(x_1^2 + 2 x_2^2) \;\; \cos \omega_1 t$	f_1
$+ \dfrac{3 a_3}{4} x_2(x_2^2 + 2 x_1^2) \;\; \cos \omega_2 t$	f_2
$+ \dfrac{a_2 x_1^2}{2} \cos 2 \omega_1 t$	$2 f_1$
$+ \dfrac{a_2 x_2^2}{2} \cos 2 \omega_2 t$	$2 f_2$
$+ a_2 x_1 x_2 \cos (\omega_1 + \omega_2) t$	$f_1 + f_2$
$+ a_2 x_1 x_2 \cos (\omega_1 - \omega_2) t$	$f_1 - f_2$
$+ \dfrac{a_3}{4} x_1^3 \cos 3 \omega_1 t$	$3 f_1$
$+ \dfrac{a_3}{4} x_2^3 \cos 3 \omega_2 t$	$3 f_2$
$+ \dfrac{3}{4} a_3 x_1^2 x_2 \cos (2 \omega_1 + \omega_2) t$	$2 f_1 + f_2$
$+ \dfrac{3}{4} a_3 x_1^2 x_2 \cos (2 \omega_1 - \omega_2) t$	$2 f_1 - f_2$
$+ \dfrac{3}{4} a_3 x_1 x_2^2 \cos (2 \omega_2 + \omega_1) t$	$2 f_2 + f_1$
$+ \dfrac{3}{4} a_3 x_1 x_2^2 \cos (2 \omega_2 - \omega_1) t$	$2 f_2 - f_1$

Les combinaisons des deux voies téléphoniques étudiées provoquent l'apparition de bruit qui perturbe d'autres voies téléphoniques. Pour cette raison, ce phénomène porte le nom de bruit d'intermodulation ou de bruit de diaphonie entre voies (il s'agit d'une diaphonie inintelligible).

On trouve en annexe l'étude de l'influence des non-linéarités en amplitude sur l'ensemble du multiplex ; on y démontre que *les distorsions de 1re espèce affectent surtout les voies basses du multiplex*.

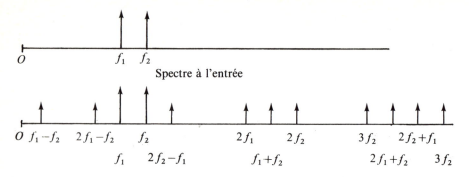

2.4. Distorsions non linéaires de deuxième espèce

2.4.1. *Effet des non-linéarités en amplitude*

Examinons l'effet des non-linéarités en amplitude sur l'onde modulée en fréquence par le multiplex $g(t)$.

Ecrivons la porteuse modulée sous la forme :

$$(11.14) \quad e(t) = A \cos [\Omega_0 t + \Phi(t)]$$

avec

$$\Phi(t) = 2\pi k \int_0^t g(\tau) \, d\tau + \varphi_0 .$$

Considérons un quadripôle non linéaire dont l'amplitude de sortie s'exprime en fonction de l'amplitude d'entrée par :

$$(11.15) \quad s(t) = a_0 + a_1 e(t) + a_2 e^2(t) + a_3 e^3(t) .$$

En remplaçant $e(t)$ par sa valeur, on trouve :

$$s(t) = \left(a_0 + \frac{1}{2} a_2 A^2\right) + \left(a_1 A + \frac{3}{4} a_3 A^3\right) \cos [\Omega_0 t + \Phi(t)]$$

$$+ \frac{1}{2} a_2 A^2 \cos [2 \Omega_0 t + 2 \Phi(t)] + \frac{1}{4} a_3 A^3 \cos [3 \Omega_0 t + 3 \Phi(t)] .$$

Après filtrage, le signal $s^*(t)$ qui se présente à l'entrée du démodulateur vaut :

$$(11.16) \quad s^*(t) = \left(a_1 A + \frac{3}{4} a_3 A^3\right) \cos (\Omega_0 t + \Phi(t)) .$$

La phase $\Phi(t)$, porteuse de l'information, est inchangée.

Ce calcul confirme bien que, dans la chaîne en fréquence intermédiaire, les non-linéarités en amplitude n'introduisent pas de distorsion sur l'information portée par l'onde modulée en fréquence.

2.4.2. *Variations de gain et distorsion de phase*

En toute rigueur, les distorsions de phase sont fonction de l'amplitude du signal : en effet, de nombreux équipements, parmi lesquels les mélangeurs, les T.O.P., transforment une éventuelle modulation d'amplitude présente à leur entrée en modulation parasite de phase à la sortie. Pour éviter les distorsions que produirait cette modulation de la phase, on veille à garder constante l'amplitude de la porteuse modulée avant toute traversée d'équipement qui introduit de la conversion amplitude-phase : pour cela on insère des limiteurs dans de nombreux équipements.

Les émetteurs-récepteurs sont donc construits de telle façon que l'onde modulée conserve une amplitude constante lorsqu'elle traverse des équipements qui introduisent de la conversion amplitude-phase ; on peut alors faire abstraction de ce phénomène et considérer que la fonction de transfert du faisceau entre accès en fréquence intermédiaire dépend uniquement de la pulsation :

(11.17) $\quad H(j\Omega) = \rho(j\Omega) \, e^{j\varphi(\Omega)}$.

Comme le système est presque linéaire dans la bande de fréquences occupée par l'onde modulée, nous pouvons effectuer autour $j\Omega_0$ un développement de $H(j\Omega)$ limité à l'ordre 3. Nous omettrons le terme linéaire en phase, puisqu'il n'introduit qu'un retard de temps de propagation sans produire de distorsion :

(11.18) $\quad H(j\Omega) = [1 + a_1(\Omega - \Omega_0) + a_2(\Omega - \Omega_0)^2 +$
$\qquad\qquad + a_3(\Omega - \Omega_0)^3] \cdot e^{j[b_2(\Omega - \Omega_0)^2 + b_3(\Omega - \Omega_0)^3]}$.

En effectuant le développement limité de l'exponentielle, et en posant $p_0 = j\Omega_0$ et $p = j\Omega - j\Omega_0$, l'expression devient :

(11.19) $\quad H(p_0 + p) = 1 - j a_1 p - (a_2 + j b_2) p^2 +$
$\qquad\qquad + j(a_3 + j b_3 + j a_1 b_2) p^3$.

Une propriété fondamentale de la transformation de Laplace est que le produit par p dans l'espace des fonctions de p correspond à une dérivation dans l'espace des fonctions de t, conformément aux équations :

(11.20) $\quad \mathscr{L}^{-1}[p \mathscr{L}(f(t))] = f'(t)$

(11.21) $\quad \mathscr{L}^{-1}[p^2 \mathscr{L}(f(t))] = f''(t)$, etc.

Ecrivons l'onde modulée sous forme complexe :

(11.22) $\quad e(t) = e^{p_0 t} \, e^{j\Phi(t)}$

avec

(11.23) $\quad p_0 = j\Omega_0 \quad \text{et} \quad \Phi(t) = 2\pi k \int_0^t g(\tau) \, d\tau$.

214 **Qualité des liaisons**

Appliquons la formule (11.10) en remplaçant $H(p_0 + p)$ par sa valeur

$$s(t) = e^{p_0 t} \mathscr{L}^{-1}[(1 - ja_1 p - (a_2 + jb_2) p^2 + \\ + j(a_3 + jb_3 + ja_1 b_2) p^3] \mathscr{L}(e^{j\Phi(t)}) .$$

L'application de (11.20), (11.21), (11.22) donne alors :

$$s(t) = e^{j\Omega_0 t} \left[e^{j\Phi(t)} - ja_1 \frac{d}{dt} e^{j\Phi(t)} - (a_2 + jb_2) \frac{d^2}{dt^2} e^{j\Phi(t)} + \\ + j(a_3 + jb_3 + ja_1 b_2) \frac{d^3}{dt^3} e^{j\Phi(t)} \right].$$

D'où :

(11.24) $$s(t) = e^{j(\Omega_0 t + \Phi(t))}[1 + a_1 \Phi'(t) - (a_2 + jb_2)(-\Phi'^2(t) + j\Phi''(t)) + \\ + j(a_3 + jb_3 + ja_1 b_2)(-j\Phi'^3(t) - 3 \Phi'(t) \Phi''(t) + j\Phi'''(t)] .$$

Séparons la partie réelle et la partie complexe du terme en facteur devant $e(t)$, en posant :

(11.25) $$s(t) = e(t) [1 + P(t) + jQ(t)]$$

avec :

$$P(t) = a_1 \Phi'(t) + a_2 \Phi'^2(t) + b_2 \Phi''(t) + \\ + 3(b_3 + a_1 b_2) \Phi'(t) \Phi''(t) + a_3[\Phi'^3(t) - \Phi'''(t)]$$

et

$$Q(t) = - a_2 \Phi''(t) + b_2 \Phi'^2(t) + (b_3 + a_1 b_2) \times \\ \times [\Phi'^3(t) - \Phi'''(t)] - 3 a_3 \Phi'(t) \Phi''(t) .$$

En revenant aux notations réelles, le signal en sortie s'écrit :

(11.26) $$s(t) = [1 + P(t)] \cos [\Omega_0 t + \Phi(t)] - Q(t) \sin [\Omega_0 t + \Phi(t)] .$$

Ce signal est affecté d'une modulation parasite d'amplitude, sans importance puisqu'elle ne dégrade pas l'information et qu'elle est éliminée par les limiteurs, et d'une modulation parasite de phase $\delta\varphi(t)$.

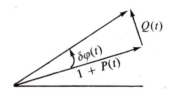

Fig. 11.2.

Distorsions des signaux analogiques

Une représentation de Fresnel permet de calculer $\delta\varphi(t)$

(11.27) $\quad \delta\varphi(t) = \text{Arctg}\, \dfrac{Q(t)}{1 + P(t)}.$

Comme les distorsions sont faibles, on peut utiliser la formule approchée :

(11.28) $\quad \delta\varphi(t) \simeq Q(t).$

Le signal $x(t)$ restitué par le démodulateur à partir de cette excursion de phase parasite vaut, d'après (2.13) :

$$x(t) = \frac{1}{2\pi k} \frac{\mathrm{d}}{\mathrm{d}t} \delta\varphi(t).$$

Remplaçons $\Phi(t)$ par sa valeur tirée de (11.23). Nous obtenons :

(11.29) $\quad x(t) = -a_2\, g''(t) + b_2(2\pi k)\, 2\, g(t)\, g'(t) + (b_3 + a_1 b_2) \times$
$\quad\quad \times [(2\pi k)^2\, 3\, g^2(t)\, g'(t) - g'''(t)] - 3\, a_3(2\pi k)$
$\quad\quad \times [g(t)g''(t) + g'^2(t)].$

Nous trouvons donc :
— des termes de distorsion linéaire :

(11.30) $\quad x_l(t) = -a_2\, g''(t) - (b_3 + a_1 b_2)\, g'''(t).$

Ces distorsions linéaires provoquent une modification de la courbe de réponse amplitude-fréquence, obtenue entre accès en bande de base, et des variations de phase entre ces accès.

Le problème a été étudié au paragraphe 2.1.

— des termes de distorsion non linéaire, qui provoquent du bruit dans les voies téléphoniques :

$$x_{nl}(t) = 2\, b_2(2\pi k)\, g(t)\, g'(t) + 3(b_3 + a_1 b_2)\, (2\pi k)^2\, g^2(t)\, g'(t) -$$
$$- 3\, a_3(2\pi k)\, [g(t)\, g''(t) + g'^2(t)].$$

Ce qui s'écrit plus simplement :

(11.31) $\quad x_{nl}(t) = b_2\, (2\pi k)\, \dfrac{\mathrm{d}}{\mathrm{d}t} g^2(t) + (b_3 + a_1 b_2)(2\pi k)^2\, \dfrac{\mathrm{d}}{\mathrm{d}t} g^3(t) -$
$$\quad\quad -\frac{3}{2} a_3(2\pi k)\, \dfrac{\mathrm{d}^2}{\mathrm{d}t^2} g^2(t).$$

Les distorsions non linéaires de 2e espèce se divisent en trois catégories :

1) Celles qui sont dues aux variations du gain en fonction de la fréquence

entre accès en F.I., et qui ont pour valeur :

$$(11.32) \quad x_1(t) = -\frac{3}{2} a_3 (2\pi k) \frac{d^2}{dt^2} g^2(t).$$

Leur existence confirme que, dans la bande de fréquences utile, le gain de l'ensemble de la chaîne doit être constant. Les variations de gain en fonction de la fréquence sont dues principalement aux filtres des émetteurs-récepteurs (ils ne peuvent en effet pas avoir un gain parfaitement constant dans toute la bande). Les filtres de tous les émetteurs sont identiques et présentent donc les mêmes irrégularités ; il en va de même pour les filtres de tous les récepteurs.

La mise en série des émetteurs-récepteurs provoque donc une aggravation des variations du gain dans la bande : pour que les distorsions qui en résultent restent à un niveau faible, on est amené, lors de la conception et du réglage des émetteurs-récepteurs, à imposer des contraintes très sévères aux caractéristiques des filtres.

2) Celles qui sont dues aux variations non linéaires du déphasage en fonction de la fréquence entre accès en F.I., et qui ont pour valeur :

$$(11.33) \quad x_2(t) = b_2 (2\pi k) \frac{d}{dt} g^2(t) + b_3 (2\pi k)^2 \frac{d}{dt} g^3(t).$$

Nous retrouvons une condition nécessaire à l'absence de distorsions : il faut que les termes b_2 et b_3 (et les termes suivants si on avait poursuivi le développement) soient nuls, donc que le déphasage soit une fonction linéaire de la pulsation, *ce qui correspond à un temps de propagation de groupe constant entre accès en F.I.* Pour diminuer ces distorsions, on insère dans les liaisons des correcteurs de temps de propagation de groupe (CTPG) : ce sont des cellules déphaseuses dont le réglage, effectué après installation de la liaison, permet une bonne égalisation des variations de temps de propagation de groupe. On ne peut utiliser les corrections de temps de propagation de groupe pour introduire des distorsions qui compenseraient les distorsions de première espèce ou la partie des distorsions de deuxième espèce dues aux variations de gain : les termes des formules (11.12) et (11.32) d'une part, et de la formule (11.33) d'autre part, sont en quadrature, puisqu'ils sont fonction des signaux $g^2(t)$, $g^3(t)$, $\frac{d^2}{dt^2} g^2(t)$ d'une part, et des signaux dérivés $\frac{d}{dt} g^2(t)$ et $\frac{d}{dt} g^3(t)$ d'autre part ; ils s'ajoutent en puissance.

3) Un terme qui dépend à la fois des variations de gain et des variations de phase

$$x_3(t) = a_1 b_2 (2\pi k)^2 \frac{d}{dt} g^3(t).$$

Distorsions des signaux analogiques

La formule (11.31) montre que les distorsions de deuxième espèce sont une fonction très rapidement croissante :

— de la tension $g(t)$ du signal modulant
— du facteur de proportionnalité k entre l'excursion de fréquence et la tension du signal modulant.

Ces distorsions sont donc une cause de limitation de l'excursion de fréquence.

Pour illustrer le phénomène, reprenons l'exemple traité au paragraphe précédent, en supposant que le multiplex est chargé uniquement par deux voies téléphoniques assimilables à des fréquences pures. On obtient une somme de raies dont les fréquences et les amplitudes sont données dans le tableau ci-dessous :

Décomposition des distorsions	Fréquence
$(b_3+a_1 b_2)(2\pi k)^2 \frac{3}{4} x_1(x_1^2+2x_2^2)\omega_1 \sin\omega_1 t$	f_1
$(b_3+a_1 b_2)(2\pi k)^2 \frac{3}{4} x_2(x_2^2+2x_1^2)\omega_2 \sin\omega_2 t$	f_2
$b_2(2\pi k)\omega_1 x_1^2 \sin 2\omega_1 t + 3a_3(2\pi k)x_1^2 \omega_1^2 \cos 2\omega_1 t$	$2f_1$
$b_2(2\pi k)\omega_2 x_2^2 \sin 2\omega_2 t + 3a_3(2\pi k)x_2^2 \omega_2^2 \cos 2\omega_2 t$	$2f_2$
$b_2(2\pi k)(\omega_1+\omega_2)\frac{x_1 x_2}{2}\sin(\omega_1+\omega_2)t + \frac{3a_3}{4}(2\pi k)(\omega_1+\omega_2)^2 \frac{x_1 x_2}{2}\cos(\omega_1+\omega_2)t$	f_1+f_2
$b_2(2\pi k)(\omega_1-\omega_2)\frac{x_1 x_2}{2}\sin(\omega_1-\omega_2)t + \frac{3a_3}{4}(2\pi k)(\omega_1-\omega_2)^2 \frac{x_1 x_2}{2}\cos(\omega_1-\omega_2)t$	f_1-f_2
$(b_3+a_1 b_2)(2\pi k)^2 \frac{3x_1^3}{4}\omega_1 \sin 3\omega_1 t$	$3f_1$
$(b_3+a_1 b_2)(2\pi k)^2 \frac{3x_2^3}{4}\omega_2 \sin 3\omega_2 t$	$3f_2$
$(b_3+a_1 b_2)(2\pi k)^2 \frac{3x_1^2 x_2}{4}(2\omega_1+\omega_2)\sin(2\omega_1+\omega_2)t$	$2f_1+f_2$
$(b_3+a_1 b_2)(2\pi k)^2 \frac{3x_1^2 x_2}{4}(2\omega_1-\omega_2)\sin(2\omega_1-\omega_2)t$	$2f_1-f_2$
$(b_3+a_1 b_2)(2\pi k)^2 \frac{3x_1 x_2^2}{4}(2\omega_2+\omega_1)\sin(2\omega_2+\omega_1)t$	$2f_2+f_1$
$(b_3+a_1 b_2)(2\pi k)^2 \frac{3x_1 x_2^2}{4}(2\omega_2-\omega_1)\sin(2\omega_2-\omega_1)t$	$2f_2-f_1$

La combinaison de deux voies téléphoniques provoque l'apparition de bruit dans d'autres voies : il s'agit d'un phénomène d'intermodulation de même type que celui provoqué par les distorsions de première espèce.

On remarque que les raies dues aux variations de temps de propagation de groupe s'ajoutent bien en puissance aux raies de même fréquence provoquées par les distorsions de première espèce et par les distorsions dues aux variations de gain en F.I.

On trouve en annexe l'étude de l'influence de ces distorsions sur l'ensemble du multiplex. On y démontre ce résultat fondamental : *les distorsions de deuxième espèce affectent surtout les voies hautes du multiplex*.

2.5. Méthode pratique d'évaluation des distorsions

Les méthodes d'évaluation des distorsions lors de la conception des équipements sont à la base de calculs théoriques contrôlés par des expériences. Par contre, pour l'établissement de projets et la prévision de la qualité des liaisons, on utilise une méthode empirique, fondée sur l'observation des bruits de distorsions apportés par chacun des équipements qui composent la liaison. On décompose le faisceau en quadripôles élémentaires :

— le couple émetteur-récepteur, placé dans des conditions réelles de fonctionnement, c'est-à-dire associé à des guides d'ondes et des branchements ;
— le couple modulateur-démodulateur ;
— éventuellement, la commutation automatique.

On détermine à partir d'études statistiques le bruit moyen — ou le bruit maximal — de distorsions provoqué par chaque couple élémentaire dans des conditions normales de fonctionnement et de réglage.

On adopte alors l'hypothèse simplificatrice suivante : le bruit dû aux distorsions provoquées par plusieurs des couples élémentaires ci-dessus est égal à la somme des bruits dus aux distorsions que provoquerait chaque couple pris isolément. Examinons la validité de cette hypothèse :

— la sommation des distorsions de première espèce provoquées par le modulateur-démodulateur et des distorsions de temps de propagation de groupe provoquées par l'ensemble des émetteurs-récepteurs est rigoureuse ;
— la sommation des distorsions dues aux variations de temps de propagation de groupe provoquées par chaque émetteur-récepteur est correcte. En effet, reprenons l'expression de la fonction de transfert de la formule (11.17) en considérant deux couples émetteurs-récepteurs en série : le déphasage dû aux deux couples est la somme des déphasages dus à chacun d'eux. Dans le calcul des distorsions totales, chacun des termes de la formule (11.33) est donc remplacé par la somme des termes correspondant aux distorsions provoquées par chaque couple ; ceci justifie la sommation des distorsions de cette catégorie ;
— par contre, la sommation des distorsions dues aux variations de gain dans la bande passante n'est pas rigoureuse, puisque le gain de l'ensemble de la chaîne est le produit des gains de chaque couple d'émetteur-récepteur. Les irrégularités de gain étant identiques pour tous les émetteurs-récepteurs, il n'y a pas de compensation possible.

L'expérience prouve que l'approximation qui consiste à ajouter les bruits de distorsions provoqués par chaque couple élémentaire représente très bien la réalité, tant que le nombre de bonds entre les stations de modulation-démodulation n'est pas trop élevé : la limite dépend du type d'équipements et de l'importance des distorsions dues aux variations de gain et se situe couramment aux alentours de la dizaine de bonds. Au-delà, le bruit total dû aux distorsions croît plus vite que la somme des bruits, sans qu'il soit possible de formuler de loi simple. Lorsque l'on doit réaliser une liaison très longue, on a souvent intérêt à la séparer en sections de démodulation distinctes ayant un nombre de bonds restreint : le bruit total sur la liaison est alors égal à la somme des bruits dus à chaque section et, à l'intérieur de chaque section, il est possible d'additionner les bruits de distorsions.

Pour chaque voie téléphonique, la puissance de bruit dû aux distorsions s'ajoute à la puissance de bruit thermique.

Pour les matériels courants, les distorsions de deuxième espèce, produites par tous les émetteurs-récepteurs, sont prépondérantes par rapport aux distorsions de première espèce, produites par le seul couple modulateur-démodulateur.

Les distorsions de deuxième espèce atteignant surtout les voies hautes, tout comme le bruit thermique, *ce sont les voies hautes du multiplex qui sont les plus bruitées* (c'est donc le bruit de distorsions en voie haute qui figure dans les caractéristiques des matériels).

3. LES DISTORSIONS EN TÉLÉVISION

3.1. Classification des distorsions

Les calculs théoriques effectués au paragraphe 2 étant indépendants de la nature du signal, ils sont aussi bien valables en télévision qu'en téléphonie. Il existe toutefois une différence fondamentale de nature entre les distorsions en téléphonie et en télévision : en téléphonie les distorsions se ramènent tout naturellement à du bruit dans chaque voie téléphonique, alors qu'en télévision, les distorsions, affectant un signal à large bande et de nature complexe, ne peuvent être assimilées à du bruit.

Une analyse complémentaire, qualitative, est nécessaire pour étudier les distorsions en télévision.

La méthode généralement employée consiste à classer les distorsions en deux catégories :

— les distorsions linéaires
— les distorsions non linéaires.

On examine l'influence de chacune de ces distorsions sur les composantes du signal de télévision :

— signal de synchronisation
— signal de luminance
— signal de chrominance.

L'effet des distorsions dépend du signal vidéo : on ne peut donc en faire une étude exhaustive et il est nécessaire de se limiter à l'analyse de grandeurs facilement mesurables dont l'expérience a prouvé qu'elles sont directement liées à la qualité de l'image. Pour étudier des distorsions, on remplace le signal vidéo, très complexe, par des signaux d'essai particuliers choisis de façon à mettre en évidence tel ou tel type de distorsions. La méthode d'analyse est à base expérimentale et elle s'avère difficilement quantifiable.

3.2. Distorsions linéaires

Les grandeurs mesurables dans le cas des distorsions linéaires peuvent être classées selon le diagramme ci-dessous :

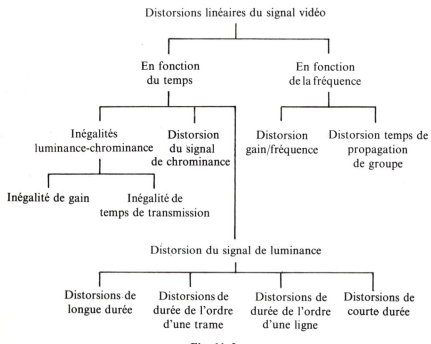

Fig. 11.3.

3.2.1. *Distorsion gain/fréquence*

La bande occupée par le signal vidéo est en théorie infinie. Une première cause de distorsion vient de la limitation de la largeur de bande à une valeur nominale, dépendant du système, et valant 4 MHz pour les systèmes à 525 lignes et 5 MHz ou 6 MHz pour les systèmes à 625 lignes (cf. tableau 2.3). A l'intérieur de la bande nominale, le gain devrait être indépendant de la fréquence : la distorsion gain-fréquence est la variation de ce gain en fonction de la fréquence.

La réduction de bande et les distorsions à l'intérieur de la bande modifient les signaux vidéo. Cet effet est particulièrement sensible pour les mesures faites en régime transitoire (voir 3.2.3).

3.2.2. *Distorsion de temps de propagation de groupe entre accès vidéo*

Entre accès vidéo, le temps de propagation de groupe devrait être constant : la distorsion de temps de propagation de groupe est définie comme la variation de temps de propagation de groupe exprimée en fonction de la fréquence, entre accès vidéo.

On notera que, entre accès vidéo, la distorsion de temps de propagation de groupe est une distorsion linéaire. Alors que l'étude de cette distorsion n'a aucun intérêt en téléphonie, où l'on examine la qualité dans des voies de 3,1 kHz de largeur, elle est fondamentale en télévision, où l'on examine la qualité dans toute la bande vidéo.

3.2.3. *Distorsions du signal de luminance*

Pour mesurer l'effet des distorsions d'amplitude et de propagation de groupe sur le signal de luminance, on examine la déformation de signaux transitoires.

Pour l'étude des distorsions de longue durée, le signal d'image est un signal en échelon unité ; à l'entrée la tension passe instantanément de la valeur du noir à la valeur du blanc (Fig. 11.4).

Fig. 11.4.

Les variations du signal à la sortie sont, soit exponentielles, soit le plus souvent de forme oscillatoire amortie.

Une augmentation du temps de montée correspond à une réduction de la bande passante. Une variation exponentielle correspond en général à une variation progressive de la courbe gain-fréquence, alors que les suroscillations sont dues à une coupure brusque de la bande.

La dissymétrie du front de montée par rapport à son milieu est le signe d'une distorsion de temps de propagation de groupe pour les fréquences élevées.

Pour étudier les distorsions de durée de l'ordre d'une trame ou de l'ordre d'une ligne, on examine la déformation d'un signal périodique rectangulaire d'amplitude égale à celle du signal d'image, et dont la période est soit la durée d'une trame, soit la durée d'une ligne (Fig. 11.5).

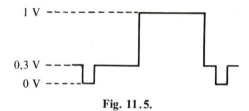

Fig. 11.5.

A la réception, on voit apparaître du traînage, conformément aux schémas ci-dessous.

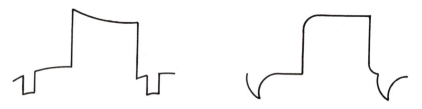

Fig. 11.6. Exemples de traînage.

Ces signaux permettent de diagnostiquer les distorsions de gain et de phase aux fréquences basses (Fig. 11.7).

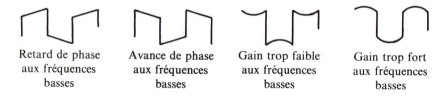

Retard de phase aux fréquences basses

Avance de phase aux fréquences basses

Gain trop faible aux fréquences basses

Gain trop fort aux fréquences basses

Fig. 11.7.

La mesure des distorsions de courte durée se fait en envoyant une impulsion en sinus carré et en examinant ses déformations. On associe l'impulsion à un signal rectangulaire destiné à servir de référence pour l'amplitude à la réception : c'est le signal impulsion-barre représenté ci-dessous.

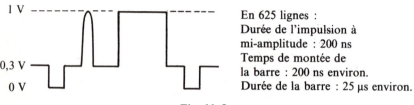

En 625 lignes :
Durée de l'impulsion à mi-amplitude : 200 ns
Temps de montée de la barre : 200 ns environ.
Durée de la barre : 25 µs environ.

Fig. 11.8.

Une impulsion affaiblie correspond à un affaiblissement des hautes fréquences :

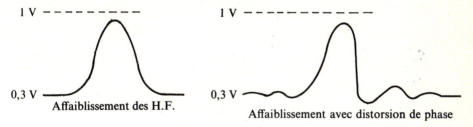

Affaiblissement des H.F.   Affaiblissement avec distorsion de phase

Fig. 11.9.

Des oscillations dissymétriques de part et d'autre de l'impulsion sont le signe de distorsion de temps de propagation.

Les distorsions linéaires affectant la luminance se traduisent par des défauts très visibles sur l'image : « bavures » d'un élément de l'image sur les éléments voisins, manque de qualité dans les détails, traînage des lignes...

Aussi accorde-t-on la plus grande importance à l'obtention de bonnes caractéristiques de distorsions linéaires.

3.2.4. *Distorsions du signal de chrominance*

Ces distorsions peuvent se mesurer en examinant les déformations que subit l'enveloppe d'une sous-porteuse de chrominance modulée en amplitude ; il n'existe pour le moment pas de méthode générale d'évaluation de ces distorsions. De plus, leur effet dépend du type de codage utilisé (PAL, SECAM, NTSC).

On notera que ces distorsions sont celles qui affectent le haut de la bande, puisque le spectre de la chrominance est centré autour d'une fréquence de l'ordre de 4 MHz et dépendant du système.

Par conséquent, les distorsions d'amplitude ou de phase en haut de bande dégradent la reproduction des couleurs.

3.2.5. *Inégalités luminance-chrominance*

Pour l'étude des inégalités de gain, on mesure les déformations d'amplitude relative de la composante de chrominance par rapport à la composante de luminance, pour un signal de caractéristiques données. Cette mesure met en évidence les distorsions linéaires d'amplitude.

Pour l'étude des inégalités de phase, on peut appliquer à l'entrée un signal vidéo formé d'un signal de luminance dont la relation en amplitude et en position avec une sous-porteuse de chrominance modulée par le même signal de luminance est donnée. Le décalage à la sortie entre le signal de luminance et l'enveloppe du signal de chrominance définissent la variation de position dans le temps de ces signaux. Le signal utilisé a en général une forme en sinus carré.

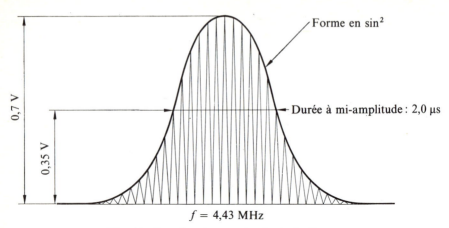

Fig. 11.10. Signal pour circuits à 625 lignes.

La différence de temps de propagation de la luminance et de la chrominance est un paramètre de qualité particulièrement important : les distorsions peuvent en effet se traduire par un décalage des couleurs par rapport aux images.

3.3. Distorsions non linéaires

Les grandeurs mesurables dans le cas des distorsions non linéaires peuvent être classées selon le diagramme ci-dessous.

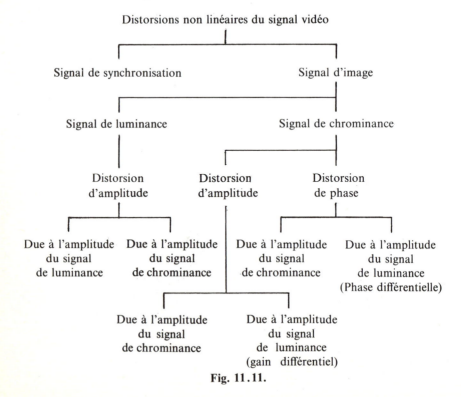

Fig. 11.11.

Distorsions des signaux analogiques

3.3.1. *Distorsion d'amplitude du signal de luminance*

Entre le noir et le blanc, les nuances de gris ne sont restituées correctement que si la courbe de réponse amplitude-amplitude entre accès vidéo est linéaire.

On définit la distorsion non linéaire du signal de luminance comme le défaut de proportionnalité entre l'amplitude d'un petit échelon unité appliqué à l'entrée du circuit et l'amplitude correspondante à l'échelon à la sortie, lorsque l'échelon varie du noir au blanc, conformément au schéma 11.12.

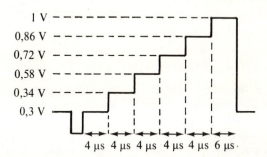

Fig. 11.12. Signal en escalier pour mesures de distorsions non linéaires d'amplitude, systèmes à 625 lignes.

Pour mettre en évidence les différences de hauteur des échelons, une bonne méthode consiste à les dériver. La suite d'échelons est remplacée par des impulsions proportionnelles à la hauteur de l'échelon correspondant comme l'illustre le schéma ci-dessous.

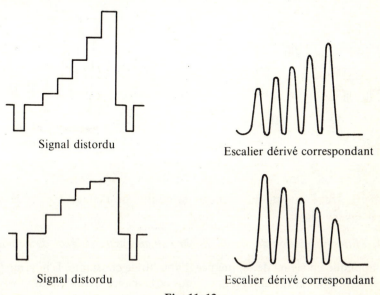

Fig. 11.13.

3.3.2. *Distorsion d'amplitude et de phase du signal de chrominance*

La distorsion d'amplitude du signal de chrominance est définie comme le défaut de proportionnalité entre l'amplitude de la sous-porteuse à l'entrée et l'amplitude correspondante à la sortie, lorsque l'amplitude varie entre deux bornes données.

La distorsion de phase du signal de chrominance est définie comme la variation de phase de la sous-porteuse de chrominance lorsque son amplitude varie entre deux bornes données.

L'effet des distorsions de phase et d'amplitude du signal de chrominance sur la qualité dépend du système utilisé.

3.3.3 *Gain différentiel et phase différentielle*

Les non-linéarités provoquent de l'intermodulation du signal de luminance sur le signal de chrominance : le gain et le déphasage pour le signal de chrominance dépendent donc du signal de luminance.

On définit le gain différentiel comme la variation de gain que subit un signal de chrominance d'amplitude faible et constante superposé à un signal de luminance variable, lorsque l'amplitude de ce dernier varie du noir au blanc.

On définit la phase différentielle comme la variation de phase que subit le signal de chrominance dans les mêmes conditions que ci-dessus.

La superposition du signal de luminance et de chrominance se fait en général en prenant un signal de luminance en escalier, et une onde pure de 4,43 MHz pour le signal de chrominance, conformément au schéma 11.14.

Pour mettre la distorsion en évidence, on filtre la fréquence 4,43 MHz (voir schéma 11.15).

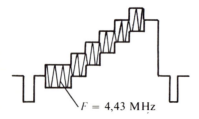
F = 4,43 MHz

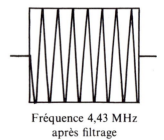
Fréquence 4,43 MHz
après filtrage

Fig. 11.14.

L'effet de cette intermodulation sur la qualité de l'image dépend là aussi du système employé.

3.3.4. *Intermodulation du signal de chrominance sur le signal de luminance*

On applique un signal de luminance d'amplitude constante. L'intermodulation est définie par la variation d'amplitude de ce signal lorsqu'on lui superpose un signal de chrominance d'amplitude donnée.

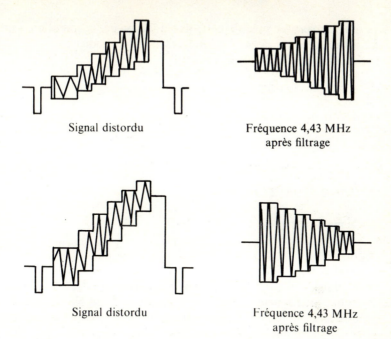

Fig. 11.15.

3.3.4. *Distorsions du signal de synchronisation*

Cette distorsion est définie comme l'écart entre l'amplitude des impulsions de synchronisation à l'entrée et à la sortie du système. Ces distorsions dépendent du contenu du signal de luminance. Les émetteurs de télévision possèdent des circuits de remise en forme de la synchronisation qui permettent de régénérer une image utilisable par les récepteurs.

On peut par conséquent tolérer des distorsions de synchronisation assez importantes.

3.4. Conclusion

L'analyse que nous venons de faire est loin d'être complète, mais elle donne une bonne idée de la complexité du problème. Les distorsions en télévision ne peuvent faire l'objet d'une étude théorique générale, car les signaux intervenant dans une image de télévision sont très variés. Limiter l'étude à des signaux particuliers et essayer d'en déduire le type de dégradation qui correspond est la seule façon simple de procéder.

L'examen des distorsions linéaires a une importance plus grande qu'en téléphonie. Par contre, les conditions portant sur les distorsions non linéaires sont moins contraignantes qu'en téléphonie.

On ne connaît pas avec précision les lois d'addition des dégradations dues à plusieurs équipements en série. On trouvera quelques indications à ce sujet dans les volumes du CCIR (rapport 486-1).

ANNEXE 1

CALCUL DU BRUIT DÛ AUX DISTORSIONS D'UN MULTIPLEX ANALOGIQUE DE TÉLÉPHONIE

1. Rappels mathématiques

La tension d'un multiplex analogique de téléphonie est assimilable du point de vue statistique à une fonction aléatoire gaussienne centrée. Du point de vue énergétique, cette fonction a un spectre uniforme (bruit blanc) entre d'une part une fréquence minimale F_{min} proche de 0 et une fréquence maximale F_{max}, et d'autre part les fréquences $-F_{max}$ et $-F_{min}$

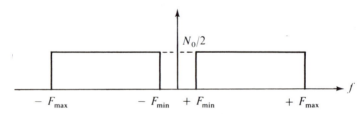

Fig. 11.16. Spectre symétrique du multiplex.

Si $N_0/2$ est la densité spectrale du multiplex, sa puissance mesurée sur une résistance R vaut, d'après (2.8) :

$$P_m = (N_0/R)(F_{max} - F_{min}).$$

Dans la suite, nous considérerons pour simplifier que $F_{min} = 0$.

Appelons $g(t)$ le signal multiplex. Nous avons vu aux paragraphes 2.3 et 2.4 que les distorsions de première et de seconde espèce s'expriment en fonction de

$$g^2(t),\ g^3(t),\ \frac{d}{dt}[g^2(t)],\ \frac{d}{dt}[g^3(t)],\ \frac{d^2}{dt^2}[g^2(t)].$$

Examinons les propriétés énergétiques de ces processus aléatoires, c'est-à-dire leur fonction d'autocorrélation et leur spectre (transformée de Fourier de la fonction d'autocorrélation).

Les notations sont les suivantes :

Processus	Fonction d'autocorrélation	Spectre
$g(t)$	$\Gamma_1(t)$	$\gamma_1(f)$
$g^2(t)$	$\Gamma_2(t)$	$\gamma_2(f)$
$g^3(t)$	$\Gamma_3(t)$	$\gamma_3(f)$
$\dfrac{d}{dt}[g^2(t)]$	$\Gamma_{2'}(t)$	$\gamma_{2'}(f)$
$\dfrac{d}{dt}[g^3(t)]$	$\Gamma_{3'}(t)$	$\gamma_{3'}(f)$
$\dfrac{d^2}{dt^2}[g^2(t)]$	$\Gamma_{2''}(t)$	$\gamma_{2''}(f)$

On démontre que, pour un processus gaussien, les fonctions d'autocorrélation du carré et du cube du processus s'expriment en fonction de celle du processus lui-même par

(11.34) $\quad \Gamma_2(t) = \Gamma_1^2(0) + 2\,\Gamma_1^2(t)$

(11.35) $\quad \Gamma_3(t) = 9\,\Gamma_1^2(0)\,\Gamma_1(t) + 6\,\Gamma_1^3(t)$.

$\Gamma(0)$ n'est autre que la puissance moyenne que fournirait $g(t)$ sur une résistance de $1\,\Omega$; par conséquent

(11.36) $\quad \Gamma^2(0) = (N_0\,F_{\max})^2$.

Comme la transformée de Fourier d'un produit de deux fonctions est égale au produit de convolution des transformées de Fourier de chaque fonction, on obtient :

(11.37) $\quad \gamma_2(f) = (N_0\,F_{\max})^2\,\delta(f) + 2\,\gamma(f) * \gamma(f)$

(11.38) $\quad \gamma_3(f) = 9(N_0\,F_{\max})^2\,\gamma(f) + 6\,\gamma(f) * \gamma(f) * \gamma(f)$.

Comme le spectre du processus dérivé d'un processus donné s'obtient par multiplication par $(2\pi f)^2$ du spectre du processus initial, on obtient :

(11.39)
$\quad \gamma_{2'}(f) = (2\pi f)^2\,\gamma_2(f)$
$\quad \gamma_{3'}(f) = (2\pi f)^2\,\gamma_3(f)$
$\quad \gamma_{2''}(f) = (2\pi f)^4\,\gamma_2(f)$.

2. Distorsions de première espèce

Les distorsions ont pour expression, d'après la formule (11.12) :

$$x(t) = a_2\,g^2(t) + a_3\,g^3(t).$$

On démontre que la fonction de corrélation entre $g^2(t)$ et $g^3(t)$ est nulle. La densité spectrale d'énergie de distorsions vaut donc :

(11.40) $\xi(f) = a_2^2 \, \gamma_2(f) + a_3^2 \, \gamma_3(f)$.

Le spectre du multiplex s'étend uniformément de $- F_{max}$ à $+ F_{max}$. Dans ces conditions, les produits de convolution se calculent facilement, et on trouve :

(11.41) $\begin{cases} \text{Pour } - F_{max} < f < 0 : \gamma_2(f) = 2 \left(\dfrac{N_0}{2} \right)^2 (2 F_{max} + f) \\ \text{Pour } 0 < f < + F_{max} : \gamma_2(f) = 2 \left(\dfrac{N_0}{2} \right)^2 (2 F_{max} - f) \\ \text{Pour } f = 0 : \gamma_2(f) = (N_0 F_{max})^2 \, \delta(f) \text{ (composante continue)}. \end{cases}$

(11.42)   Pour $- F_{max} < f < + F_{max}$

$$\gamma_3(f) = 6 \left(\frac{N_0}{2} \right)^3 [3 F_{max}^2 - f^2] + \frac{9}{2} N_0^3 F_{max}^2.$$

La figure (11.17) donne la représentation graphique de ces fonctions, dans la bande $[- F_{max}, + F_{max}]$.

On y constate que les distorsions de première espèce affectent surtout les voies basses du multiplex. La pratique confirme bien ce résultat : lorsqu'un modulateur ou un démodulateur est insuffisamment linéaire, c'est surtout au bas de la bande de base que l'on constate l'apparition de bruit.

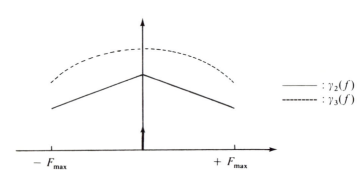

Fig. 11.17.

3. Distorsions de deuxième espèce

D'après la formule (11.31), et utilisant le fait que l'on pourrait démontrer que les fonctions de corrélation entre

$$\frac{d}{dt}[g^2(t)], \quad \frac{d}{dt}[g^3(t)] \quad \text{et} \quad \frac{d^2}{dt^2}[g^2(t)]$$

sont nulles, on obtient pour le spectre des distorsions :

$$\xi(f) = b_2^2 (2\pi k)^2 \gamma_{2'}(f) + (b_3 + a_1 b_2)^2 (2\pi k)^4 \gamma_{3'}(f) +$$
$$+ \frac{3}{2} a_3^2 (2\pi k)^2 \gamma_{2''}(f).$$

Les formules (11.39) permettent alors de calculer simplement $\gamma_{2'}(f)$, $\gamma_{3'}(f)$ et $\gamma_{2''}(f)$ à partir des équations (11.41) et (11.42).

Le schéma ci-dessous donne la représentation graphique des 3 fonctions :

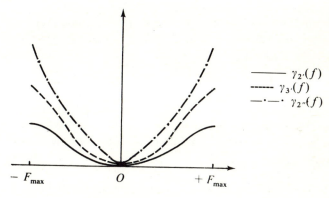

Fig. 11.18.

On constate que ces distorsions affectent surtout le haut de la bande du multiplex. La pratique confirme bien que, lorsque les correcteurs de temps de propagation de groupe sont mal réglés, ce sont les voies hautes qui sont le plus bruitées.

ANNEXE 2

DISTORSION PAR EFFET D'ÉCHO
DISTORSIONS DE PROPAGATION

Considérons un guide d'onde désadapté à ses extrémités. Soient r_1 et r_2 les coefficients de réflexion aux extrémités :

$$r_1 = \rho_1 e^{j\varphi_1}, \qquad r_2 = \rho_2 e^{j\varphi_2}.$$

Soit l la longueur du guide.

L'onde reçue à l'extrémité du bond est la somme d'une onde qui a traversé directement le guide d'onde et d'une onde qui s'est réfléchie sur les deux terminaisons désadaptées (Fig. 11.19).

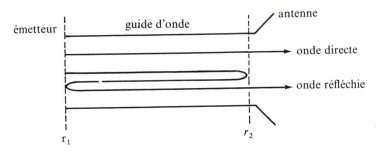

Fig. 11.19.

Soit a l'amplitude de l'onde appliquée au guide. L'onde directe à la sortie du guide peut s'écrire : $a\, e^{[\omega t - (\alpha + j\beta)l]}$.

L'onde réfléchie s'écrit :

$$ar_1 r_2\, e^{[\omega t - 3(\alpha + j\beta)l]}.$$

La somme de ces deux ondes est aisément calculable, par exemple à l'aide d'un diagramme de Fresnel. Si l'on suppose que les coefficients de réflexion r_1 et r_2 ont un module très inférieur à l'unité, on trouve pour la phase ψ de l'onde résultante :

$$(11.43) \quad \psi = -\beta l - \rho_1 \rho_2\, e^{-2\alpha l} \sin(\varphi_1 + \varphi_2 + 2\beta l).$$

En remplaçant β par ω/v_g, où ω est la pulsation de l'onde et v_g la vitesse de groupe dans le guide, on peut calculer le temps de propagation de groupe :

$$\tau = -\frac{d\psi}{d\omega}$$

$$(11.44) \quad \tau = +\frac{l}{v_g} + 2\frac{l}{v_g}\rho_1 \rho_2\, e^{-2\alpha l} \cos\left(\varphi_1 + \varphi_2 + 2\frac{\omega l}{v_g}\right).$$

Le temps de propagation de groupe que l'on aurait obtenu sans réflexions vaudrait, en le supposant constant dans la bande occupée par l'onde modulée :

$$(11.45) \quad \tau_0 = \frac{l}{v_g}.$$

L'expression (11.44) vaut alors, en posant : $\rho_1 \rho_2 = \rho$ et $\varphi_1 + \varphi_2 = \varphi$

$$(11.46) \quad \tau = \tau_0[1 + 2\rho\, e^{-2\alpha l} \cos(\varphi + 2\tau_0 \omega)].$$

Le temps de propagation de groupe subit des ondulations sinusoïdales d'amplitude $2\rho \dfrac{l}{v_g} e^{-2\alpha l}$ et de période $\dfrac{v_g}{2l}$.

Ces ondulations engendrent des distorsions non linéaires.

Le calcul du bruit provoqué par ces distorsions est complexe. On pourra consulter à ce sujet le livre de J. Fagot et Ph. Magne (référence bibliographique (11.2)).

Les distorsions ne sont sensibles que si le temps de propagation de groupe varie beaucoup dans la bande occupée par la porteuse modulée, donc que si la période $\frac{v_g}{2l}$ est petite devant la largeur de bande : cela correspond à des guides longs, d'une centaine de mètres par exemple. Toutefois, pour des guides très longs, l'amplitude $2\rho \frac{l}{v_g} e^{-2\alpha l}$ des ondulations diminuant, les distorsions produites diminuent.

Ces distorsions ne peuvent être corrigées parce qu'elles ne sont pas stables dans le temps : les simples variations de longueur du guide dues à la température, ainsi que les variations des coefficients de réflexion dues aux contraintes mécaniques, déplacent la sinusoïde du temps de propagation de groupe le long de l'axe des fréquences. La seule solution consiste donc en la diminution de l'amplitude des variations du temps de propagation de groupe, donc des coefficients de réflexion aux extrémités.

L'adaptation d'un guide d'onde à ses extrémités est un paramètre important que l'on mesure à la mise en service d'une liaison (cf. chapitre 15). On cherche couramment à obtenir des valeurs de rapport d'ondes stationnaires inférieures à 1,05 ou 1,07, suivant les systèmes.

Ce phénomène intervient également dans la propagation par trajets multiples. Lorsque des rayons réfléchis, déphasés par rapport au rayon direct, se superposent à ce dernier, il y a apparition d'ondulations de temps de propagation de groupe. Cela est particulièrement gênant lorsqu'il y a des réflexions permanentes sur le sol. L'effet de ces ondulations est d'autant plus grave que la capacité du système est plus élevée : les études d'itinéraires pour les liaisons à 1 800 voies et 2 700 voies doivent être menées avec le plus grand soin, pour éviter les zones réfléchissantes.

BIBLIOGRAPHIE

LIVRES

(11.1) L. J. Libois, *Faisceaux hertziens et systèmes de modulation*, Chiron, (1958).
(11.2) J. Fagot et Ph. Magne, *La modulation de fréquence, théorie et application aux faisceaux hertziens*, Société française de documentation électronique, (1959).
(11.3) B. Picinbono, *Introduction à l'étude des signaux et phénomènes aléatoires*, Dunod, (1971).
(11.4) J. Dupraz, *Théorie de la communication*, Eyrolles, (1973).
(11.5) L. Schwartz, *Méthodes mathématiques pour les sciences physiques*, Hermann, (1965).

(11.6) Bell Telephone Laboratories, *Transmission systems for communications*, (février 1970).
(11.7) C. Kudsia et V. O'Donovan, *Microwave filters for communication systems*, Artech House, (1974).

ARTICLES ET REVUES

(11.8) R. G. Medhurst, Echo Distorsion in Frequency Modulation, *Electronic and radio engineer*, (juillet 1959).
(11.9) R. I. Magnusson, Intermodulation noise in linear F. M. system, *Proceedings IEE*, Part C, vol. 109, N° 15, (mars 1962).
(11.10) J. Deltort, Influence du nombre de bonds sur la puissance de bruit d'intermodulation dans les équipements hertziens SH6 1800, *Note technique du CNET*, EST/EFT/69 d'août 1971.
(11.11) Angel, *Signaux analogiques et modulation*, Cours de l'ENST.

Chapitre 12

Brouillage d'un faisceau hertzien analogique

Etant donné qu'on ne sait pas évaluer de façon simple l'effet des brouillages sur une image de télévision, ce chapitre est principalement consacré à la téléphonie.

1. DÉMODULATION EN PRÉSENCE D'UN SIGNAL PERTURBATEUR

1.1. Position du problème

Nous supposons que les deux conditions suivantes sont remplies :
— le niveau reçu pour tous les bonds est supérieur au seuil de coupure $10 \, \mathscr{F} KT \mathscr{B}$
— le signal perturbateur est petit devant le perturbé.

Nous allons calculer le spectre du bruit obtenu après démodulation en présence d'un signal perturbateur.

Les notations sont les suivantes :
- $g(t)$: signal modulant le faisceau perturbé,
- $h(t)$: signal modulant le faisceau perturbateur,
- a_0 : tension de crête du perturbé mesurée sur la résistance d'entrée du démodulateur,
- ε : tension de crête du perturbateur mesurée du même point,
- Ω_0 : valeur de la pulsation de la porteuse en F.I.,
- Ω : écart entre la pulsation de la porteuse du perturbateur et de celle du perturbé, en valeur algébrique,
- φ_1, φ_2 : phases aléatoires équiréparties sur $(0, 2\pi)$.

1.2. Calculs généraux

A l'entrée du démodulateur, c'est-à-dire après transposition en fréquence intermédiaire, nous trouvons :

— la porteuse modulée du F.H. perturbé :

$$(12.1) \quad s(t) = a_0 \cos\left[\Omega_0 t + 2\pi k \int_0^t g(\tau)\, d\tau + \varphi_1\right]$$

— la porteuse modulée du F.H. perturbateur :

$$(12.2) \quad x(t) = \varepsilon \cos\left[(\Omega_0 + \Omega) t + 2\pi l \int_0^t h(\tau)\, d\tau + \varphi_2\right].$$

Le signal perturbé résultant $sp(t)$ peut s'écrire :

$$(12.3) \quad sp(t) = a(t) \cos\left(\Omega_0 t + 2\pi k \int_0^t g(\tau)\, d\tau + \delta\varphi(t) + \varphi_1\right)$$

$a(t)$ représente une modulation parasite d'amplitude que le limiteur élimine, du moins tant qu'elle n'est pas trop importante.

$\delta\varphi(t)$ représente une modulation parasite de phase qui provoque l'apparition d'un bruit après démodulation.

Une représentation de Fresnel permet de calculer facilement $\delta\varphi(t)$.

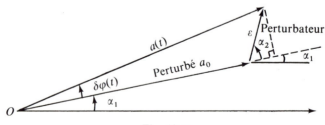

Fig. 12.1.

$$\alpha_1 = \Omega_0 t + 2\pi k \int_0^t g(\tau)\, d\tau + \varphi_1$$

$$\alpha_2 = \Omega t + 2\pi l \int_0^t h(\tau)\, d\tau - 2\pi k \int_0^t g(\tau)\, d\tau + \varphi_2 - \varphi_1.$$

Le calcul est analogue à celui que nous avons fait dans le cas du bruit thermique. Cette représentation de Fresnel montre que :

$$(12.4) \quad \operatorname{tg} \delta\varphi(t) = \frac{\varepsilon \sin \alpha_2}{a_0 + \varepsilon \cos \alpha_2}.$$

Par hypothèse, le perturbateur est petit devant le perturbé : $\varepsilon \ll a_0$. Donc :

$$\operatorname{tg} \delta\varphi(t) \simeq \delta\varphi(t) \, .$$

En posant : $\varphi_0 = \varphi_2 - \varphi_1$, et en remplaçant α_2 par sa valeur, on obtient :

$$(12.5) \qquad \delta\varphi(t) \simeq \frac{\varepsilon}{a_0} \sin\left[\Omega t + 2\pi l \int_0^t h(\tau)\,d\tau - 2\pi k \int_0^t g(\tau)\,d\tau + \varphi_0 \right].$$

A partir de cette excursion de phase parasite, le démodulateur produit un signal parasite qui vaut, comme nous l'avons vu au chapitre 2, paragraphe 5.2 :

$$(12.6) \qquad b(t) = \frac{1}{2\pi k} \frac{d[\delta\varphi(t)]}{dt} \, .$$

Appelons $\beta(f)$ le spectre du bruit $b(t)$ ainsi obtenu. Considérons le signal $a_0\,\delta\varphi(t)$, qui vaut :

$$(12.7) \qquad a_0\,\delta\varphi(t) = \varepsilon \sin\left[\Omega t + 2\pi l \int_0^t h(\tau)\,d\tau - 2\pi k \int_0^t g(\tau)\,d\tau + \varphi_0 \right]$$

et appelons $\Psi_F(f)$ son spectre, lequel dépend de l'écart F de fréquence entre les porteuses du perturbateur et du perturbé.

D'après les formules (12.5) et (12.6), et par application du théorème qui énonce que le spectre de la dérivée d'une fonction aléatoire est le produit par $(2\pi f)^2$ du spectre de la fonction, on obtient :

$$(12.8) \qquad \beta(f) = \frac{1}{a_0^2\,k^2}\,f^2\,\Psi_F(f) \, .$$

Cette formule générale permet de calculer le spectre obtenu après démodulation à partir des caractéristiques des signaux qui modulent le perturbateur et le perturbé. Dans le cas général, un calcul sur ordinateur permet effectivement d'exploiter cette formule — ou une formule analogue.

1.3. Rapport signal sur bruit dans les voies téléphoniques

Nous allons calculer le rapport signal/bruit dû au perturbateur dans une voie téléphonique s'étendant de $f_0 - b/2$ à $f_0 + b/2$, ($b = 3{,}1$ kHz), lorsque cette voie est chargée par le signal d'essai de 1 milliwatt en un point de niveau relatif zéro.

Ce calcul est en tous points semblable à celui que nous avons fait pour établir la valeur du bruit thermique à la sortie du démodulateur.

L'application de la formule (2.8) montre que, dans la voie étudiée, le bruit dû au brouillage vaut, sur la résistance de sortie R_s du démodulateur :

$$（12.9）\quad B(f) = \frac{2}{R_s} \frac{1}{a_0^2 k^2} \int_{f_0 - b/2}^{f_0 + b/2} f^2 \, \Psi_F(f) \, df.$$

Excepté si une raie pure (Dirac) tombe dans la bande $[f_0 - b/2, f_0 + b/2]$ nous pouvons écrire :

$$（12.10）\quad \int_{f_0 - b/2}^{f_0 + b/2} f^2 \, \Psi_F(f) \, df \simeq b f_0^2 \, \Psi_F(f_0).$$

S'il y a une raie pure à un niveau élevé par rapport au bruit qui l'entoure, la même formule est applicable, en prenant pour $\Psi_F(f)$ la puissance de la raie.

Par conséquent :

$$（12.11）\quad B(f_0) = \frac{2}{R_s a_0^2 k^2} b f_0^2 \, \Psi_F(f_0).$$

Si nous appelons C la puissance fournie par la porteuse modulée à l'entrée du démodulateur, nous avons : $C = a_0^2 / 2 R_e$.

Donc

$$（12.12）\quad B(f_0) = \frac{1}{2 C k^2 R_s} f_0^2 \, \frac{2 b \Psi_F(f_0)}{R_e}.$$

Or $2 b \Psi_F(f_0)/R_e$ n'est autre que la puissance mesurée dans la bande $[f_0 - b/2, f_0 + b/2]$ que fournit le signal dont le spectre est $\Psi_F(f)$ sur la résistance d'entrée du démodulateur.

Nous poserons :

$$（12.13）\quad I_F(f_0) = \frac{2 b \Psi_F(f_0)}{R_e}.$$

D'autre part, le signal d'essai qui provoque une excursion ΔF_{eff} efficace fournit une puissance qui vaut, sur la résistance de sortie du démodulateur :

$$S = \Delta F_{\text{eff}}^2 / k^2 R_s.$$

En tenant compte des corrections de pondération psophométrique et de préaccentuation, nous pouvons finalement écrire le rapport signal/bruit dû à la perturbation dans une voie téléphonique de fréquence centrale f_0, sous la forme :

$$（12.14）\quad \boxed{\left(\frac{S}{B}\right)_{f_0} = \frac{2 C}{I_F(f_0)} \left(\frac{\Delta F_{\text{eff}}}{f_0}\right)^2 p_1(f_0) \, p_2}$$

On rappelle la signification des symboles :
- C = puissance de la porteuse modulée à l'entrée du démodulateur,
- ΔF_{eff} = excursion efficace provoquée par le signal d'essai,
- f_0 = fréquence de la voie étudiée, après démodulation,
- $p_1(f_0)$ = correction de préaccentuation pour la voie étudiée (cette correction dépend de la fréquence de la voie),
- p_2 = correction de pondération psophométrique,
- $I_F(f_0)$ = puissance fournie à l'entrée du démodulateur dans une bande s'étendant de $f_0 - b/2$ à $f_0 + b/2$ par le signal :

$$\varepsilon \sin \left[\Omega t + 2\pi l \int_0^t h(\tau) \, d\tau - 2\pi k \int_0^t g(\tau) \, d\tau + \varphi_0 \right].$$

1.4. Examen des cas courants

Dans le cas général, le calcul du rapport signal sur bruit dans une voie téléphonique ne peut se faire qu'à l'ordinateur. Toutefois, dans des cas particuliers qui sont en fait les cas les plus courants, il est possible de tirer des conclusions facilement applicables à partir de la formule (12.14).

Les situations les plus fréquemment rencontrées sont les suivantes :
— le perturbateur seul est modulé
— le perturbé seul est modulé
— le perturbateur et le perturbé sont modulés de façon identique.

Dans chacune de ces trois situations, examinons comment varie le bruit dans une voie téléphonique en fonction de la fréquence de cette voie, dans deux cas :
— le perturbateur est à une fréquence proche de celle du perturbé
— le perturbateur est à une fréquence éloignée de celle du perturbé.

Appelons f_m la fréquence maximale du multiplex.

1.4.1 *Perturbé non modulé. Perturbateur modulé*

$\Psi_F(f)$ est le spectre de : $\varepsilon \sin \left[\Omega t + 2\pi l \int_0^t h(\tau) \, d\tau + \varphi_0 \right]$.

Il s'agit là d'un signal de puissance et de modulation identiques à celles du perturbateur, mais centré sur F, écart de fréquence entre la porteuse du perturbateur et celle du perturbé.

$\Psi_F(f)$ a donc un spectre identique à celui du perturbateur, mais centré sur F.

Les schémas 12.2 et 12.3 illustrent de façon sommaire la répartition du bruit dans les voies téléphoniques pour deux cas : $F < f_m$ et $F > f_m$.

<u>Si $F < f_m$</u> (Fig. 12.2).

On observe après démodulation une raie à la fréquence F et du bruit réparti affectant toutes les voies et en particulier celles qui entourent la fréquence F.

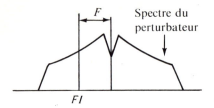
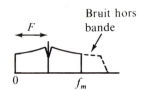

Porteuse du perturbé non modulé

Spectres en fréquence intermédiaire

Spectre de bruit après démodulation

Fig. 12.2. $F < f_m$.

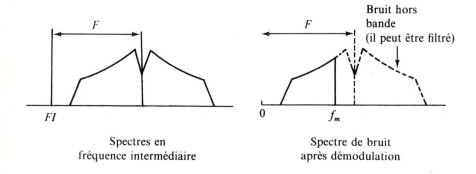

Spectres en fréquence intermédiaire

Spectre de bruit après démodulation

Fig. 12.3. $F > f_m$.

Si $F > f_m$ (Fig. 12.3).

La plus grande partie de la puissance du perturbateur tombe en dehors de la bande du multiplex et peut être filtrée. On remarquera sur ces schémas que la puissance totale du spectre perturbateur est beaucoup plus grande que dans le cas où $F < f_m$: ceci est dû au terme en f^2 dans l'expression du spectre de $B(f)$.

Un perturbateur dont l'écart de fréquence avec le perturbé est supérieur à f_m provoque l'apparition de bruit qui affecte surtout les voies hautes du multiplex.

1.4.2. *Perturbé modulé. Perturbateur non modulé*

C'est le cas extrêmement courant de la perturbation d'un faisceau hertzien en fonctionnement par une fréquence pure.

Le spectre $\Psi_F(f)$ est celui du signal :

$$\varepsilon \sin \left[\Omega t - 2\pi k \int_0^t g(\tau)\, d\tau + \varphi_0 \right].$$

On reconnaît là un spectre de même type que celui du perturbé, centré sur F, et de puissance égale à celle du perturbateur.

Il faut retenir ce résultat important et qui peut sembler paradoxal : *lorsqu'un système fonctionnant en modulation de fréquence est perturbé par une fréquence pure on trouve dans les voies téléphoniques, non seulement une raie pure, mais un spectre de bruit s'étendant sur de nombreuses voies entourant la raie en question.*

En particulier, si $F > f_m$, il y a quand même une perturbation des voies hautes (cf. schéma 12.5). Cette perturbation peut être très importante lorsque le perturbateur se présente à un niveau élevé.

Voici la répartition du bruit dans les voies téléphoniques dans les deux cas $F < f_m$ et $F > f_m$.

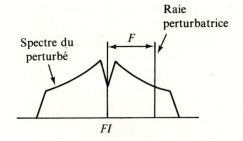 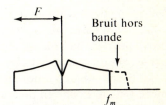

Fig. 12.4. $F < f_m$.

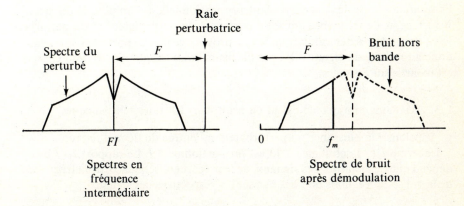

Fig. 12.5. $F > f_m$.

1.4.3. *Perturbateur et perturbé modulés et de même type*

C'est le cas le plus fréquent.

$\Psi_F(f)$ est alors le spectre du signal :

$$\varepsilon \sin\left[\Omega t + 2\pi l \int_0^t h(\tau)\,d\tau - 2\pi k \int_0^t g(\tau)\,d\tau + \varphi_0\right].$$

l et k sont égaux ; h et g sont identiques. On trouve donc un spectre identique à celui qu'aurait le perturbateur, centré sur Ω et chargé par un multiplex égal à la somme des multiplex $g(t)$ et $h(t)$, c'est-à-dire par un multiplex de puissance double.

L'aspect général des spectres de bruit est le même que pour les paragraphes précédents.

1.4.4. *Emploi de la dispersion d'énergie*

Lorsque les spectres du perturbateur et du perturbé présentent une raie à la fréquence de la porteuse, ce qui est le cas lorsque la capacité est supérieure à 600 voies téléphoniques (cf. Fig. 2.14 à 2.17) on obtient une raie après démodulation. Si cette raie se trouve dans la bande du multiplex, le bruit qu'elle provoque dans la voie qu'elle perturbe est très supérieur au bruit provoqué par le reste du spectre dans les voies voisines. La présence de raies pures dans les voies téléphoniques, à des niveaux qui peuvent être très élevés, est un phénomène gênant. Pour s'en prémunir, on recourt souvent à la dispersion d'énergie dont le principe est le suivant :

— à l'entrée du modulateur on applique un signal B.F. (à 70 Hz par exemple) de grande amplitude, superposé au signal du multiplex. Après démodulation, un simple filtrage suffit à éliminer ce signal ;

— ce signal provoque un déplacement à basse fréquence de la porteuse, l'amplitude de ce déplacement étant proportionnelle à l'amplitude du signal B.F. L'écart de fréquence entre les porteuses du perturbateur et du perturbé varie donc. Après démodulation, la raie provoquée par les porteuses se déplace donc au rythme du signal B.F., sur plusieurs voies téléphoniques. Son énergie est répartie sur ces voies.

1.5. Méthode pratique de calcul du bruit dans les voies téléphoniques

Appelons I la puissance du perturbateur à l'entrée du démodulateur.

Le terme $I_F(f)$ défini en 12.13 est proportionnel à I. Le rapport $I_F(f)/I$ ne dépend que de la nature des signaux, de leur écart en fréquence, de la fréquence de la voie étudiée, mais non des puissances respectives des signaux.

Le terme $\left(\dfrac{\Delta F_{\text{eff}}}{f}\right)^2 p_1\, p_2$ ne dépend que de la fréquence de la voie étudiée.

Nous pouvons donc poser :

$$(12.15) \quad \frac{2\,I}{I_F(f)} \cdot \left(\frac{\Delta F_{\text{eff}}}{f}\right)^2 p_1 p_2 = A(F, f).$$

Le terme $A(F, f)$ ne dépend pas de la puissance des signaux, mais seulement de leur nature, de leur écart en fréquence, et évidemment de la fréquence de la voie étudiée.

Dans une voie téléphonique de fréquence f le rapport signal/bruit pondéré dû à un perturbateur dont l'écart de fréquence avec le perturbé vaut F est donné par :

$$(12.16) \quad \boxed{\frac{S}{B} = \frac{C}{I} \cdot A(F, f)}.$$

Le terme $A(F, f)$ s'appelle protection de démodulation, ou facteur de réduction des brouillages. Cette appellation vient de ce qu'il est nettement plus grand que l'unité dans la plupart des cas.

En pratique, pour traiter les problèmes de brouillage, il suffit donc de disposer de courbes donnant $A(F, f)$.

On trace souvent $A(F, f)$ en fonction de l'écart des porteuses F pour trois voies téléphoniques typiques choisies respectivement dans le bas, au milieu et dans le haut de la bande du multiplex. En annexe (courbes 12.9 à 12.16), on trouvera les valeurs de $A(F, f)$ pour les faisceaux hertziens de téléphonie les plus courants : ces courbes permettent de traiter la majorité des problèmes.

Le cas le plus fréquent est celui où les faisceaux utilisent le même plan de fréquences : perturbateur et perturbé fonctionnent à la même fréquence. L'examen des courbes $A(F, f)$ montre que, à quelques décibels près, quel que soit le type de faisceau à forte ou moyenne capacité et quelle que soit la fréquence f de la voie étudiée,

$$(12.17) \quad \boxed{A(0, f) \simeq 23\ \text{dB}}.$$

On retiendra donc que, pour des faisceaux fonctionnant à la même fréquence, dans une voie téléphonique, le rapport signal/bruit pondéré dû aux perturbations est meilleur de 23 dB environ que le rapport perturbé/perturbateur mesuré à l'entrée du démodulateur.

1.6. Effet de coupure

Les calculs précédents ne sont valables que si le niveau total de bruit à l'entrée du démodulateur (bruit thermique + perturbateur) est très inférieur au signal modulé. Dans le cas contraire, on trouve des phénomènes analogues à ceux que nous avons étudiés au chapitre 2, paragraphe 5.3, qui provoquent la coupure du faisceau.

En toute rigueur, le niveau de réception correspondant à la coupure dépend des niveaux respectifs du perturbateur et du bruit. Dans la pratique, l'expérience a prouvé qu'il était justifié d'assimiler globalement le perturbateur à du bruit thermique et d'appliquer à l'ensemble bruit thermique + perturbateur la formule (10.36).

Nous considérerons donc que *le seuil de fonctionnement du démodulateur est atteint dès que le rapport porteuse/perturbateurs + bruit thermique, mesuré à l'entrée du démodulateur, tombe au-dessous de* 10 dB.

Dans une étude de brouillage, il est indispensable de tenir compte de ce phénomène qui est totalement différent de l'apport de bruit dû aux perturbateurs. En effet, dans certains cas, un perturbateur peut avoir avec le perturbé un écart en fréquence tel que $A(F, f)$ soit très grand et que la perturbation n'apporte pas beaucoup de bruit ; si toutefois la largeur de la bande passante du récepteur perturbé est telle que la puissance perturbatrice soit reçue sans filtrage appréciable, le perturbateur peut provoquer des coupures. (On trouvera un exemple de ce type de phénomènes dans l'application numérique du § 3.)

2. EFFET DES BROUILLAGES SUR LA QUALITÉ D'UNE LIAISON

2.1. Catégories de perturbateurs

Il y a deux catégories de perturbateurs : les perturbateurs internes et les perturbateurs externes.

2.1.1. *Perturbateurs internes*

Ce sont les perturbateurs provenant des autres canaux du faisceau hertzien : ils sont constitués par les autres canaux, mais aussi par les fréquences engendrées dans la chaîne de transmission par les transpositions de fréquence et par toutes les intermodulations possibles entre fréquences du système étudié (*).

Les perturbations internes peuvent s'introduire soit à distance, soit en local.

Les perturbations à distance sont dues au fait que le récepteur d'un canal donné filtre de façon imparfaite les canaux voisins ou les diverses fréquences engendrées dans la chaîne de transmission. Dans les conditions normales de fonctionnement, la puissance de chaque canal perturbateur s'obtient en divisant la puissance nominale de réception par la protection apportée par le

---

(*) Nous avons vu au chapitre 7 que, à la sortie d'un mélangeur d'émission, on obtient, non seulement la fréquence d'émission, mais aussi un peigne de fréquences encadrant celle-ci et espacées d'une valeur égale à la fréquence intermédiaire ; les fréquences nuisibles sont évidemment filtrées, mais peuvent être à l'origine de perturbations. Les plans de fréquences sont choisis de façon à minimiser ces perturbations.

filtrage dû au récepteur perturbé, en tenant compte de la protection supplémentaire apportée par le découplage de polarisation de l'antenne (30 dB en valeur courante) pour les canaux de polarisation différente de celle du perturbé (Fig. 12.6).

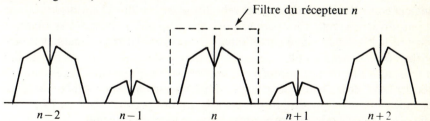

Fig. 12.6. Spectres à l'entrée du récepteur de rang n.
- Les canaux $n - 1$, $n + 1$, etc... sont affaiblis par le découplage de polarisation.
- Les canaux $n - 2$, $n + 2$, etc... sont au niveau nominal.

Lorsque le perturbé subit un évanouissement profond, les autres canaux sont aussi soumis à des variations de niveau. Toutefois, la corrélation entre les évanouissements de canaux voisins est difficilement évaluable, et, si l'on ne dispose pas de statistiques utilisables, on peut considérer que, au cours des durées très brèves pendant lesquelles le perturbé subit un évanouissement profond, les autres canaux restent à leur niveau nominal (il s'agit là d'une approximation pessimiste).

Les perturbations en local sont dues au brouillage des récepteurs d'une station par les émetteurs de cette même station. Lorsque les émetteurs et les récepteurs fonctionnent sur le même guide d'ondes (schéma 12.7), les réflexions au niveau du branchement entre le circulateur de groupement et le guide d'ondes, ou en n'importe quel point du guide d'ondes, renvoient vers les récepteurs une fraction de la puissance émise.

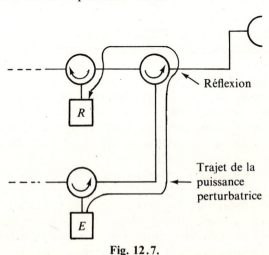

Fig. 12.7.

Lorsque les émetteurs et les récepteurs fonctionnent sur des guides différents, ces réflexions se produisent au niveau du duplexeur de polarisations de l'antenne. La valeur de la puissance perturbatrice dépend de l'adaptation des branchements. Compte tenu des normes habituellement fixées pour les R.O.S., on peut considérer que la puissance réfléchie se trouve 20 à 25 dB au-dessous de la puissance incidente. Ceci permet alors, en comptabilisant les divers affaiblissements subis par le signal perturbateur — traversée de circulateurs, de branchements, et surtout du filtre de réception du récepteur perturbé — de déduire la puissance à l'entrée du récepteur. Dans les plans de fréquence, l'écart entre le dernier canal de la demi-bande basse et le premier canal de la demi-bande haute est calculé pour permettre un filtrage efficace des perturbations en local. On remarquera que le niveau des perturbateurs en local est constant.

2.1.2. *Perturbateurs externes*

Ce sont les perturbateurs qui s'introduisent au niveau des antennes et qui sont dus à d'autres faisceaux ou à des parasites divers.

Leur niveau de réception dans les conditions normales de propagation dépend de leur polarisation et de l'angle d'incidence sur l'antenne perturbée. Le calcul de ce niveau est fait au chapitre 5.

Lorsque le perturbé subit un évanouissement très profond et par conséquent très bref, il est légitime de considérer que les perturbateurs restent à leur niveau nominal de réception.

Calculons le rapport signal/bruit dû aux perturbateurs en fonction du niveau de réception, sur chaque bond, à un instant donné, des perturbateurs et du perturbé.

Considérons un faisceau hertzien en n bonds, à la réception desquels s'introduisent divers perturbateurs.

Posons :
- P_j : puissance du perturbé à la réception du j-ème bond,
- $P'_{i,j}$: puissance du i-ème perturbateur s'introduisant à la réception du j-ème bond,
- C : puissance de la porteuse modulée, mesurée à l'entrée du démodulateur,
- N : puissance du bruit thermique mesuré à l'entrée du démodulateur,
- $I_{i,j}$: puissance du i-ème perturbateur s'introduisant à la réception du j-ème bond, mesurée à l'entrée du démodulateur.

Considérons le i-ème perturbateur s'introduisant à la réception du j-ème bond. Le rapport perturbé/perturbateur mesuré à l'entrée du récepteur vaut : $P_j/P'_{i,j}$.

Dans la suite du trajet, perturbateur et perturbé subissent les mêmes amplifications dans les émetteurs et récepteurs, et les mêmes affaiblissements de propagation, s'ils fonctionnent à la même fréquence. Si leurs fréquences sont différentes, le perturbateur subit par rapport au perturbé un affaiblissement supplémentaire $X_j(F_{i,j})$ dû aux filtrages traversés à partir du j-ème récepteur ; l'effet de ce filtrage est fonction de l'écart $F_{i,j}$ de fréquence entre le perturbateur et le perturbé. (Il est évident que, lors de la conception des récepteurs, on a intérêt à prévoir des filtrages très sévères pour les fréquences situées en dehors de la bande passante, sans toutefois introduire de distorsions sur le signal transmis.)

Le rapport $(C/I_{i,j})$ du signal modulé au (i,j)-ème perturbateur, mesuré à l'entrée du démodulateur, vaut donc :

$$(12.18) \quad \frac{C}{I_{i,j}} = \frac{P_j}{P'_{i,j}} \cdot X_j(F_{i,j})$$

avec $X_j(F_{i,j}) = 1$ si perturbateur et perturbé sont à la même fréquence.

Dans une voie téléphonique de fréquence f, le bruit dû au (i,j)-ème perturbateur s'exprime donc par la formule (12.19) :

$$(12.19) \quad \boxed{\left(\frac{S}{B}\right)_{i,j} = A(f, F_{i,j}) \frac{P_j}{P'_{i,j}} X_j(F_{i,j})}$$

Cette formule n'est valable que si le démodulateur fonctionne au-dessus de son seuil, c'est-à-dire si le rapport entre la puissance de la porteuse modulée et la somme des perturbateurs et du bruit thermique mesuré à l'entrée du démodulateur est supérieur à 10 dB.

2.2. Variation du bruit en fonction des conditions de propagation

2.2.1. *Bruit dans les conditions normales*

Le bruit apporté par les perturbateurs dans les conditions normales de fonctionnement se calcule par application de la formule (12.19), dans laquelle les niveaux du perturbateur et du perturbé sont les niveaux nominaux.

2.2.2. *Bruit non dépassé pendant plus de 20 % du temps*

On applique la formule (12.19) dans laquelle le perturbateur est à son niveau nominal, mais dans laquelle le perturbé est au niveau en dessous duquel il ne descend pas pendant plus de 20 % du temps. Ce niveau se déduit de la formule (6.11).

2.2.3. *Dépassement du bruit de* 47 500 pWp

Pour évaluer la sensibilité d'un faisceau aux évanouissements, nous avons vu au chapitre 10 que l'on calcule la probabilité pour que le bruit dépasse un niveau élevé que le CCIR a fixé à 47 500 pWp.

Comme les perturbateurs provoquent du bruit, leur présence accroît la sensibilité du faisceau aux évanouissements.

La formule (12.19) montre que la puissance du bruit provoqué par les perturbateurs de niveau supposé constant s'introduisant à la réception d'un bond donné est inversement proportionnelle à la puissance reçue sur ce bond : le bruit des perturbateurs s'introduisant à la réception de ce bond et le bruit thermique dû à ce bond varient de la même façon en fonction des évanouissements de propagation.

La méthode de calcul de la fraction du temps pendant laquelle 47 500 pWp sont dépassés en présence de perturbateurs se déduit donc de celle qui est exposée au chapitre 10, paragraphe 3.4.3, pour les calculs effectués en l'absence de perturbateurs :

— pour un bond donné, dans les conditions normales de propagation, on calcule le bruit thermique B_{Th} et la somme B_I des bruits dus aux perturbateurs s'introduisant à la réception de ce bond. On ajoute ces bruits ;

— le rapport $47\,500/(B_{Th} + B_I)$ donne la marge M d'évanouissement qui correspond à l'apparition d'un bruit de 47 500 pWp sur le bond ;

— on considère que, lorsqu'un bond subit un évanouissement profond, tel que le bruit correspondant atteigne 47 500 pWp, tous les autres bruits, y compris les bruits dus aux autres perturbateurs, sont négligeables devant le bruit du bond dégradé. A partir de la valeur de M, on calcule donc la fraction du temps pendant laquelle les 47 500 pWp sont dépassés du fait du bond dégradé, par application de la formule (6.13) ;

— la fraction du temps pendant laquelle les 47 500 pWp sont dépassés sur la liaison en présence de perturbateurs, est égale à la somme des fractions du temps pendant lesquelles chaque bond, considéré isolément, provoque le dépassement des 47 500 pWp.

Ce raisonnement n'est valable que si la puissance reçue est sur chaque bond supérieure à la puissance de seuil, calculée en tenant compte des perturbateurs.

2.2.4. *Coupure de la liaison*

Lorsque le bond j subit un évanouissement très profond, un raisonnement identique à celui du chapitre 10, paragraphe 3.4.4 montre que le rapport porteuse modulée sur bruit thermique plus perturbateur vaut, à l'entrée du démodulateur :

$$(12.20) \quad \frac{C}{N+I} \simeq \frac{P_j}{\mathscr{F}KT\mathscr{B} + \sum_i P'_{i,j}/X_j(F_{i,j})}.$$

D'après le paragraphe 1.5 la liaison est coupée quand la puissance sur le bond j devient inférieure à la puissance de seuil définie sur ce bond par :

$$(12.21) \quad P_{j\text{seuil}} = 10\left(\mathscr{F}KT\mathscr{B} + \sum_i P'_{i,j}/X_j(F_{i,j})\right).$$

La puissance de seuil en présence de perturbateurs est située sur chaque bond 10 dB au-dessus de la somme du bruit thermique $\mathscr{F}KT\mathscr{B}$ et des puissances des perturbateurs mesurées à l'entrée du récepteur, éventuellement corrigées par les filtrages qu'ils subissent dans la suite de la chaîne de transmission.

A partir de la connaissance de la puissance de seuil, le raisonnement habituel permet de calculer la marge par rapport au seuil sur chaque bond, puis la probabilité de coupure sur chaque bond. Il reste alors à faire la somme des probabilités pour connaître la probabilité de coupure sur la liaison.

Lors des évanouissements profonds, la présence de perturbateurs peut de plus dégrader le fonctionnement du récepteur du bond affaibli. En effet, le système de commande automatique de gain (C.A.G.) régule la puissance totale mesurée dans la bande passante du récepteur : en présence de perturbateurs, c'est l'ensemble perturbé + perturbateurs, et non le perturbé seul, qui est amplifié jusqu'au niveau nominal de sortie du récepteur. Si les perturbateurs ne sont pas négligeables devant le perturbé, le niveau du perturbé à la sortie du récepteur est inférieur au niveau nominal et le système ne fonctionne plus normalement. Ce phénomène s'appelle « capture de la commande automatique de gain » ; on considère qu'il devient gênant quand le niveau du perturbé baisse de plus de 1 dB : ceci correspond à un rapport perturbé sur perturbateur de 10 dB et le seuil de capture de la C.A.G. se situe approximativement au même niveau que le seuil de non-fonctionnement du démodulateur.

La présence de perturbateurs peut avoir un inconvénient supplémentaire. En cas d'absence de réception du perturbé sur un bond donné, si les perturbateurs sont à un niveau supérieur au bruit thermique $\mathscr{F}KT\mathscr{B}$, la C.A.G., qui continue à mesurer une certaine puissance de « signal », ne déclenche pas le dispositif d'alarme avertissant qu'un bond est coupé : il y a une véritable substitution des perturbateurs au perturbé. La solution consiste à faire déclencher l'alarme dès que la puissance mesurée par la C.A.G. tombe à un niveau qui n'est supérieur que de quelques décibels à la puissance de l'ensemble des perturbateurs s'introduisant sur le bond.

3. EXEMPLES

3.1. Données

Considérons une liaison en 2 bonds réalisée à 4 GHz dans un matériel dont les caractéristiques sont les suivantes :

$$f_{\max} = 4\,188 \text{ kHz}$$
$$\Delta F_{\text{eff}} = 200 \text{ kHz}$$
$$\mathscr{F} = 8 \text{ dB}$$
$$P_e = 30 \text{ dBm (1 W)}.$$

D'où

$$10 \log \left[\frac{1}{\mathscr{F}KTb} \left(\frac{\Delta F_{\text{eff}}}{f_{\max}} \right)^2 p_1 p_2 \right] = 111{,}2 \text{ dBm}.$$

Nous supposerons que les perturbations internes sont négligeables.

Les caractéristiques des bonds et des perturbateurs extérieurs sont les suivantes :

Bond 1 : longueur 60 km.

Puissances reçues en espace libre :
Perturbé : $P_1 = -20$ dBm.
Perturbateur 1,1 : $P'_{1,1} = -80$ dBm.
Perturbateur 2,1 : $P'_{2,1} = -65$ dBm.

Bond 2 : longueur 50 km.

Puissances reçues en espace libre :
Perturbé : $P_2 = -26$ dBm.
Perturbateur 1,2 : $P'_{1,2} = -90$ dBm.

Caractéristiques des perturbateurs

1,1 : même fréquence que le perturbé
même modulation ;
2,1 : écart de fréquence $F = 14,5$ MHz avec le perturbé
même modulation ;
1,2 : même fréquence que le perturbé, absence de modulation.

- *Filtrages* :

Ils n'interviennent que pour le perturbateur 2,1. Or la bande passante des récepteurs valant 40 MHz pour le matériel étudié, le filtrage subi par un perturbateur distant de 14,5 MHz de la fréquence centrale est nul.

$$X_1(14,5 \text{ MHz}) = 1 .$$

3.2. Bruits au niveau nominal

Thermique :
- Bond 1 $B_{Th1} = 20 - 111,2 = -91,2$ dBm0p, soit 0,76 pWp.
- Bond 2 $B_{Th2} = 26 - 111,2 = -85,2$ dBm0p, soit 3 pWp.

Perturbateurs :
Les courbes (12.11) et (12.12) montrent que :

$$A(0, f) \simeq 23 \text{ dB pour toutes les voies téléphoniques}$$

$$A(14,5, f) > 50 \text{ dB pour toutes les voies téléphoniques .}$$

- $\dfrac{C}{I_{1,1}} = 60$ dB $\Rightarrow \dfrac{S}{B_{1,1}} = 83$ dB , $B_{1,1} = 5$ pWp

- $\dfrac{C}{I_{2,1}} = 45$ dB $\Rightarrow \dfrac{S}{B_{2,1}} > 95$ dB , $B_{2,1}$ négligeable

- $\dfrac{C}{I_{1,2}} = 64$ dB $\Rightarrow \dfrac{S}{B_{1,2}} = 87$ dB , $B_{1,2} = 2$ pWp.

Les bruits dus aux distorsions, aux perturbateurs, et le bruit thermique s'ajoutent.

3.3. Bruit total non dépassé pendant plus de 20 % du temps

Le bruit thermique + perturbateurs non dépassé pendant plus de 20 % du temps s'obtient en multipliant les valeurs nominales ci-dessus par la valeur arithmétique de l'évanouissement tiré de la formule (6.11). On ajoute ces bruits aux distorsions (fixes).

3.4. Valeur des seuils de coupure

Bond 1 : $P_{1\,\text{seuil}} = 10(\mathscr{F}KT\mathscr{B} + P'_{1,1} + P'_{2,1})$
$P_{1\,\text{seuil}} \simeq -55$ dBm.
Bond 2 : $P_{2\,\text{seuil}} = 10(\mathscr{F}KT\mathscr{B} + P'_{1,2})$
$P_{2\,\text{seuil}} = -77$ dBm.

En l'absence de perturbateurs, les seuils, identiques pour les deux bonds, valaient -80 dBm.

La probabilité de coupure, aisément calculable d'après la formule 6.13, a été multipliée par 300 pour le premier bond, et par 2 pour le deuxième ; elle vaut respectivement 3.10^{-5} et 4.10^{-7}.

3.5. Dépassement des 47 500 pWp

Bond 1 : $B_{\text{Th}} + B_I = 5,76$ pWp au niveau nominal.
$M = 10 \log (47\,500/5,76) = 39,2$ dB.
Le bruit de 47 500 pWp serait atteint pour une valeur de la puissance reçue de :

$$P_{47\,500} = -20\text{ dBm} - 39,2\text{ dB} = -59,2\text{ dBm}.$$

On constate que cette valeur est inférieure à la puissance de seuil sur le bond 1 : pour la puissance de réception de $-59,2$ dBm, le démodulateur ne fonctionne déjà plus. La courbe donnant la variation du bruit sur le bond 1 est la suivante :

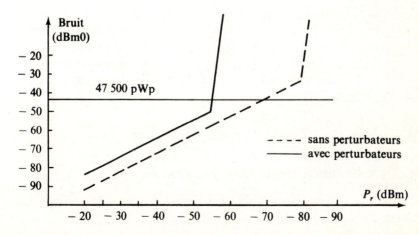

On peut considérer que les 47 500 pWp sont atteints pour $P_{1\,seuil}$ en présence des perturbateurs.

La probabilité de déplacement des 47 500 pWp sur le bond 1 se déduit de (6.13). Elle vaut 3.10^{-5}.

Bond 2 : $B_{Th} + B_I = 5$ pWp

$M = 39,7$ dB.

On vérifie que la puissance correspondant aux 47 500 pWp est supérieure à $P_{2\,seuil}$, et on trouve que la probabilité de dépassement des 47 500 pWp vaut $5,3.10^{-6}$.

La probabilité totale vaut $3,5.10^{-5}$.

3.6. Remarque

Il est probable que le responsable de l'étude de cette liaison jugerait inadmissible la durée de coupure due au premier bond.

Cette durée est provoquée par une remontée de seuil due à un perturbateur non filtré espacé de 14,5 MHz.

La bande de Carson du faisceau étudié vaut 16 MHz (cf. Fig. 2.14).

La largeur des filtres des récepteurs (40 MHz) est imposée par le fait que la mise en série d'un grand nombre d'entre eux doit permettre d'obtenir une bande passante supérieure à la bande de Carson, à l'intérieur de laquelle les distorsions de temps de propagation de groupe soient suffisamment faibles pour être compensées par les correcteurs de temps de propagation de groupe.

Il est possible, pour un récepteur particulier, d'adopter une bande passante plus étroite que la bande passante normale, par adjonction d'un filtre de caractéristiques convenables. Ce filtre est en général placé entre le PAFI et l'AFI, dans le récepteur.

La bande passante de l'ensemble de la liaison devient alors égale à celle du récepteur qui reçoit ce filtre supplémentaire.

Dans le cas étudié, un filtre d'une vingtaine de mégahertz de largeur de bande, installé à la réception du premier bond, diminuerait le niveau du perturbateur 2,1 (il tomberait hors bande) tout en conservant une bande passante convenable. On pourrait ainsi ramener la durée de coupure à une valeur normale.

En pratique, l'adjonction de filtres supplémentaires se traduit toujours par quelques distorsions. Cette solution ne doit donc être employée qu'avec précautions.

ANNEXE 1

CALCULS DE BROUILLAGES EN L'ABSENCE DE VISIBILITÉ

Il arrive que l'émetteur perturbateur et le récepteur perturbé ne soient pas en vue directe l'un de l'autre.

Pour établir un projet de liaison, lorsque ce cas se rencontre, il faut disposer d'une méthode simple qui permette de prendre en compte l'influence de l'obstacle. Cette méthode ne peut qu'être approchée.

La puissance de perturbation qui serait reçue dans les conditions normales de propagation, si l'émetteur et le récepteur étaient en vue directe l'un de l'autre, se calcule à partir des formules (5.11) ou (5.12).

Dans les conditions de propagation voisines de la normale on peut considérer que la puissance du perturbateur est celle qui se déduit du calcul de l'effet de l'obstruction par l'obstacle, lorsque la propagation se fait de façon rectiligne sur une Terre de rayon $4/3\ R_0$. L'obstacle qui provoque l'affaiblissement le plus faible est un obstacle en lame de couteau. Pour un projet, il est prudent de faire les calculs dans le cas le plus défavorable. L'affaiblissement apporté par l'obstacle se déduit alors de la formule (6.24).

Lorsque l'on examine l'effet des évanouissements du perturbé sur sa qualité, en présence d'un perturbateur occulté, un calcul rigoureux nécessite la connaissance de la corrélation des fluctuations de niveau du perturbé et du perturbateur, ce qui est impossible. On est donc amené à faire des approximations.

Pour un faisceau normalement étudié, la fraction du temps pendant laquelle le bruit de 47 500 pWp est dépassé est extrêmement faible, mais, pendant ces courtes périodes pendant lesquelles la propagation est mauvaise, il peut arriver que le rayon apparent de la Terre sur le trajet entre l'émetteur perturbateur et le récepteur perturbé soit supérieur à $4/3\ R_0$; par conséquent, quand le perturbé subit un évanouissement extrêmement profond, il arrive que le perturbateur soit reçu à un niveau supérieur à celui qui se déduit du calcul effectué avec un rayon terrestre apparent de $4/3\ R_0$. En l'absence de renseignements complémentaires, on a le choix entre deux approximations :

— approximation optimiste : on calcule le niveau du perturbateur en considérant que le rayon apparent de la Terre entre l'émetteur perturbateur et le récepteur perturbé est égal à $4/3\ R_0$;

— approximation pessimiste : on calcule le niveau du perturbateur en considérant que, lorsque des évanouissements profonds affectent le perturbé, le rayon terrestre est infini sur le trajet entre l'émetteur perturbateur et le récepteur perturbé (ceci correspond à une Terre plate).

Il peut aussi se produire une propagation guidée, grâce à laquelle la puissance perturbatrice contourne le relief. Ce phénomène étant complexe, nous ne l'étudierons pas ici. On pourra trouver des méthodes pratiques de calcul d'un niveau de réception en présence de propagation guidée dans les rapports du CCIR.

La réalité se situe entre ces deux approximations, mais il est impossible d'apporter une solution précise au problème.

Considérons à titre d'exemple un bond sur lequel les niveaux de réception dans les conditions normales sont les suivants :

— perturbé : -20 dBm
— perturbateur : -60 dBm en l'absence d'obstacle.

Il y a un obstacle entre l'émetteur perturbateur et le récepteur perturbé, conformément au profil (12.8) établi pour un rayon terrestre égal à 4/3 R_0.

La distance entre l'émetteur perturbateur et le récepteur perturbé vaut 50 km, et l'obstacle est à 20 km d'une extrémité. Lorsque le rayon terrestre passe de 4/3 R_0 à une valeur infinie, l'obstacle s'abaisse de 35 m d'après la formule (6.10).

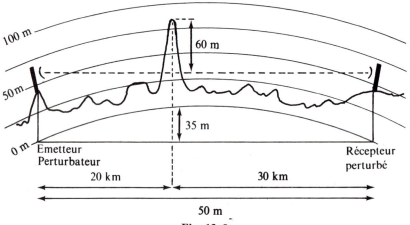

Fig. 12.8.

Supposons que le perturbateur et le perturbé, de fréquences identiques, fonctionnent dans la bande des 6 GHz ($\lambda = 5$ cm) et qu'ils sont chargés à 1 800 voies. D'après la courbe (12.14), la protection de démodulation vaut environ 23 dB.

Supposons que, dans les conditions normales de propagation, le bruit thermique du perturbé vaille 5 pWp. Calculons le bruit non dépassé pendant plus de 20 % du temps et la probabilité de dépassement des 47 500 pWp.

Bruit non dépassé pendant plus de 20 % du temps

D'après (6.11), le perturbé subit un évanouissement de 3,5 dB. D'après (6.24), l'affaiblissement que subit le perturbateur par diffraction sur l'obstacle vaut : 23,8 dB. Le rapport perturbé sur perturbateur vaut 60,3 dB, et le bruit correspondant, d'après la formule (12.19), est de : 5 pWp.

Dépassement des 47 500 pWp

Hypothèse optimiste : le niveau du perturbateur reste $-$ 83,8 dBm.

Le bruit que le perturbateur provoquerait dans les conditions normales de propagation du perturbé vaut d'après (12.19) : $-$ 86,8 dBm0 soit 2 pWp.

En appliquant le raisonnement du paragraphe 2.2.3, on voit que la marge vaut $10 \log \dfrac{47\,500}{5 + 2}$, soit 38,3 dB.

La formule (6.13) donne la probabilité de dépassement de cette marge. On trouve 10^{-5}.

Hypothèse pessimiste : la Terre est plate, et l'obstruction due à l'obstacle n'est plus que de 25 m.

La formule (6.24) donne 16,2 dB pour l'affaiblissement subi par le perturbateur. Son niveau est donc de $-76,2$ dBm.

Le bruit que le perturbateur provoquerait dans les conditions normales de propagation du perturbé vaut 12 pWp ; la marge est de 34,4 dB.

La probabilité de dépassement de cette marge vaut alors $2,7.10^{-5}$.

On constate sur cet exemple que, lorsque le perturbateur est bien occulté sur Terre plate, et que le bruit qu'il provoque est faible devant le bruit thermique, les calculs donnent des résultats du même ordre de grandeur dans les deux hypothèses.

Par contre, si le perturbateur est occulté à $4/3 \, R_0$ et ne l'est pas sur Terre plate, et s'il est reçu à un niveau assez élevé, les résultats obtenus dans les deux cas peuvent être très différents. Il est alors prudent de se placer dans l'hypothèse pessimiste.

ANNEXE 2

VALEURS DE LA PROTECTION DE DÉMODULATION

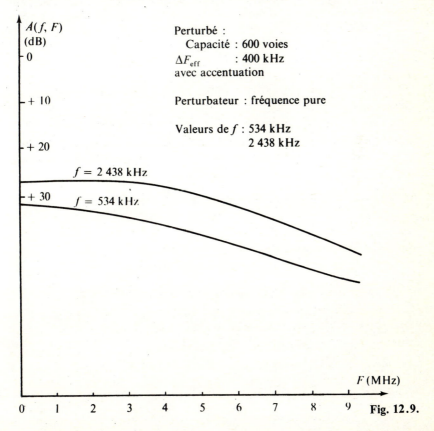

Fig. 12.9.

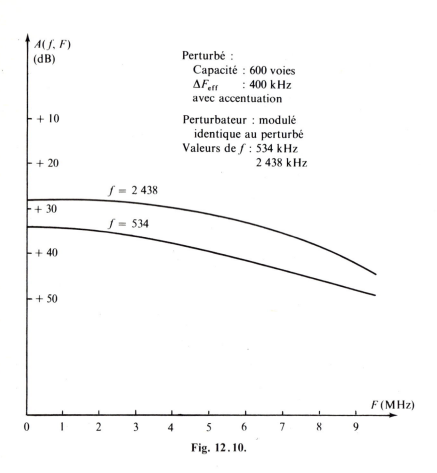

Fig. 12.10.

Brouillage d'un faisceau hertzien analogique

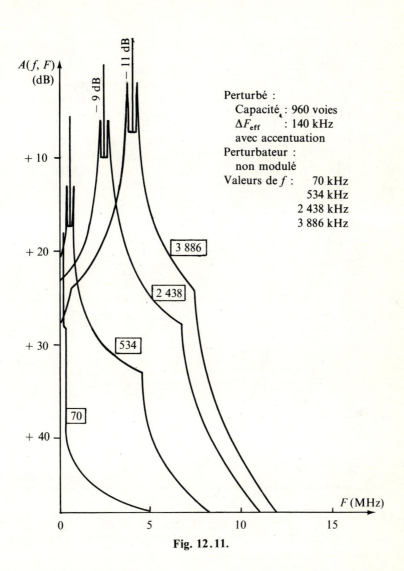

Fig. 12.11.

Qualité des liaisons

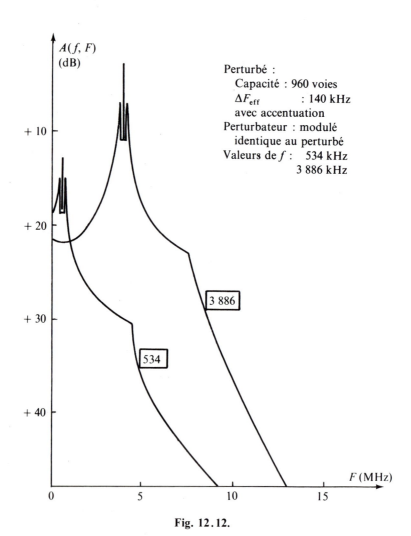

Fig. 12.12.

Brouillage d'un faisceau hertzien analogique

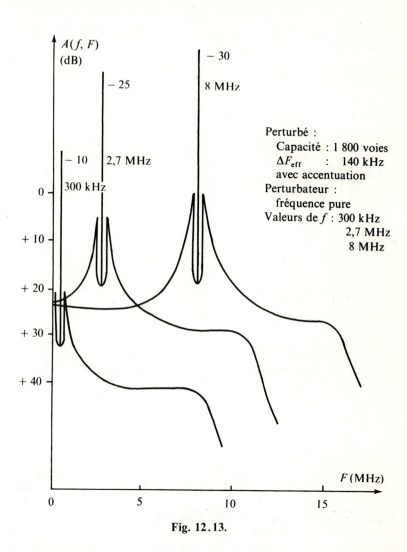

Fig. 12.13.

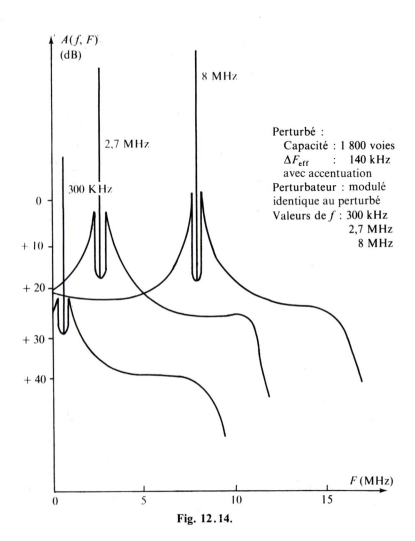

Fig. 12.14.

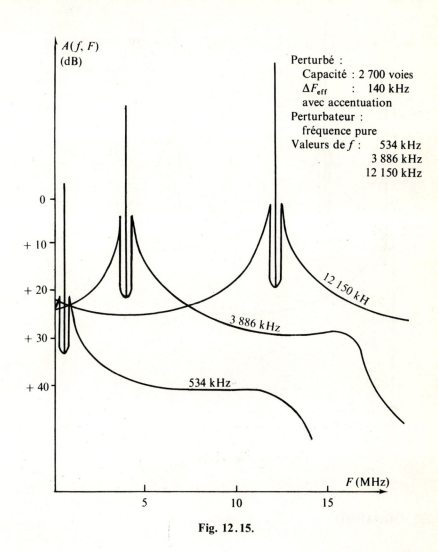

Fig. 12.15.

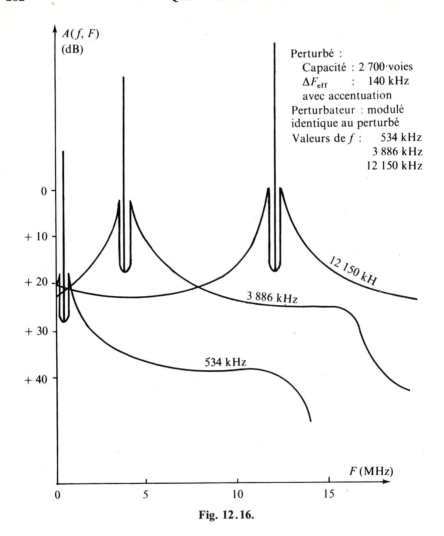

Fig. 12.16.

BIBLIOGRAPHIE

ARTICLES ET REVUES

(12.1) B. A. Ponteno, J. C. Fenzalida, Nand Kishore M. Chitre, Interference into angle modulated systems carrying multichannel telephony signals, *I.E.E. transactions on communications*, Vol. comm. 21, n° 6, (juin 1973).

(12.2) R. G. Medhurst, FM interfering carrier distorsion general formula, *Proc. Inst. Elec. Eng.*, London, Vol. 109b.

Chapitre 13

Qualité des liaisons analogiques

Dans ce chapitre est définie la notion de qualité d'une liaison analogique de téléphonie ou de télévision ; les principaux objectifs de qualité fixés par le CCIR y sont cités, ainsi que les méthodes de calcul de la qualité, établies à partir des résultats des chapitres précédents. Tous les résultats nécessaires étant rappelés, ce chapitre, qui est l'un des plus importants, peut être lu indépendamment du reste du livre.

1. PRÉSENTATION GÉNÉRALE

1.1. Définition des paramètres de qualité

Les paramètres qui permettent de juger la qualité de conception et de réalisation d'un matériel sont nombreux : stabilité des fréquences émises, limitation des signaux parasites, stabilité de l'excursion de fréquence, adaptation des interconnexions. Ces paramètres font l'objet de normes techniques dont le respect est nécessaire à la transmission du signal dans des conditions convenables ; on trouve de telles normes dans les recueils du CCIR.

Dans l'étude qui suit, nous supposerons que le matériel hertzien respecte les « règles de l'art » qui concernent sa conception et sa réalisation. Nous nous limiterons à la définition et à l'examen de la qualité des signaux obtenus à l'extrémité de la liaison.

La qualité d'un signal analogique peut être définie par :
— la valeur du niveau du signal obtenu à l'extrémité de la liaison,
— le bruit ajouté au signal,
— les distorsions subies par le signal.

1.2. Niveau du signal après démodulation

En téléphonie, le niveau du signal est défini de la façon suivante, dans chaque voie téléphonique : c'est le niveau auquel on reçoit le signal d'essai de 1 mW appliqué en un point de niveau relatif zéro et transposé en fréquence à la fréquence de la voie téléphonique étudiée.

En télévision, on définit un signal d'essai qui est constitué d'une barre de durée égale à une demi-ligne et dans lequel la tension passe du niveau du noir au niveau du blanc, conformément au schéma 13.1.

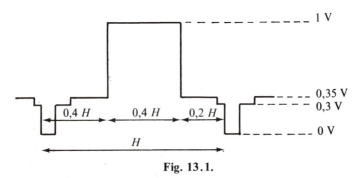

Fig. 13.1.

On appelle niveau du signal vidéo l'amplitude crête à crête de la partie vidéo du signal d'essai ainsi défini.

1.3. Bruit et distorsions en téléphonie

Nous pouvons classer les bruits étudiés aux chapitres 10, 11 et 12 conformément au schéma ci-dessous :

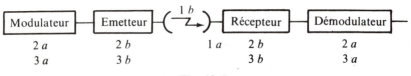

Fig. 13.2.

1re catégorie : bruits dépendant du niveau de réception
        1 a : bruit thermique
        1 b : bruit dû aux perturbateurs.

Ces bruits sont inversement proportionnels à la puissance reçue. Ils existent même en l'absence de signal multiplex.

2e catégorie : bruits fixes résiduels
        2 a : bruits dus aux modulateurs et démodulateurs
        2 b : bruits dus aux émetteurs et aux récepteurs.

Il s'agit des bruits résiduels dus aux imperfections des équipements (ronflements des alimentations, scintillation des fréquences).

Ils ne dépendent, ni de la propagation, ni de la charge du multiplex.

3e catégorie : bruits dépendant de la charge du multiplex
        3 a : intermodulation dans les modulateurs et démodulateurs
        3 b : intermodulation dans les émetteurs et récepteurs.

Il s'agit des bruits provoqués par les distorsions. Ils ne dépendent pas des conditions de propagation, du moins en première approximation. Ils dépendent de la charge du multiplex.

Tous ces bruits s'expriment le plus souvent en picowatts pondérés, en un point de niveau relatif zéro.

Le bruit dans une voie téléphonique à l'extrémité d'une liaison est égal à la somme de tous les bruits thermiques des bonds traversés, des bruits dus aux perturbateurs, des bruits résiduels des équipements, et des bruits de distorsions.

Malgré la préaccentuation, le niveau de bruit thermique est plus élevé en voie haute qu'en voie basse. Les distorsions atteignent surtout les voies hautes. Les bruits fixes atteignent toutes les voies, mais surtout les voies hautes. Dans ces conditions, ce sont les voies hautes du multiplex qui sont les plus bruitées.

On effectue donc le calcul de qualité pour les voies hautes.

1.4. Bruits et distorsions en télévision

En reprenant la classification du schéma 13.2, nous ne retrouvons en télévision que deux sortes de bruits :

1re catégorie : bruits dépendant du niveau de réception
        1 a : bruit thermique
        1 b : bruit dû aux perturbateurs.

2e catégorie : bruits résiduels.

Les bruits s'expriment le plus souvent en tensions efficaces, en un point où le signal vidéo a une amplitude crête à crête de 1 V.

Le carré de la tension de bruit dans le signal vidéo à l'extrémité d'une liaison est égal à la somme des carrés des tensions de bruit thermiques de chaque bond, des carrés des tensions de bruit dus aux perturbateurs, et des carrés des tensions de bruit résiduels dus aux équipements.

L'étude des distorsions en télévision ne peut se ramener à une étude de bruit. Ces distorsions doivent être étudiées séparément, à partir de l'examen expérimental de leur effet sur l'image. On ne connaît pas de loi simple de sommation des distorsions dues à chaque équipement traversé.

1.5. Indisponibilité des liaisons

La notion de qualité d'un signal téléphonique ou d'une image de télévision n'a de sens que si la liaison est normalement exploitable.

On dit qu'une liaison est indisponible si elle est inexploitable — à cause d'un excès de bruit ou d'une absence de signal — pendant plus d'une dizaine de secondes consécutives (valeur provisoire). L'indisponibilité d'une liaison est le plus souvent due à des pannes d'équipements qui affectent, soit un seul canal, (par exemple une panne d'émetteur), soit tous les canaux à la fois (panne d'énergie, coup de foudre...).

Pour les liaisons de fréquence supérieure à la dizaine de gigahertz, les gros orages provoquent des coupures assimilables à des pannes.

L'effet d'une panne sur un réseau de télécommunications est fonction de l'organisation de celui-ci et de la possibilité d'acheminement des communications ou de l'image sur des liaisons de réserve. C'est ainsi qu'une interruption volontaire destinée à assurer des mesures ou des réglages est assimilable à une panne si le trafic ne peut pas être routé par un autre chemin, mais est sans importance si un autre routage est prévu.

2. QUALITÉ D'UNE LIAISON DE TÉLÉPHONIE

2.1. Circuit de référence et liaisons réelles

La qualité nécessaire pour une liaison est fonction de son importance et de sa longueur. Pour simplifier l'étude des problèmes de qualité, le CCIR a défini un circuit fictif de référence qui sert de base et de guide pour les projets de construction de liaisons.

Le circuit de référence est un circuit téléphonique complet établi sur un système hypothétique de téléphonie internationale qui comporte un certain nombre d'équipements de modulation et démodulation de groupes primaires (12 voies téléphoniques), secondaires (60 voies téléphoniques) et tertiaires (300 voies téléphoniques). Le schéma du circuit fictif de référence est représenté ci-dessous (avis n° 392 du CCIR) :

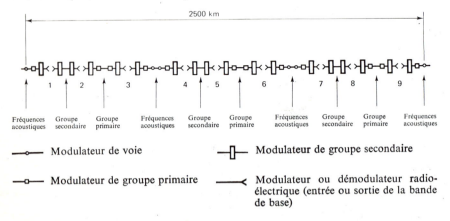

Fig. 13.3. Circuit fictif de référence pour faisceaux hertziens de téléphonie à multiplexage par répartition en fréquence ayant une capacité de plus de 60 voies téléphoniques par canal radioélectrique.

Des liaisons réelles peuvent avoir une structure très différente de celle du circuit de référence : le rapport entre le nombre de points de modulation et de démodulation des groupes (primaires, secondaires, tertiaires) et la longueur de la liaison peut être plus grand dans le cas de liaisons réelles que dans le cas du circuit fictif de référence. Pour des liaisons réelles de structure très différente de celle du circuit de référence, on peut être conduit à adopter des objectifs de qualité moins stricts que ceux qui s'appliquent aux liaisons de structure voisine de celle du circuit de référence.

2.2. Objectifs de qualité concernant les niveaux

Aux points d'interconnexion du faisceau hertzien avec les systèmes sur câble qui le prolongent ou avec les équipements de multiplex, on définit un niveau nominal pour le signal d'essai de 0 dBm0, conformément au tableau 13.4 extrait de l'avis 380 du CCIR (1974).

La variation du niveau en fonction de la fréquence pour une section homogène du circuit de référence ne doit pas dépasser $\pm$ 2 dB par rapport à la valeur nominale.

Le respect de cet objectif dépend de la qualité des équipements en matière de distorsions linéaires et de la qualité des réglages ; par contre, il n'est pas à prendre en considération lors de l'établissement d'un projet de liaison.

Comme la transmission s'effectue en modulation de fréquence, les niveaux après démodulation sont à peu près indépendants des conditions de propagation : toutefois, on peut observer des variations de niveau pour les faisceaux de très grande capacité, lorsqu'ils sont affectés par un évanouissement sélectif, générateur de distorsions linéaires et non linéaires.

2.3. Objectifs de qualité concernant le bruit

Etant donné que le bruit dépend des conditions de propagation, les objectifs de qualité des liaisons tiennent compte :

— de la qualité dans des conditions de propagation voisines de la normale : dans ces conditions on fixe la valeur de bruit à ne pas dépasser ;
— de la qualité dans de mauvaises conditions de propagation : pour cela, on définit une valeur de bruit considérée comme importante, mais non prohibitive, et on évalue la durée pendant laquelle le bruit est plus fort que cette valeur.

Les valeurs numériques figurant dans les objectifs de qualité peuvent être amenées à changer au fur et à mesure du perfectionnement des matériels et du développement des réseaux, mais il est probable que les principes généraux d'évaluation de la qualité, adoptés sur le plan international, ne changeront pas.

Les principaux objectifs *de qualité* du CCIR sont les suivants, pour des circuits établis sur une liaison de longueur L dont la structure ne diffère pas notablement de celle du circuit de référence :

La puissance de bruit, pondérée psophométriquement, mesurée en un point de niveau relatif zéro d'une voie téléphonique quelconque (c'est-à-dire en un point où le signal d'essai de 0 dBm0 a la valeur de 1 mW), ne doit pas dépasser :

— une valeur moyenne, pendant une minute, de 3 L pWp pendant plus de 20 % d'un mois quelconque (1 pW = 10^{-12} W) ;
— une valeur moyenne pendant une minute de 47 500 pWp pendant plus de (L/2 500) 0,1 % du temps d'un mois quelconque.

Tableau 13.4. Caractéristiques de l'interconnexion aux accès en bande de base.

1	2	3	4	5	6
Nombre maximal de voies téléphoniques	Limites de la bande de fréquences occupée par les voies téléphoniques (kHz)	Fréquences limites de la bande de base (kHz)	Impédance nominale dans la bande de base (Ω)	Niveau relatif de puissance par voie en dBr	
				Sortie du faisceau hertzien R	Entrée du faisceau hertzien R'
24	12-108	12-108	150 symétrique	− 15	− 45
60	12-252 60-300	12-252 60-300	150 symétrique 75 dissymétrique	− 15	− 45
120	12-552 60-552	12-552 60-552	150 symétrique 75 dissymétrique	− 15	− 45
300	60-1 300 64-1 296	60-1 364	75 dissymétrique	− 18	− 42
600	60-2 540 64-2 660	60-2 792	75 dissymétrique	− 20 ou − 23	− 45 ou − 42
960	60-4 028 316-4 188	60-4 287	75 dissymétrique	− 20 ou − 23	− 45 ou − 42
1 260	60-5 636 60-5 564 316-5 564	60-5 680	75 dissymétrique	− 28	− 37
1 800	312-8 204 316-8 204 312-8 120	300-8 248	75 dissymétrique	− 28	− 37
2 700	312-12 388 316-12 388 312-12 336	300-12 435	75 dissymétrique	− 28	− 37

Les objectifs de qualité, quels qu'ils soient, ne sont pas des normes auxquelles doivent satisfaire toutes les liaisons, mais seulement des objectifs destinés à fixer la qualité globale d'un réseau : par suite des impératifs de planification ou de réalisation, certaines liaisons peuvent avoir une qualité inférieure à celle que fixent ces objectifs sans être pour autant inexploitables alors que d'autres liaisons sont nettement meilleures.

L'objectif de qualité concernant le dépassement des 47 500 pWp ne porte que sur de très faibles pourcentages de temps. Pour une liaison donnée, il est presque impossible de disposer de statistiques de propagation suffisamment fiables permettant d'évaluer la répartititon statistique des évanouissements, donc du bruit. Pour la prévision de la qualité d'une liaison lors de l'établissement d'un projet, on doit recourir à des courbes moyennes ou à des formules du type de celle qui est donnée en (6.13). Ces courbes ou ces formules, concernant des valeurs moyennes, doivent être employées avec précaution : des liaisons réelles peuvent avoir des statistiques d'évanouissements très différentes de celles de la liaison type qui a servi à établir les formules.

Il importe de noter que l'objectif portant sur le dépassement des 47 500 pWp est un objectif de qualité et non de disponibilité : il ne concerne que les pointes de bruit brèves, et non les coupures longues, supérieures à une durée de l'ordre de 10 secondes. Dans ces conditions, le calcul du temps de dépassement ne fait intervenir que les évanouissements brefs dus aux trajets multiples. Les coupures longues que provoque la pluie pour les fréquences élevées sont à comptabiliser à part, et font l'objet d'un objectif de disponibilité (*).

2.4. Méthode de calcul et exemple

Ce paragraphe résume les résultats établis dans les chapitres précédents et en rappelle les formules.

2.4.1. *Bruit total*

La puissance de réception dans les conditions normales de propagation est donnée par la formule (5.6)

$$P_r = P_e . G_1 \, G_2 \left(\frac{\lambda}{4 \, \pi d}\right)^2 \frac{1}{\alpha_B \, \alpha_G} \, .$$

(*) Le CCIR a fixé un objectif de disponibilité englobant toutes les causes d'indisponibilité ; des études complémentaires sont nécessaires pour déterminer la durée d'indisponibilité que l'on peut attribuer à la pluie. Nous pouvons l'écrire sous la forme : « la durée de coupure due à la pluie doit être inférieure à $c \dfrac{L}{2\,500}$ », le coefficient c restant à déterminer.

P_e = puissance d'émission
G_1, G_2 = gain des antennes
d = longueur du bond
α_B, α_G = pertes dans les branchements et les guides d'ondes.

Le bruit thermique en voie haute pour une puissance de réception P_r est donné par (10.32)

$$\frac{S}{B} = \frac{P_r}{\mathscr{F}KTb}\left(\frac{\Delta F_{\text{eff}}}{f_m}\right)^2 p_1 p_2 .$$

$\mathscr{F}$ = facteur de bruit du récepteur
KT = $-$ 174 dB (mW/Hz)
b = largeur de la voie téléphonique (3,1 kHz)
ΔF_{eff} = excursion efficace de fréquence provoquée par le signal d'essai
f_m = fréquence maximale du multiplex
p_1 = pondération : $10 \log p_1 = + 2,5$ dB
p_2 = préaccentuation en voie haute : $10 \log p_2 = + 4$ dB.

Appelons $B_{0,i}$ le bruit thermique exprimé en picowatts, dû au bond i, dans les conditions normales.

Les bruits dus aux distorsions, plus les bruits résiduels des équipements, peuvent s'exprimer en picowatts de bruit apporté par chaque couple élémentaire :
— bruit d'un modulateur démodulateur B_{MD}
— bruit d'un émetteur-récepteur B_{ER}.

Les bruits thermiques dus à chaque bond, les bruits dus aux distorsions, les bruits résiduels et éventuellement les bruits dus aux perturbateurs s'ajoutent en puissance.

2.4.2. *Bruit non dépassé pendant plus de 20 % du mois le plus défavorisé*

Pour chaque bond, le rapport entre le bruit thermique non dépassé pendant plus de 20 % du temps $B_{20,i}$ et le bruit thermique nominal $B_{0,i}$ est donné par la valeur arithmétique du coefficient α_i tiré de la formule (6.11).

Le bruit non dépassé pendant plus de 20 % du temps du mois le plus défavorisé vaut donc :

(13.1) $B_{20} = \sum \alpha_i B_{0,i} + \sum B_{MD} + \sum B_{ER} .$

Le signe $\sum$ indique que la somme est faite sur tous les bonds pour le bruit thermique, et sur tous les équipements traversés pour le bruit des émetteurs-récepteurs (bruit résiduel + distorsion).

Les distorsions sont en général prépondérantes sur le bruit thermique non dépassé pendant plus de 20 % du temps.

2.4.3. *Fraction du temps pendant laquelle le bruit de 47 500 pWp est dépassé*

Ce dépassement ne peut être dû qu'à un évanouissement très profond sur un bond donné. De tels évanouissements très brefs étant dus à des conditions climatiques locales, ils n'ont pas lieu simultanément sur deux bonds différents. Par conséquent :

— lorsqu'un bond subit un évanouissement très profond, les bruits thermiques des autres bonds, qui restent proches de leur valeur nominale, et les bruits de distorsion sont négligeables devant le bruit du bond dégradé : le bruit de la liaison est donc celui du bond dégradé ;

— les évanouissements profonds sur plusieurs bonds étant des événements disjoints, la probabilité de dépassement des 47 500 pWp sur la liaison est égale à la somme des probabilités p_i de dépassement sur chaque bond.

Pour le i-ème bond, la marge d'évanouissement correspondant à un bruit de 47 500 pWp est donnée par

$$M_i \text{ (dB)} = 10 \log \frac{47\,500}{B_{o,i}}.$$

La probabilité de dépassement de cette marge pendant le mois le plus défavorisé est donnée par la formule (6.13) applicable si le faisceau est établi selon les règles de l'art, sur un relief normalement vallonné, dans un climat tempéré :

$$10 \log p_i = - M_i + 35 \log d + 10 \log F - 78,5$$

avec M_i = marge en dB pour le i-ème bond
d = longueur du bond en km
F = fréquence en gigahertz.

Cette formule permet de calculer p_i pour chaque bond. La probabilité totale P_{TOT} vaut alors :

(13.2) $\qquad P_{\text{TOT}} = \sum p_i .$

2.4.4. *Amélioration due à la commutation*

Si le faisceau hertzien est équipé d'une commutation automatique qui provoque le passage d'un canal normal dont le bruit est trop élevé sur un canal de secours, la probabilité de dépassement des 47 500 pWp est diminuée.

L'amélioration ainsi apportée dépend du nombre de canaux normaux, du nombre de canaux de secours, de l'écart de fréquence entre chaque canal et le canal de secours, et de l'écart de fréquence entre canaux. Cette amélioration ne peut pas s'évaluer simplement.

2.4.5. *Exemple*

Considérons un faisceau hertzien en deux bonds, de longueurs respectives 50 km et 40 km.

Les caractéristiques sont les suivantes, avec les notations habituelles :

— Pour la modulation :
  Capacité : 1 800 voies
    f_m : 8 204 kHz
  ΔF_{eff} : 140 kHz.
Pour le matériel
  $P_e = 5$ W
  $\mathscr{F} = 8$ dB
  $F = 6$ GHz
  $\alpha_B = 2$ dB par bond (émission + réception)
  $B_{ER} = 50$ pWp
  $B_{MD} = 70$ pWp.
Pour les bonds :
• longueur $d_1 = 50$ km
          $d_2 = 40$ km.
• Il y a 100 m de guide par bond, ce qui correspond pour le type de guide utilisé, à un affaiblissement de 6 dB par bond.
• Toutes les antennes, identiques, ont un gain de 45 dB.
Le calcul donne :

$$-10 \log \left[\frac{1}{\mathscr{F} KTb} \left(\frac{\Delta F_{eff}}{f_m} \right)^2 p_1 p_2 \right] = 102{,}2 \text{ dBm}.$$

Le tableau, page 273, permet de déterminer la qualité de la liaison.

Les objectifs de qualité du CCIR, appliqués à la liaison considérée, sont :
— le bruit total dépassé pendant moins de 20 % du temps doit être inférieur à 270 pWp ;
— le bruit de 47 500 pWp doit être dépassé pendant moins de $3{,}6 \cdot 10^{-5}$ du mois le plus défavorisé.

La liaison étudiée satisfait donc aux objectifs de qualité. On remarque qu'il n'est pas nécessaire de l'équiper d'un canal de secours avec une commutation automatique pour améliorer la qualité de la liaison. Toutefois, une commutation automatique permet de diminuer de façon considérable l'indisponibilité de la liaison et facilite la maintenance ; dans ces conditions, si la liaison étudiée est de quelque importance, il est recommandé de l'équiper d'un canal de secours avec commutation automatique.

2.5. Longueur optimale des bonds hertziens

Le responsable de l'étude d'une liaison hertzienne se trouve souvent confronté au problème suivant : pour un matériel dont les caractéristiques sont données, quelle est la longueur moyenne des bonds qui permette de satisfaire au moindre coût les objectifs de qualité du CCIR. Nous allons examiner le principe du calcul de la longueur optimale des bonds.

Considérons une liaison de longueur L réalisée en n bonds de longueur d_i, avec des équipements identiques.

	Bond 1	Bond 2
d	50 km	40 km
$(\lambda/4\pi d)^2$	− 142 dB	− 140 dB
$G_1 . G_2$	90 dB	90 dB
$\alpha_B . \alpha_G$	8 dB	8 dB
P_e	+ 37 dBm	+ 37 dBm
P_{r_o}	− 23 dBm	− 21 dBm
B_0	12,0 pWp	7,6 pWp
Evanouissement dépassé pendant moins de 20 % du temps	3,5 dB	2,5 dB
Bruit thermique dépassé pendant moins de 20 % du temps	26,8 pWp	13,6 pWp
Bruit total dépassé pendant moins de 20 % du temps	210,4 pWp	
Marge par rapport au bruit de 47 500 pWp	35,8 dB	37,8 dB
Probabilité de dépassement de 47 500 pWp par bond	$1,97 . 10^{-5}$	$5,7 . 10^{-6}$
Probabilité totale de dépassement des 47 500 pWp	$2,54 . 10^{-5}$	

La formule (5.6) montre que, sur le i-ème bond, la puissance reçue est de la forme : $P_{r,i} = \dfrac{\beta_i}{d^2}$, le terme β_i se calculant à partir des caractéristiques des équipements. Examinons le bruit non dépassé pendant plus de 20 % du temps.

La formule (10.32) montre que le bruit thermique sur le i-ème bond s'écrit, dans les conditions normales, sous la forme :

$$B_{0,i} = \gamma d_i^2 \ .$$

Le bruit thermique non dépassé pendant plus de 20 % du temps s'écrit d'après (6.11)

(13.3) $B_{20,i} = \gamma d_i^2[1 + \xi d_i^2]$.

Le bruit total non dépassé pendant plus de 20 % du temps sur la liaison en n bonds s'écrit donc :

(13.4) $B_{20} = B_{MD} + nB_{ER} + \sum_{i=1}^{n} B_{20,i}$

avec

$$\sum_{i=1}^{n} B_{20,i} = \gamma \sum_{i=1}^{n} d_i^2[1 + \xi d_i^2]$$

et avec la contrainte $\sum_{i=1}^{n} d_i = L$.

Pour un nombre de bonds donné, cette quantité est minimale quand les valeurs d_i sont égales. Posons $d_i = d$ avec $d = L/n$.

L'expression (13.4) devient :

(13.5) $B_{20} = B_{MD} + \dfrac{L.B_{ER}}{d} + \gamma Ld[1 + \xi d^2]$.

Les valeurs possibles pour le bruit total, exprimé en fonction de la longueur de chaque bond, se trouvent sur une courbe du type de celle de la figure 13.5.

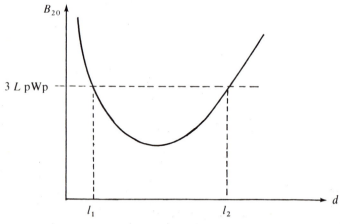

Fig. 13.5.

Le bruit total présente un optimum. Lorsque les bonds sont très longs, le bruit provoqué par les distorsions est faible, mais le bruit thermique est élevé ; à l'inverse, lorsque les bonds sont courts, le bruit thermique est faible mais le bruit dû aux distorsions est élevé.

Qualité des liaisons analogiques

Le respect de l'objectif de qualité du CCIR, qui s'exprime sous la forme $B_{\text{TOT}} \leq 3L$, détermine un intervalle $[l_1, l_2]$ dans lequel doit être choisie la longueur des bonds.

Calculons maintenant la probabilité de dépassement des 47 500 pWp.
Pour le bond i, la marge vaut d'après (10.33) :

$$M_i = 47\,500/B_{0,i}$$

donc

$$M_i = 47\,500/\gamma d_i^2 \, .$$

La formule (6.13) montre que la probabilité p_i s'écrit sous la forme :

$$p_i = \delta \frac{d_i^{3,5}}{M_i}$$

d'où

(13.6) $p_i = \eta_i d_i^{5,5} \, .$

Pour la liaison, la probabilité vaut :

$$p_{\text{TOT}} = \eta \sum_{i=1}^{n} d_i^{5,5} \, .$$

Avec la contrainte :

$$\sum_{i=1}^{n} d_i = L \, .$$

Pour un nombre de bonds donné, cette expression est minimale quand des longueurs d_i sont égales. Plaçons-nous dans ce cas.

La probabilité de dépassement des 47 500 pWp pour la liaison est alors donnée par :

(13.7) $p_{\text{TOT}} = \kappa d^{4,5} \, .$

C'est une fonction très rapidement croissante de la longueur des bonds (Fig. 13.6).

Le respect de l'objectif de qualité du CCIR qui s'exprime sous la forme $p_{\text{TOT}} < 0{,}001\, L/2\,500$ détermine une longueur maximale l_3 pour les bonds (voir courbe 13.6).

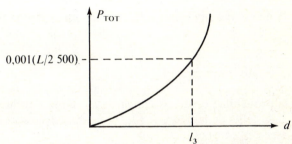

Fig. 13.6.

276   **Qualité des liaisons**

Le respect des deux objectifs de qualité du CCIR détermine donc un intervalle dans lequel doivent être choisies les longueurs de bonds. La réalisation de la liaison au moindre coût correspond au choix de la plus grande longueur de bond de l'intervalle considéré. Reportons sur la même figure les courbes de bruit et de probabilité. Deux situations sont possibles :

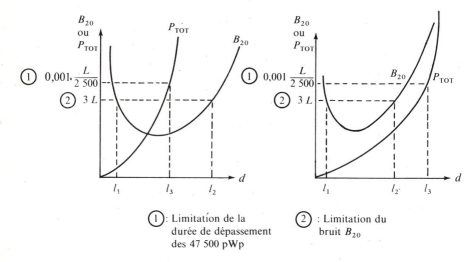

① : Limitation de la durée de dépassement des 47 500 pWp   ② : Limitation du bruit B_{20}

Fig. 13.7.   **Fig. 13.8.**

Figure 13.7 : c'est l'objectif concernant la probabilité de dépassement des 47 500 pWp qui fixe la longueur maximale des bonds. C'est le cas le plus fréquent.

Figure 13.8 : c'est l'objectif concernant le bruit à 20 % du temps qui fixe la longueur optimale des bonds.

Pour les liaisons de fréquence supérieure à 10 GHz, si on ajoute à ces deux objectifs concernant la qualité un objectif concernant la durée de l'indisponibilité due à la pluie on obtient une cause supplémentaire de limitation de longueur. En effet, le calcul de la probabilité de coupure due à la pluie se fait selon le même principe que celui de la probabilité de dépassement des 47 500 pWp, avec les deux différences suivantes :

— la marge d'évanouissement est celle qui sépare la puissance reçue dans les conditions normales P_{r_0} de la puissance de seuil :

$$M = \frac{P_{r_0}}{10\,\mathscr{F}KT\mathscr{B}},$$

— la probabilité de dépassement de la marge s'évalue à partir de courbes du type de celles de la figure 6.12. On ne dispose pas de formule simple pour remplacer ces courbes.

Les courbes montrent que la probabilité de dépassement d'une marge donnée croît très rapidement avec la longueur du bond ; la probabilité d'indisponibilité sur la liaison est de la forme :

$$p_{\text{TOT}} = f(d)$$

où f est une fonction rapidement croissante de d. L'objectif de disponibilité donne alors la longueur maximale correspondante pour le bond moyen.

2.6. Influence de la fréquence d'émission sur la qualité

Considérons deux matériels de fréquences de fonctionnement F et F' très différentes ($F' > F$) supérieures à 6 GHz environ mais de complexité technologique voisine, de structure identique, utilisés dans les mêmes conditions. Nous allons examiner l'influence de la fréquence de fonctionnement sur la qualité des liaisons réalisées avec ces deux matériels.

La puissance reçue est *en général* plus faible pour le matériel utilisant la fréquence F' que pour celui qui utilise la fréquence F. En effet, dans la formule (5.6) :

— λ décroît quand F croît ;
— à difficulté technologique donnée, la puissance émise reste constante ou décroît en fonction de la fréquence ;
— les gains G_1 et G_2 croissent en fonction de F pour une antenne de dimension et de qualité données. Toutefois, pour permettre le pointage des antennes, il ne faut pas que le lobe principal devienne trop étroit quand F croît ; ceci conduit à limiter volontairement le gain des antennes à une valeur de l'ordre de 47 dB, en utilisant des antennes de dimensions décroissantes avec la fréquence, à partir de 6 GHz environ (*) ;
— surtout, l'affaiblissement α_G dû aux guides d'ondes est, pour une longueur donnée, une fonction rapidement croissante de la fréquence.

Par conséquent, *dans des conditions d'utilisation identiques*, le bruit thermique nominal, et a fortiori, par application de la formule (6.11), le bruit thermique non dépassé pendant plus de 20 % du temps sont des fonctions croissantes de la fréquence de fonctionnement.

Comme les distorsions, pour des matériels de qualité identique, sont indépendantes de la fréquence, on en conclut que le bruit total non dépassé pendant plus de 20 % du temps est une fonction croissante de la fréquence de fonctionnement.

D'autre part, la croissance du bruit thermique dans les conditions normales provoque la diminution de la marge par rapport au bruit de 47 500 pWp

---

(*) Entre 2 et 6 GHz environ, on peut utiliser sans problème des antennes de diamètre allant jusqu'à 4 m ; dans cette bande, le gain maximal acceptable pour les antennes croît bien comme le carré de la fréquence.

L'application de la formule (6.13) montre que la probabilité de dépassement des 47 500 pWp est une fonction croissante de la fréquence.

Enfin, si F' est supérieur à la dizaine de gigahertz, il faut faire intervenir un objectif d'indisponibilité due à la pluie : les courbes de répartition des évanouissements dus à la pluie montrent que la probabilité de coupure est une fonction qui croît extrêmement rapidement avec la fréquence.

Par conséquent, si on utilise des systèmes de même type et des fréquences différentes dans les mêmes conditions, celui qui fonctionne à la fréquence la plus élevée, donne une moins bonne qualité que celui qui fonctionne à la fréquence la plus basse (*).

Ceci conduit à modifier les conditions d'installation en fonction de la fréquence : alors que, pour les fréquences basses, les équipements peuvent être assez éloignés des antennes, pour les fréquences hautes il est préférable de diminuer les longueurs de guides pour les rapprocher des antennes.

Examinons maintenant comment varie globalement le domaine d'emploi des matériels en fonction de la fréquence.

Les figures 13.9 et 13.10 donnent la variation du bruit non dépassé pendant plus de 20 % du temps et de la probabilité de dépassement des 47 500 pW, en fonction de la longueur moyenne d des bonds d'une liaison de longueur L donnée, pour deux matériels de fréquences F et F', avec $F' > F$.

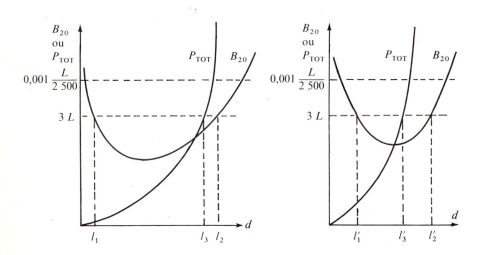

Fig. 13.9. Fréquence F. **Fig. 13.10.** Fréquence F' ($F' > F$).

(*) Il est bien évident que ce raisonnement est général et que des matériels particuliers peuvent faire exception à cette règle.

L'augmentation du bruit non dépassé pendant plus de 20 % du temps et de la probabilité de dépassement des 47 500 pWp quand, *toutes choses égales par ailleurs*, on passe de F à F', a pour effet la diminution de l'intervalle acceptable pour la longueur des bonds : il passe de l_1, l_3 à l'_1, l'_3 quand la fréquence passe de F à F'.

Les conditions d'utilisation des matériels analogiques deviennent de plus en plus difficiles quand la fréquence croît : le respect de l'objectif des 47 500 pWp et, à partir de 10 GHz, le respect d'un objectif concernant l'indisponibilité due à la pluie, imposent un raccourcissement de la longueur des bonds, donc, pour une liaison de longueur donnée, un accroissement du nombre d'émetteurs-récepteurs traversés, et par conséquent un accroissement des distorsions. Pour des fréquences très élevées, il n'est plus possible de trouver des longueurs de bonds qui satisfont à tous les critères. Le schéma devient, en tenant compte de la probabilité de coupure p_c due à la pluie :

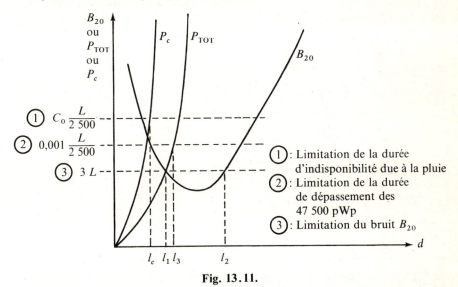

Fig. 13.11.

Par conséquent, l'emploi de faisceaux hertziens analogiques est limité en fréquence ; la limite se situe grossièrement à 12 ou 13 GHz pour les systèmes à forte capacité. Cette conclusion est valable pour des faisceaux d'un prix normal, réalisés avec la technologie actuelle : il est évident qu'en augmentant les puissances d'émission et en améliorant la qualité des émetteurs-récepteurs pour diminuer les distorsions, on pourrait reculer la limite d'emploi des matériels analogiques, mais il est probable que ce serait dans des conditions économiques défavorables.

2.7. Choix de la puissance d'émission et de l'excursion de fréquence

Nous allons examiner comment on peut choisir l'excursion de fréquence et la puissance d'émission lorsqu'on réalise des matériels de capacité différente et de qualité identique.

Soit N le nombre de voies du multiplex à transmettre. La largeur de bande occupée par le multiplex est un peu supérieure à $4\,N$ kHz, et sa puissance moyenne est égale à $-15 + 10 \log N$ dBm0, c'est-à-dire à $(N/32)$ mW en un point de niveau relatif zéro, la puissance de crête valant alors $(N/3,2)$ mW (cf. chapitre 2) en ce même point.

La formule (2.7) montre que la bande de Carson vaut environ

$$(13.8) \qquad \mathcal{B}_c \simeq 2\,(4\,N + \Delta F_{\text{eff}} \sqrt{N/3,2})\,.$$

Si le nombre de voies augmente, et si on laisse constante l'excursion de fréquence ΔF_{eff} provoquée par le signal d'essai, la bande de Carson augmente rapidement, ce qui rend de plus en plus difficile la réalisation des filtres.

De plus, les distorsions non linéaires du multiplex croissent très vite avec l'excursion de fréquence globale provoquée par le signal modulant (cf. chapitre 11, § 2.4.2) c'est-à-dire avec le terme $\Delta F_{\text{eff}} \sqrt{N/3,2}$. Pour ces deux raisons, dont la dernière est prépondérante, l'accroissement de la capacité des faisceaux hertziens s'accompagne de la diminution de l'excursion efficace de fréquence provoquée par le signal d'essai.

La formule (10.30) montre que le bruit thermique est de la forme :

$$S/B = \xi \,.\, P_e \left(\frac{\Delta F_{\text{eff}}}{f_m}\right)^2$$

comme $f_m \simeq 4\,N$ on obtient :

$$(13.9) \qquad S/B = \xi P_e \left(\frac{\Delta F_{\text{eff}}}{4\,N}\right)^2\,.$$

On en déduit que, à qualité constante, l'augmentation du nombre de voies, accompagnée d'une diminution de ΔF_{eff}, se traduit par une augmentation de la puissance émise. Cette augmentation est proportionnelle à $(4\,N/\Delta F_{\text{eff}})^2$: elle est donc plus rapide que le carré du nombre de voies.

Le tableau ci-dessous donne les excursions efficaces de fréquences normalisées par le CCIR, et les puissances d'émission couramment utilisées, en fonction du nombre de voies.

Capacité	ΔF_{eff} en kHz	P_e
600	200	de 100 mW à 250 mW
960	200	de l'ordre de 1 W
1 260	200	de l'ordre de 1 W
1 800	140	de l'ordre de 10 W
2 700	140	de 15 W à 20 W

3. QUALITÉ D'UNE LIAISON DE TÉLÉVISION

3.1. Circuit fictif de référence et liaisons réelles

Comme en téléphonie, on définit une liaison fictive internationale à grande distance dont les caractéristiques sont les suivantes :
— la longueur entre accès vidéo est 2 500 km ;
— il y a deux points intermédiaires de démodulation jusqu'à la bande des fréquences vidéo, divisant la liaison en trois sections d'égale longueur ;
— les trois sections sont réglées séparément et raccordées ensuite ;
— le circuit ne comporte ni régénérateur de synchronisation, ni convertisseur de définition.

Les liaisons réelles peuvent avoir une structure très différente de celle de la liaison de référence : il est fréquent que le rapport entre le nombre de points de démodulation jusqu'aux fréquences vidéo et la longueur de liaison soit plus important dans le cas de liaisons réelles que dans le cas de la liaison de référence. Comme en téléphonie, on peut admettre des assouplissements pour les objectifs de qualité applicables aux liaisons réelles dont la structure diffère notablement de celle de la liaison de référence.

3.2. Objectifs de qualité concernant les niveaux

Aux accès vidéo, le signal d'image doit avoir une tension de 0,7 V lorsque l'image passe du noir au blanc, conformément au signal d'essai en demi-barre défini au paragraphe 1.2.

On appelle gain d'insertion entre accès vidéo le rapport exprimé en décibels, entre l'amplitude de la barre définie ci-dessus (allant du niveau du blanc au niveau du noir) à la sortie du système, à l'amplitude de cette même barre à l'entrée du système.

La valeur nominale du gain d'insertion est de 0 dB.

Les tolérances sur une ligne de 2 500 km sont de $\pm$ 1 dB. Le respect de cet objectif dépend de la qualité du matériel et des réglages, mais dépend peu des conditions de réalisation des liaisons.

3.3. Objectifs de qualité du CCIR concernant le bruit

Comme en téléphonie, on définit deux objectifs concernant :
— le bruit dans les conditions de propagation voisines de la normale,
— la durée pendant laquelle le bruit dépasse un niveau élevé donné.

Le CCIR définit un rapport signal sur bruit pondéré vidéométriquement par le tableau (15.8), pour les différents systèmes de télévision :

Tableau 15.8. Extrait de l'avis 399-2 du CCIR.

Système (Voir rapport 624)	M (Canada et USA)	M (Japon) monochrome et couleur	B, C, G, H	D, K, L	F	E
Nombre de lignes	525	525	625	625	819	819
Limite supérieure nominale de la bande des fréquences vidéo f_c (MHz)	4	4	5	6	5	10
Rapport signal/bruit pondéré : X (dB) (valeurs provisoires)	56	52	52	57	52	50

Sur le circuit fictif de référence, les objectifs sont les suivants : le rapport signal sur bruit pondéré vidéométriquement ne doit pas dépasser :
- $(X + 4)$ dB pendant plus de 20 % d'un mois quelconque,
- $(X - 8)$ dB pendant plus de 0,1 % d'un mois quelconque.

Pour passer du circuit de référence de 2 500 km à un circuit réel de longueur L, on peut considérer que :

— la puissance de bruit non dépassée pendant plus de 20 % d'un mois quelconque est proportionnelle à $L/2\ 500$;

— le pourcentage d'un mois quelconque pendant lequel le rapport signal sur bruit est plus mauvais que $X - 8$ doit être inférieur à 0,1 % $L/2\ 500$.

Les valeurs de bruit citées dans ces avis du CCIR sont provisoires. Les divers pays effectuant des transmissions de télévision à grande distance ont retenu des objectifs de qualité différents les uns des autres : ceci explique les diverses valeurs de X, suivant les systèmes. La raison de cette dispersion des valeurs est simple : la notion de qualité d'une image de télévision bruitée est très subjective et elle dépend de plus de la définition de l'image (nombre de lignes, bande passante...). Dans ces conditions, une part importante d'arbitraire entre dans les notions de très bonne ou de mauvaise image et dans l'évaluation des rapports $X + 4$ et $X - 8$ qui leur correspondent. Aussi convient-il d'être très prudent dans l'étude d'un faisceau hertzien de télévision. Les objectifs de bruit, plus encore qu'en téléphonie, ne doivent être considérés que comme des guides pour l'étude, et non comme des normes auxquelles toute liaison doit obéir.

3.4. Objectifs de qualité du CCIR concernant les distorsions

Les objectifs de qualité du CCIR concernant les distorsions concernent principalement les signaux d'essai examinés au chapitre 11. Ils définissent la déformation admissible pour chacun de ces signaux, ou le gabarit dans lequel doit tenir le signal à la sortie en fonction du signal à l'entrée.

Ces objectifs de qualité dépendent des systèmes et des caractéristiques précises des signaux d'essai. La plupart des valeurs sont provisoires, car il est extrêmement difficile de quantifier la notion de distorsion de télévision.

De plus, on ne connaît pas de loi permettant de passer de façon simple des distorsions admissibles sur le circuit de référence à celles qui sont acceptables sur un circuit réel de longueur différente de celle du circuit de référence.

Un énoncé complet des objectifs provisoires retenus pour chaque système dépasserait le cadre de ce livre : on pourra se reporter, si besoin est, aux volumes du CCIR.

3.5. Méthode de calcul et exemple

3.5.1. *Méthode*

La méthode est identique à celle qui est utilisée en téléphonie.

Le rapport signal sur bruit, qui est un rapport de tensions, est donné par la formule (10.42), rappelée ici :

$$\left(\frac{S}{B}\right)^2 = \frac{P_r}{\mathscr{F} K T \mathscr{B}_v} \cdot 1{,}5 \cdot \left(\frac{\Delta F_{cc}}{\mathscr{B}_v}\right)^2 p$$

avec P_r = puissance reçue,
$\mathscr{B}_v$ = largeur de la bande vidéo,
$\mathscr{F}$ = facteur de bruit du récepteur,
ΔF_{cc} = excursion crête à crête provoquée par le signal vidéo (luminance + synchro),
p = gain de pondération et de préaccentuation, donné par le tableau 10.13.

Au bruit thermique s'ajoute seulement le bruit résiduel dû aux imperfections des équipements.

Les bruits s'expriment en tension quadratique moyenne, en un point où le signal vidéo a une amplitude de 1 V_{cc}.

Ce sont les carrés des tensions qui s'ajoutent.

3.5.2. *Exemple*

Supposons que le faisceau étudié au paragraphe 2.4.4 soit utilisé en télévision, avec comme caractéristiques spécifiques :

— système L à 625 lignes,
— $\mathscr{B}_v$ = 6 MHz,
— p = 18,1 dB,
— ΔF_{cc} = 8 MHz,
— tension quadratique de bruit résiduel :
pour les modems u_{MD} = 0,2 mV,
pour les émetteurs-récepteurs u_{ER} = 0,1 mV.

Toutes les autres caractéristiques sont identiques à celles du faisceau de téléphonie du paragraphe 4.4 et les conditions d'emploi sont les mêmes.

Tableau de calcul de qualité

	Bond 1	Bond 2
d	50 km	40 km
$\left(\dfrac{\lambda}{4\pi d}\right)$	-142 dB	-140 dB
$G_1 \cdot G_2$	90 dB	90 dB
$\alpha_B \cdot \alpha_G$	8 dB	8 dB
P_e	$+37$ dBm	$+37$ dBm
P_{r_0}	-23 dBm	-21 dBm
$(S/B)^2$ thermique	97,6 dB	99,6 dB
Evanouissement dépassé pendant moins de 20 % du temps	3,5 dB	2,5 dB
$(S/B)^2$ thermique dépassé pendant moins de 20 % du temps	94,1 dB	97,1 dB
Tension de bruit thermique dépassée pendant moins de 20 % du temps	0,014 mV	0,01 mV
Tension de bruit total dépassé pendant moins de 20 % du temps	0,25 mV (ce qui correspond à 69 dB)	
Marge par rapport à $(X-8)$ dB	48,6 dB	50,6 dB
Probabilité de dépassement de $X-8$ par bond	10^{-6}	3.10^{-7}
Probabilité totale de dépassement de $X-8$	$1,3.10^{-7}$	

3.6. Longueur optimale des bonds hertziens

Les calculs faits en téléphonie au paragraphe 2.5 sont valables en télévision, et les conclusions sont identiques.

La longueur minimale des bonds est en fait fixée par un paramètre difficilement quantifiable, les distorsions, mais aussi par des considérations économiques.

L'optimum économique consiste à choisir la plus grande longueur admissible ; cette longueur maximale est fixée, suivant le cas, par le respect de l'objectif $X + 4$ ou par celui de l'objectif $X - 8$.

3.7. Influence de la fréquence d'émission sur la qualité

Comme en téléphonie, la qualité moyenne de liaisons établies avec des matériels de conception voisine diminue quand la fréquence de fonctionnement augmente, toutes choses égales par ailleurs.

La gamme de fréquences utilisable par les faisceaux hertziens analogiques de télévision est bornée supérieurement.

3.8. Utilisation d'une même liaison à la fois en téléphonie et en télévision

La bande passante d'un signal à 625 lignes est de 5 MHz ou 6 MHz et la bande de Carson est de l'ordre de 20 MHz.

On peut transmettre une image de télévision dans de bonnes conditions sur un faisceau hertzien de téléphonie à 1 260 voies par canal, au prix de l'utilisation de modulateurs-démodulateurs particuliers — mais de même principe que ceux utilisés en téléphonie — et parfois d'une légère différence de réglage des émetteurs-récepteurs. Si on veut acheminer plusieurs voies de son sur le faisceau et obtenir une excellente qualité, il peut s'avérer préférable d'utiliser un faisceau étudié pour 1 800 voies téléphoniques par canal.

Il est fréquent que, dans les pays qui ont un réseau commun de téléphonie et de télévision, une liaison hertzienne comporte des canaux de téléphonie (à 1 260 ou 1 800 voies) et des canaux de télévision, avec un canal de secours commun.

L'exemple numérique traité aux paragraphes 2.4.5 et 3.5.2 montre que l'on peut obtenir une excellente qualité de transmission dans les deux cas.

BIBLIOGRAPHIE

ARTICLES ET REVUES

(13.1) Ph. Magne, A. Osias, J. Bursztejn, P. Legendre, M. Liger, R. François, P. Dalle, Faisceaux hertziens à grande capacité pour 1 800 et 2 700 voies, *Câbles et transmission*, (octobre 1976).
(13.2) *CCIR*, Genève (1974), Vol. XII, Avis 421 et Avis 451, Spécifications pour une transmission de télévision sur une grande distance.
(13.3) *CCIR*, Genève (1974), Vol. XII, Rapport 410, Valeur unique du rapport signal/bruit pour tous les systèmes de télévision.
(13.4) *CCIR*, Genève (1974), Vol. XII, Rapport 486, Spécifications destinées à être utilisées dans des liaisons internationales.
(13.5) *CCIR*, Genève (1974), Vol. XII, Rapport 637, Rapport signal/bruit en télévision.
(13.6) *CCIR*, Genève (1974), Vol. IX, Une grande partie de ce document est consacrée à la définition de la qualité des liaisons.

# Chapitre 14

Qualité des liaisons numériques

1. STRUCTURE DES LIAISONS NUMÉRIQUES

Nous avons vu au chapitre 3 que les caractéristiques de filtrage des signaux numériques résultent d'un compromis entre :
— d'une part, la nécessité de minimiser l'occupation spectrale et la puissance de bruit thermique présente à l'entrée du démodulateur ;
— d'autre part, la nécessité d'avoir une intermodulation intersymboles acceptable.

Ce compromis définit un filtrage réel optimum, compte tenu de la complexité technologique souhaitée (type de filtre, nombre de pôles...). Le filtrage subi par la porteuse modulée lors de la traversée d'un ensemble modulateur-émetteur-récepteur-démodulateur doit être égal au filtrage optimum ainsi défini.

Si l'on procède à la mise en série de plusieurs couples émetteurs-récepteurs, le filtrage global subi par la porteuse modulée devient différent du filtrage optimum : la bande passante obtenue devient plus étroite, et des distorsions supplémentaires d'amplitude et de phase dégradent la qualité en provoquant de l'intermodulation intersymboles. Pour les matériels courants, ce phénomène est parfois peu important lorsque l'on se limite à la mise en série de deux bonds hertziens, mais provoque une dégradation inacceptable de la qualité dès lors qu'on dépasse trois ou quatre bonds.

En transmission numérique, pour éviter le cumul des distorsions, on est donc amené à démoduler et régénérer le signal dans chaque relais, conformément au schéma fonctionnel 14.1.

Par mesure d'économie, pour certains matériels, on peut omettre cette démodulation pour des liaisons courtes en deux bonds.

Les modulateurs et démodulateurs placés dans les stations relais sont plus simples que ceux qui figurent aux extrémités de la liaison, puisque les

Qualité des liaisons numériques

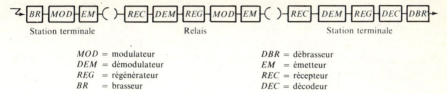

MOD = modulateur
DEM = démodulateur
REG = régénérateur
BR = brasseur

DBR = débrasseur
EM = émetteur
REC = récepteur
DEC = décodeur

Fig. 14.1.

opérations d'adaptation de niveau, de codage, de brassage, de décodage et de débrassage peuvent n'avoir lieu qu'aux extrémités de la liaison.

L'adoption de cette structure a pour conséquence que le taux d'erreur obtenu sur la liaison est la somme des taux d'erreurs sur chaque bond.

Appelons $\tau(N)$ le taux d'erreur provoqué par un bruit thermique de puissance N, en l'absence de distorsions. Soit N_i le bruit thermique apporté par le i-ème bond, mesuré dans la bande passante $\mathscr{B}$ du récepteur.

En l'absence de démodulation dans les stations relais, le taux d'erreur sur la liaison vaudrait :

$$(14.1) \qquad \tau_{\text{TOT}} = \tau(N_1 + N_2 + \cdots + N_n) .$$

En présence de démodulation dans tous les relais, il vaut :

$$(14.2) \qquad \tau'_{\text{TOT}} = \tau(N_1) + \tau(N_2) + \cdots + \tau(N_n)$$

or le taux d'erreur est une fonction concave rapidement croissante du bruit thermique, donc :

$$(14.3) \qquad \tau(N_1 + N_2 + \cdots + N_n) > \tau(N_1) + \tau(N_2) + \cdots + \tau(N_n) .$$

La démodulation dans les relais permet par conséquent de diminuer la sensibilité de la liaison au bruit thermique.

2. QUALITÉ D'UNE LIAISON NUMÉRIQUE

2.1. Qualité d'un signal numérique

La qualité d'un signal numérique à un instant donné peut être définie par le taux d'erreur qui l'affecte, c'est-à-dire par le rapport entre le nombre d'éléments binaires erronés et le nombre total d'éléments binaires.

La notion de taux d'erreur n'est qu'une première approche de la notion de la qualité d'un signal numérique. En effet la répartition des éléments binaires erronés dans le temps — par groupes ou dispersés — influe sur la dégradation que subit le signal.

La sensibilité d'un signal à un taux d'erreur donné dépend du type de signal, c'est-à-dire à la fois de la nature du signal analogique ou numérique d'origine qui a servi à constituer le signal numérique transmis sur la ligne, et du codage utilisé, l'emploi de codages redondants pouvant permettre la détection d'erreurs.

En téléphonie, on considère que la qualité est excellente pour des taux d'erreurs supérieurs à 10^{-6} et que la liaison est coupée à partir d'un taux de l'ordre de 10^{-3}. Pour les transmissions de données, la sensibilité aux erreurs est plus grande, mais varie considérablement en fonction des caractéristiques des messages à transmettre.

2.2. Définition de la qualité d'une liaison numérique

La qualité d'une liaison est complètement définie par la connaissance à chaque instant de la qualité des signaux transmis. Une telle connaissance étant évidemment impossible, on simplifie le problème en se limitant à l'étude de :

— la valeur du taux d'erreur dans des conditions de propagation voisines de la normale ;

— la fraction du temps pendant laquelle le taux d'erreur dépasse une valeur élevée donnée τ_f.

Nous avons vu au chapitre 3 que le taux d'erreur s'exprime en fonction du rapport entre la puissance C de la porteuse modulée mesurée à l'entrée du démodulateur et la puissance N de bruit blanc au même point.

Lorsqu'il y a un démodulateur par bond, on peut appliquer la formule (10.17) :

$$\frac{C}{N} = \frac{P_r}{\mathscr{F}KT\mathscr{B}}.$$

Une translation d'échelle permet donc, à partir de la courbe donnant τ en fonction de E/N_0 (Fig. 3.16 par exemple) d'établir une courbe donnant le taux d'erreur en fonction de la puissance reçue : c'est cette courbe qui est utilisée en pratique.

Rappelons son aspect caractéristique :

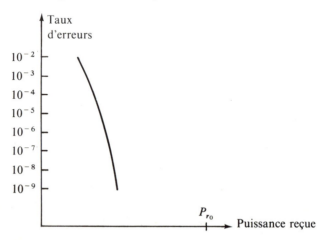

P_{r_0} = puissance reçue dans les conditions normales

Fig. 14.2.

Pour les conditions de propagation voisines de la normale, pour un matériel normalement conçu et normalement utilisé, le taux d'erreur n'est pas mesurable simplement. Le critère de qualité concernant le fonctionnement normal de la liaison n'est donc pas vraiment significatif, sauf pour des liaisons internationales particulièrement longues.

Le critère concernant le temps de dépassement d'un taux d'erreur élevé donné τ_f est donc suffisant pour caractériser la qualité de la plupart des liaisons. Le choix du taux d'erreur τ_f ne recueille actuellement pas l'unanimité des spécialistes, mais on peut prendre 10^{-5} comme valeur provisoire. En fait, le choix de cette valeur n'est pas fondamental puisque quelques décibels seulement de variation de puissance reçue font passer d'un taux d'erreur excellent à la coupure.

Les faisceaux numériques étant d'un développement récent, il n'y a pas pour le moment d'objectif de qualité reconnu par tous les pays. Il est probable que l'objectif s'énoncera sous la forme : sur une liaison de longueur L, pendant le mois le plus défavorisé, le pourcentage de temps pendant lequel le taux d'erreur dépasse une valeur donnée (de l'ordre de 10^{-5}) ne doit pas être supérieur à $c(L/2\,500)$, le coefficient c restant à définir.

Pour les faisceaux fonctionnant à des fréquences supérieures à la dizaine de gigahertz, il s'y ajoutera un objectif de disponibilité concernant les coupures dues à la pluie.

2.3. Méthode de calcul de la qualité

Le principe du calcul est analogue à celui utilisé pour les faisceaux hertziens analogiques lorsque l'on veut évaluer la probabilité de dépassement du bruit de 47 500 pWp ; aussi nous contenterons-nous d'en rappeler les grandes lignes.

A un taux d'erreur élevé donné τ_f (10^{-5} par exemple) correspond une valeur P_{rs} de puissance reçue ; cette valeur ne dépend que du matériel et non de ses conditions d'emploi. Sur chaque bond, on définit la marge par rapport au taux τ_f comme étant la différence en décibels entre la puissance reçue dans les conditions normales de propagation et la valeur P_{rs} ; on sait alors calculer la probabilité de dépassement de cette marge pour chaque bond, par exemple par application de la formule (6.13).

La structure des faisceaux numériques implique que le taux d'erreur sur une liaison est la somme des taux d'erreur sur chaque bond. Comme le dépassement d'un taux d'erreur élevé τ_f ne peut être dû qu'à un évanouissement profond sur un bond, et comme les évanouissements profonds en des bonds différents ne sont pas simultanés, on en déduit que *la probabilité de dépassement de τ_f sur la liaison est égale à la somme des probabilités de dépassement de τ_f sur chaque bond.*

Bien que cela ne pose aucun problème particulier, effectuons le calcul de qualité sur un exemple.

Considérons une liaison à 52 Mbits/s, réalisée avec un matériel à 13 GHz pour lequel le taux d'erreur de 10^{-5} est atteint pour une puissance de réception de -71 dBm. Supposons que la liaison soit constituée de 3 bonds dont les caractéristiques sont les suivantes :

Bond	Longueur	Puissance de réception dans les conditions normales
n° 1	40 km	-30 dBm
n° 2	40 km	-33 dBm
n° 3	50 km	-33 dBm

Marge d'évanouissement acceptable :
- Bond 1 : $M_1 = 41$ dB
- Bond 2 : $M_2 = 38$ dB
- Bond 3 : $M_3 = 38$ dB.

L'application de la formule (6.13) donne la probabilité de dépassement des marges, du fait des trajets multiples.
- Bond 1 : $p_1 = 5,9.10^{-6}$
- Bond 2 : $p_2 = 1,2.10^{-5}$
- Bond 3 : $p_3 = 2,4.10^{-5}$.

D'où la probabilité totale :

$$P_{\text{TOT}} = 4,2.10^{-5}.$$

Pour évaluer la probabilité d'indisponibilité due à la pluie, il faut disposer de courbes du type de la figure 6.12.

2.4. Brouillage d'une liaison numérique

Le calcul rigoureux du taux d'erreur d'un démodulateur fonctionnant en présence de signaux perturbateurs est très complexe. Dans la pratique, il est possible de recourir à une approximation qui permet de résoudre simplement les problèmes réels : elle consiste à considérer que, pour le démodulateur, le signal perturbateur est assimilable à du bruit blanc. On démontre que cette approximation est quelque peu pessimiste mais la précision obtenue est en général suffisante pour les modulations par déplacement de phase à 2 ou 4 états.

Dans ces conditions, le calcul de qualité est fort simple.

Soit x le rapport porteuse/bruit blanc donnant le taux d'erreur τ_f en l'absence de perturbateur ; lorsque le taux d'erreur vaut τ_f, on a :

(14.4) $\quad C/N = x$.

En présence d'un perturbateur dont la puissance mesurée dans la bande utile à l'entrée du démodulateur vaut I, le nouveau rapport porteuse/bruit blanc correspondant à τ_f se déduit de l'équation :

(14.5) $\quad C/(N + I) = x$.

Si on écrit l'équation correspondant aux puissances mesurées à l'entrée du récepteur, en appelant P'_r la puissance du perturbateur en ce point et α l'affaiblissement éventuellement introduit par le filtrage qu'il subit dans le récepteur, la puissance P_{rs} correspondant à τ_f se déduit de :

$$(14.6) \qquad \frac{P_{rs}}{\mathscr{F}KT\mathscr{B} + P'_r/\alpha} = x.$$

L'effet d'un perturbateur est de diminuer la marge par rapport à τ_f, donc d'augmenter la durée de dépassement de τ_f.

2.5. Longueur optimale des bonds et domaine d'emploi des liaisons numériques

Cherchons la longueur optimale des bonds hertziens lorsque l'on désire réaliser une liaison de longueur L, en satisfaisant à l'objectif de qualité exposé au paragraphe 2.2.

Un raisonnement identique à celui fait au paragraphe 2.5 du chapitre 13 au sujet du dépassement de 47 500 pWp pour un système analogique montre que la probabilité de dépassement de τ_f s'écrit sous la forme :

$$p = \gamma d^{4,5}$$

où d est la longueur des bonds supposés égaux, et où γ est un coefficient qui se détermine à partir des caractéristiques du matériel.

L'objectif de qualité s'écrit :

$$p < C \frac{L}{2\,500}, \quad \text{donc} \quad d < \sqrt[4,5]{\frac{CL}{\gamma \cdot 2\,500}}.$$

Ceci fixe la longueur maximale de chaque bond, qui est de ce fait la longueur optimale sur le plan économique.

Pour les liaisons dont la fréquence est supérieure à la dizaine de gigahertz, il convient de faire intervenir un objectif d'indisponibilité concernant les coupures dues à la pluie ; il se traduit par une limitation supplémentaire de la longueur des bonds. Pour les fréquences très élevées, c'est cet objectif qui fixe la longueur maximale.

A la différence de l'analogique, la seule contrainte porte en numérique sur la longueur maximale des bonds (la longueur est fixée par des considérations économiques et des objectifs de disponibilité concernant les pannes d'équipements).

Quand la fréquence augmente, la longueur maximale admissible diminue, sans que l'on se trouve confronté à l'impossibilité rencontrée en analogique (cf. chapitre 13, § 2.5), lorsque l'intervalle entre longueur maximale et longueur minimale devient inexistant.

Par conséquent, à l'inverse de l'analogique, les faisceaux numériques ne sont pas bornés en fréquence, l'utilisation de fréquences très élevées se traduisant simplement par l'adoption de bonds très courts (quelques kilomètres seulement à 19 GHz).

Cette caractéristique assure des possibilités de développement importantes à ce type de liaisons et rend moins crucial qu'il n'y paraissait le problème de l'encombrement spectral des signaux numériques : en effet, au-delà de la douzaine de gigahertz se trouvent des bandes de fréquences très importantes vierges de toute utilisation.

BIBLIOGRAPHIE

ARTICLES ET REVUES

(14.1) M. Liger, Transmission numérique sur faisceaux hertziens, *L'onde électrique*, (octobre 1974).
(14.2) C. Bremenson, Faisceaux hertziens analogiques et numériques à grande capacité, *Revue technique Thomson CSF*, (septembre 1973).
(14.3) M. Joindot, Cours de transmission numérique, Direction de l'enseignement supérieur technique des PTT, (mai 1975).
(14.4) G. Raynaud, B. Magne, J. Ouillon, Les faisceaux hertziens numériques dans les réseaux locaux, (*Câbles et transmission*, octobre 1976).
(14.5) D. Chatain, M. Mathieu, P. Ramat, Les faisceaux hertziens dans les réseaux urbains, (*Ibid.*).
(14.6) B. Druais, Y. Delcourt, A. Huriau, Le FH 664 N, faisceau hertzien numérique, (*Ibid.*).
(14.7) I. Gendraud, B. François, J. Damblin, *Faisceaux hertziens numériques* FHD 22-28, *Câbles et transmission*, (décembre 1975).
(14.8) Y. Schiffres et Dupuis, Le FLD 15, (*Ibid.*).
(14.9) M. Duponteil, Brouillage en modulation par déplacement de phase (note du CNET, n° 913/EST/EFT, décembre 1971).
(14.10) P. Dupuis, Systèmes de transmission numériques en hyperfréquence (note technique du CNET TMA/ETL/64 de janvier 1974).
(14.11) *CCIR*, Genève (1974), Vol. IX, Rapport 605, Faisceaux hertziens numériques, Allocation des brouillages.
  Rapport 606 : considérations relatives aux brouillages dans les faisceaux hertziens numériques.
  Rapport 611 : faisceaux hertziens numériques. Calcul et mesure des effets de la propagation.
(14.12) Ph. Magne, Faisceaux hertziens numériques, *Note Technique, Thomson-CSF*, DT-DFH-PHM-2346.

Chapitre 15

Mesures

Ce chapitre est consacré aux principales mesures que l'on peut effectuer sur une liaison. On examinera successivement :
— les mesures communes à tous les systèmes,
— les mesures spécifiques aux systèmes analogiques de téléphonie,
— les mesures spécifiques aux systèmes analogiques de télévision,
— les mesures spécifiques aux systèmes numériques.

1. MESURES COMMUNES A TOUS LES SYSTÈMES

1.1. Mesures relatives aux antennes

1.1.1. *Caractéristiques radioélectriques*

Le gain d'une antenne et son diagramme de rayonnement ne peuvent pas être mesurés sur le site d'installation. Ces mesures ne peuvent se faire que dans une base de mesure spécialement équipée.

Lorsqu'une antenne est facilement accessible, on peut mesurer son coefficient de réflexion, ce qui permet en particulier de vérifier l'adaptation de la source et du réflecteur. Le principe de la mesure est exposé au paragraphe 1.2.

1.1.2. *Caractéristiques mécaniques*

Sur le site, il est possible de mesurer des caractéristiques mécaniques telles que :
— position de la source par rapport au réflecteur,
— position relative des réflecteurs,
— état de la surface des réflecteurs.

Ces mesures permettent en particulier de vérifier que l'antenne a été bien montée et n'a pas souffert du transport.

1.2. Mesures relatives aux lignes en hyperfréquence

La principale mesure effectuée sur les lignes en hyperfréquence est celle du coefficient de réflexion : elle permet de juger de la qualité de la ligne et du montage.

On effectue en général cette mesure dans deux cas :
— ligne fermée sur une charge adaptée,
— ligne raccordée à l'antenne.

Exemple de montage :

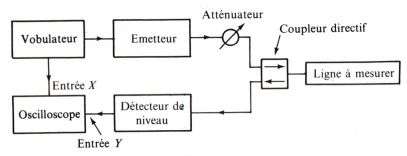

Fig. 15.1.

L'émetteur en hyperfréquence émet un signal de puissance constante modulé dans toute la bande dans laquelle on désire faire la mesure. La vobulation actionne le balayage en X d'un oscilloscope.

Un détecteur de niveau mesure la puissance réfléchie ; il agit sur le balayage en Y de l'oscilloscope. Après tarage, la trace sur l'écran de l'oscilloscope donne donc le taux de réflexion dans toute la bande de fréquence balayée. On rappelle quelques formules utiles :

coefficient de réflexion r :

$$(15.1) \qquad r = \frac{V_{\text{max réfléchi}}}{V_{\text{max incident}}}$$

rapport d'ondes stationnaires :

$$(15.2) \qquad R_{os} = \frac{1 + r}{1 - r}$$

affaiblissement d'adaptation :

$$(15.3) \qquad a = 20 \log \frac{R_{os} + 1}{R_{os} - 1}.$$

1.3. Mesures sur les alimentations

Avant toute mesure sur les bâtis ou la liaison, il faut s'assurer que les alimentations fonctionnent correctement, et vérifier :

— la valeur des tensions continues fournies,
— les variations à basse fréquence de ces tensions (ronflements),
— l'absence de raies en haute fréquence.

1.4. Mesures en hyperfréquence

1.4.1. *Puissance d'émission*

Des coupleurs de mesure situés à la sortie de l'émetteur (voir schéma 7.13) permettent de mesurer la puissance d'émission.

1.4.2. *Affaiblissement de propagation*

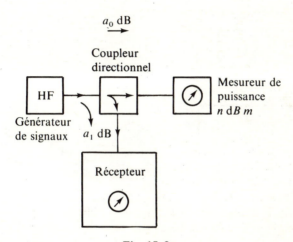

Fig. 15.2.

On note l'indication de la commande automatique de gain lorsque le niveau reçu est stable, le récepteur étant connecté à l'antenne. On déconnecte le récepteur de la ligne de transmission de l'antenne, et on injecte un signal H.F. par un coupleur directionnel. On règle la puissance du générateur de telle façon que l'indication de la commande automatique de gain reprenne la valeur initiale. Le niveau de puissance P_r à l'entrée du récepteur se calcule à partir des données suivantes :

• a_0 : affaiblissement en dB du coupleur directionnel lorsqu'il est inséré dans la ligne principale.
• a_1 : affaiblissement en dB de couplage du coupleur directionnel.
• n : niveau lu sur le mesureur de puissance.

On a :

(15.4) $P_r = n + a_0 - a_1$.

L'affaiblissement de propagation s'obtient en effectuant la différence entre le niveau émis et le niveau reçu, mesuré par cette méthode.

Ce montage sert aussi à étalonner la commande automatique de gain, c'est-à-dire à établir une correspondance entre la valeur lue sur l'indication de commande automatique de gain et la puissance reçue : la connaissance de cette correspondance permet au personnel chargé de l'exploitation de connaître à chaque instant par simple lecture la puissance reçue.

1.4.3. *Facteur de bruit du récepteur*

Cette mesure se fait en général lors des réceptions en usine.

Si on désire mesurer le facteur de bruit sur le site, on peut employer le montage suivant :

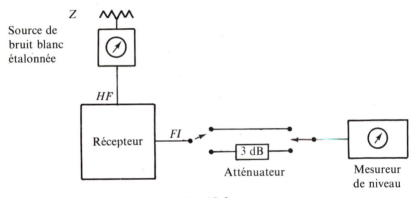

Fig. 15.3.

On rappelle que le bruit à la sortie d'un récepteur de bande $\mathcal{B}$, de gain G et de facteur de bruit $\mathcal{F}$ à la température $T_0 = 300$ K vaut :

$$N_0 = \mathcal{F} k T_0 \mathcal{B} G.$$

Si on injecte une puissance de bruit blanc $P\mathcal{B}$ à l'aide d'une source de bruit réglable, le bruit en sortie du récepteur vaut :

$$N_1 = \mathcal{F} k T_0 \mathcal{B} G + P \mathcal{B} G.$$

On opère comme suit :

— On mesure la puissance sur le mesureur de niveau, lorsque la source de bruit blanc est réglée à zéro et que l'atténuateur de 3 dB est hors circuit. Ceci donne N_0.

— On met en circuit l'atténuateur à 3 dB et on règle la source de bruit blanc de telle façon que le mesureur de niveau redonne la valeur initiale. On lit alors $N_1/2$, et on a :

$$N_1/2 = N_0.$$

Donc $N_1 = 2 \mathcal{F} K T \mathcal{B} G$.

Mesures

La source de bruit blanc est étalonnée en fonction de kT_0. On lit sur celle-ci une valeur x, telle que $P = xkT_0$. Donc :

$$N_1 = \mathscr{F}KT\mathscr{B}G + xkT\mathscr{B}G.$$

On en déduit

(15.5) $\quad \mathscr{F} = x.$

1.5. Mesures en fréquence intermédiaire

1.5.1. Coefficients de réflexion

Le coefficient de réflexion des divers accès se mesure suivant une méthode analogue à celle du paragraphe 1.2.

1.5.2. Réponse en amplitude

La réponse en amplitude dans la bande des fréquences intermédiaires est fixée par les caractéristiques des filtres. On la mesure en général lors de la recette en usine.

Si on a constaté une anomalie sur le site, on peut contrôler la réponse en amplitude en injectant une fréquence pure modulée dans toute la bande passante, et en mesurant son niveau de sortie.

1.5.3. Distorsion de temps de propagation de groupe en fréquence intermédiaire

On injecte à l'entrée de l'émetteur un signal *FI* modulé à très faible indice par un signal B.F. de pulsation ω. Le spectre de ce signal modulé ne comprend que la porteuse de pulsation Ω, et deux raies latérales de pulsation $\Omega - \omega$ et $\Omega + \omega$.

Supposons que la loi de phase $\varphi(\Omega)$ du quadripôle que forme le faisceau hertzien pris entre accès *FI* ne soit pas linéaire (schéma 15.4).

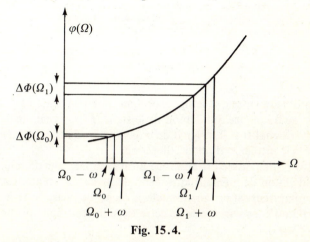

Fig. 15.4.

Le déphasage $\Delta\Phi(\Omega)$ entre la porteuse et une des raies latérales dépend alors de la fréquence de la porteuse. Le temps de propagation de groupe vaut

$$\tau = -\,\mathrm{d}\varphi(\Omega)/\mathrm{d}\Omega\,.$$

Comme ω est petit devant Ω,

$$\tau = -\,\Delta\Phi(\Omega)/\omega\,.$$

Après démodulation, la phase du signal B.F. vaut $\Delta\Phi(\Omega)$ à une constante additive près. Pour mesurer la variation de temps de propagation de groupe dans la bande *FI*, il suffit donc de mesurer la variation de phase du signal B.F. démodulé, en fonction de la fréquence de la porteuse.

Le montage est le suivant :

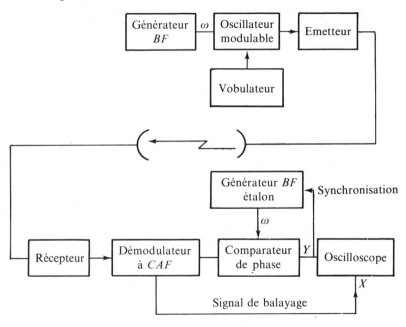

Fig. 15.5. La porteuse modulée est appliquée à l'entrée de l'émetteur à l'aide d'un oscillateur de balayage à modulation de fréquence.

Côté réception, on applique le signal obtenu à un démodulateur à commande automatique de fréquence qui démodule le signal *FI* sans causer de distorsion de phase sur le signal B.F. Le signal de balayage produit par ce démodulateur est appliqué à l'entrée X d'un oscilloscope.

Le signal B.F. démodulé est appliqué à un comparateur de phase alimenté par un signal étalon de même fréquence et de phase constante. La tension en sortie du comparateur est proportionnelle à l'écart de phase entre le signal B.F. et le signal-étalon : les variations de cette tension sont donc proportionnelles à celles de $\Delta\Phi(\Omega)$.

On applique cette tension à l'entrée Y d'un oscilloscope. On lit sur l'écran de l'oscilloscope la variation de temps de propagation de groupe dans la bande. Un système d'étalonnage inséré dans le comparateur de phase permet d'effectuer la mesure.

Dans un système sans distorsions, le temps de propagation de groupe est constant. Les tolérances que l'on fixe pour la variation de temps de propagation de groupe dépendent des caractéristiques de la modulation. Il n'y a pas de relation simple entre les variations de temps de propagation de groupe et la qualité de la liaison (bruit en téléphonie analogique, distorsion du signal vidéo, taux d'erreur sur les signaux numériques).

L'observation de la courbe donnant la variation de temps de propagation de groupe dans la bande *FI* permet de juger de la qualité du matériel et des réglages. En particulier, des oscillations régulières du temps de propagation de groupe sont le signe que le récepteur reçoit deux signaux dont la différence de marche est constante ; ceci correspond à une réflexion qui peut avoir lieu, soit au niveau des lignes en hyperfréquence ou des antennes (mauvais R.O.S.), soit sur le trajet (réflexion sur le sol).

2. MESURES SPÉCIFIQUES AUX SYSTÈMES ANALOGIQUES DE TÉLÉPHONIE

2.1. Mesures en fréquence intermédiaire

2.1.1. *Excursion de fréquence du modulateur*

On sait que l'indice de modulation est défini par le rapport entre l'excursion de crête ΔF_c et la fréquence modulante F

$$m = \Delta F_c / F$$

et que, pour un indice de modulation égal à 2,404 8 la composante du spectre à la fréquence porteuse s'annule.

L'excursion de fréquence correspondant à l'annulation de la porteuse est donc donnée par :

$$\Delta F_c = 2{,}404\ 8 \cdot F.$$

On applique à l'entrée du modulateur un signal de fréquence f donnée et on observe le spectre en sortie. On règle la puissance de ce signal à la valeur qui doit provoquer l'annulation de la fréquence porteuse si l'excursion de fréquence du modulateur est égale à l'excursion nominale. Il reste à régler le modulateur pour que la fréquence porteuse s'annule effectivement.

Le niveau de puissance qui correspond à l'annulation de la porteuse est donné par :

$$(15.6) \qquad P = P_0 + a(F) + 20 \log \frac{F}{\Delta F_{\text{eff}}} + 4{,}61 \ (\text{dBm})$$

- F : fréquence (kHz) de signal modulant,
- P_0 : niveau relatif de puissance par voie à l'entrée du modulateur,
- $a(F)$: affaiblissement provoqué par le réseau de préaccentuation à la fréquence f. Cet affaiblissement est donné par la courbe (10.6),
- ΔF_{eff} : excursion nominale efficace de fréquence (kHz) provoquée par le signal d'essai.

2.1.2. *Mesure de la non-linéarité entre accès en fréquence intermédiaire*

Le faisceau hertzien pris entre ses accès en bande de base est un quadripôle pour lequel la tension de sortie doit être rigoureusement proportionnelle à la tension d'entrée, toute non-linéarité provoquant des distorsions (voir chapitre 11).

Pour mesurer la non-linéarité de la relation donnant la tension de sortie V_s en fonction de la tension d'entrée, on en mesure la dérivée dV_s/dV_e ; dans un système parfait, cette dérivée devrait être constante.

On injecte à l'entrée du modulateur un signal de balayage de niveau élevé $X(t)$ auquel on superpose un signal B.F. de faible niveau $\Delta X \cos \omega t$, d'amplitude constante. A la réception, on trouve le signal de balayage à un facteur constant près $kX(t)$ et un signal B.F. $\Delta Y \cos \omega t$. ΔX et ΔY étant petits, le rapport $\Delta Y/\Delta X$ représente la dérivée cherchée ; par conséquent, la dérivée est proportionnelle à l'amplitude ΔY du signal B.F. démodulé.

Exemple de montage :

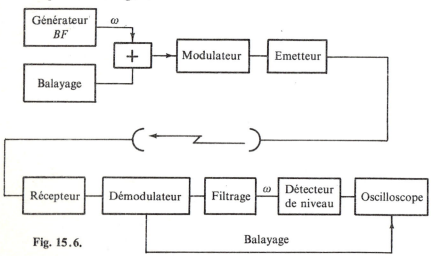

Fig. 15.6.

Après démodulation, des filtres séparent la tension de balayage $kX(t)$ et le signal B.F.

La tension de balayage est appliquée à l'entrée en X d'un oscilloscope.

Le signal B.F., après passage dans un détecteur de niveau, est appliqué à l'entrée en Y de l'oscilloscope.

Après tarage, on lit sur l'écran la variation de la pente dV_e/dV_s en fonction de l'amplitude du signal d'entrée.

2.1.3. *Mesure de la non-linéarité du modulateur*

On peut utiliser un montage analogue pour vérifier la proportionnalité entre la tension d'entrée du modulateur et l'excursion de fréquence en sortie : il suffit de relier la sortie du modulateur à un démodulateur étalon à commande automatique de fréquence.

2.1.4. *Mesure de la non-linéarité du démodulateur*

On utilise le même principe qu'en 2.1.2, avec un modulateur étalon très linéaire.

2.2. Mesures entre accès en bande de base

2.2.1. *Niveau et réponse en fréquence*

On injecte dans le modulateur un signal d'amplitude constante connue dont on fait varier la fréquence dans toute la bande de base.
A la sortie du démodulateur, l'observation de la variation de niveau dans la bande donne la réponse en fréquence.

2.2.2. *Mesure des parasites récurrents*

En l'absence de tout signal, on mesure la puissance dans une fenêtre étroite que l'on déplace dans toute la bande de base.
Cette mesure donne les raies de bruit dues à des parasites récurrents.
Elle peut en particulier aider à mettre en évidence des défauts tels que :

— mauvais blindages et mauvais câblages, qui permettent aux parasites extérieurs de s'introduire ;
— oscillateurs locaux engendrant plusieurs raies.

2.2.3. *Mesure du bruit thermique*

a) Tarage

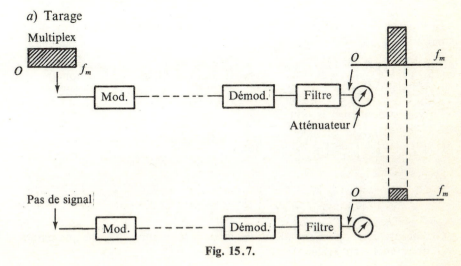

Fig. 15.7.

On injecte à l'entrée du modulateur un bruit blanc de bande limitée à la bande de base et de niveau égal au niveau moyen du multiplex à l'entrée du modulateur. On rappelle que le niveau absolu moyen du multiplex à l'entrée du modulateur est égal à la somme :

— du niveau absolu moyen du multiplex en un point de niveau relatif zéro ($-15 + 10 \log N$ dBm0 si $N \geqslant 240$, ou $-1 + 4 \log N$ dBm0 si $N < 240$) ;
— du niveau relatif à l'entrée du modulateur, exprimé en dBr (le niveau relatif est la différence entre le niveau au point de référence et le niveau au point de mesure. Le niveau relatif à l'entrée du modulateur est donné dans les caractéristiques techniques des matériels).

A la réception, on isole par un filtre de bande passante b la voie téléphonique dans laquelle on veut mesurer le bruit thermique. En général, $b = 3{,}1$ kHz. On règle l'atténuateur pour observer un niveau de référence sur le mesureur de niveau.

b) Mesure

Une fois ce tarage effectué, on cesse d'injecter le bruit blanc simulant le multiplex. On cherche la valeur de l'atténuation qui donne le même niveau sur le mesureur de niveau.

La différence entre les deux valeurs de l'atténuateur donne le rapport entre la puissance moyenne du multiplex mesurée dans la voie étudiée et la valeur du bruit dans cette voie (R.P.B.).

Si A est la largeur de la bande du multiplex et b celle de la voie téléphonique, la puissance moyenne de multiplex mesurée dans la voie étudiée vaut en dBm0 :

$$(15.7) \qquad -15 + 10 \log N + 10 \log \frac{b}{A} \text{ dBm0} .$$

Le rapport signal/bruit est défini pour un signal de 0 dBm0. Il est donc donné par :

$$(15.8) \qquad \left(\frac{S}{B}\right)_{np} = \text{R.P.B.} - 15 + 10 \log N + 10 \log \frac{b}{A} \quad \text{(dB non pondérés)} .$$

En valeur pondérée, il vaut :

$$(15.9) \qquad \left(\frac{S}{B}\right)_p = \left(\frac{S}{B}\right)_{np} - 10 \log \frac{b \text{ (kHz)}}{1{,}74}$$

avec :

$$10 \log \frac{b}{1{,}74} = 2{,}5 \text{ dB} \quad \text{si} \quad b = 3{,}1 \text{ kHz} .$$

On mesure le rapport signal sur bruit dans plusieurs voies téléphoniques, conformément au tableau :

Mesures

Tableau 15.8 Extrait de l'avis 399.2 du *CCIR*.

Capacité du système (voies)	Limites de la bande de fréquences occupée par les voies téléphoniques (kHz)	Fréquences de coupure équivalentes des filtres limiteurs de bande (kHz)		Fréquences des voies de mesures disponibles (kHz)				
		Passe-haut	Passe-bas					
60	60-300	60 ± 1	300 ± 2	70	270			
120	60-552	60 ± 1	552 ± 4	70	270	534		
300	60-1 300 / 64-1 296	60 ± 1	1 296 ± 8	70	270	534	1 248	
600	60-2 540 / 64-2 660	60 ± 1	2 600 ± 20	70	270	534	1 248	2 438
960	60-4 028 / 64-4 024	60 ± 1	4 100 ± 30	70	270	534	1 248	2 438 3 886
900	316-4 188	316 ± 5	4 100 ± 30			534	1 248	2 438 3 886
1 260	60-5 636 / 60-5 564	60 ± 1	5 600 ± 50	70	270	534	1 248	2 438 3 886 5 340
1 200	316-5 564	316 ± 5	5 600 ± 50			534	1 248	2 438 3 886 5 340
1 800	312-8 120 / 312-8 204 / 316-8 204	316 ± 5	8 160 ± 75			534 7 600	1 248	2 438 3 886 5 340
2 700	312-12 336 / 316-12 388 / 312-12 388	316 ± 5	12 360 ± 100			534 7 600	1 248 11 700	2 438 3 886 5 340

2.2.4. *Mesure du bruit total* (*thermique + intermodulation*)

Le montage est identique au précédent. Le tarage est identique.

Dans la phase de mesure, on injecte à l'entrée du modulateur un bruit blanc simulant le multiplex, dont on a supprimé une bande correspondant à la voie à mesurer (schéma 15.9).

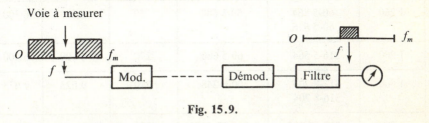

Fig. 15.9.

Le bruit mesuré dans cette voie à la réception comprend :
— le bruit thermique
— le bruit d'intermodulation dû à l'ensemble du multiplex.

On passe du R.P.B. au rapport signal/bruit total par la même formule qu'au paragraphe précédent.

2.2.5. Mesure de bruit en exploitation

Lorsqu'une liaison est chargée, il faut pouvoir mesurer le niveau du signal et du bruit pour en surveiller la qualité.

On mesure le bruit dans des fenêtres de mesure situées très près de la bande de base, pour mettre en évidence à la fois le bruit thermique et le bruit d'intermodulation.

Le tableau 15.10 tiré de l'avis A 398-3 du CCIR donne les fenêtres de mesure normalisées.

Tableau 15.10.

Capacité du système (nombre de voies)	Limites de la bande occupée par les voies de téléphonie (kHz)	Fréquences limites de la bande de base ([1]) (kHz)	Fréquences centrales (f_i) des voies de mesure (kHz)		
			En dessous	Au-dessus	
				a)	b)
24 60	12-108 12-252 60-300	12-108 12-252 60-300	10 10 50	116 ou 119 304 331	([2]) ([2]) ([2])
120	12-552 60-552	12-552 60-552	10 50	607 607	600 600
300	60-1 300 64-1 296	60-1 364	50	1 499	1 549
600	60-2 540 64-2 660	60-2 792	50	3 200	3 250
960	60-4 028	60-4 287	50	4 715	4 765
900	316-4 188	60-4 287	270	4 715	4 765
1 260	60-5 564 60-5 636	60-5 680	50	6 199	6 300
1 200	316-5 564	60-5 680	270	6 199	6 300
1 800	312-8 204 316-8 204	300-8 248	270	9 023	9 073
2 700	312-12 388 316-12 388	300-12 435	270	13 627	13 677

([1]) Y compris les ondes pilotes et les fréquences qu'il peut y avoir lieu de transmettre en ligne.

([2]) Les valeurs seront indiquées lorsqu'on aura acquis une expérience pratique plus importante en la matière.

3. MESURES SPÉCIFIQUES A LA TRANSMISSION TÉLÉVISUELLE

3.1. Mesures en fréquence intermédiaire

3.1.1. *Mesure de l'excursion de fréquence du modulateur*

Le principe est analogue à celui employé en téléphonie.
La formule à employer en télévision à la place de la formule (15.6) est :

$$(15.10) \quad p = 18{,}85 - 20 \log \frac{\Delta F_{cc}}{F}$$

où p = le niveau absolu de puissance du signal modulant à appliquer au point de jonction vidéo (avis 270 du CCIR) ;
ΔF_{cc} = excursion de fréquence nominale crête à crête ;
F = fréquence neutre (MHz) du signal sinusoïdal modulant. Cette fréquence dépend de la caractéristique de préaccentuation et vaut suivant les systèmes :

405 lignes : 0,862 MHz
525 lignes : 0,764 MHz
625 lignes : 1,514 MHz .

3.1.2. *Non-linéarité entre accès en fréquence intermédiaire*

Mesure identique à celle effectuée en téléphonie.

3.2. Mesures entre accès vidéo

3.2.1. *Distorsion de temps de propagation de groupe*

On procède de la même façon que pour la mesure en fréquence intermédiaire.

3.2.2. *Bruit erratique pondéré*

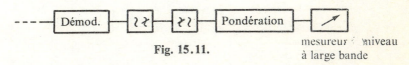

Fig. 15.11.

La bande de mesure, délimitée par les filtres passe-bas et passe-haut, va de 10 kHz à la fréquence maximale de la bande vidéo (avis 421-3 du CCIR). On insère un réseau de pondération pour obtenir le bruit pondéré.

3.2.3. *Mesures effectuées à l'aide de signaux d'essai*

Les signaux d'essai particuliers et les paramètres qu'ils servent à mesurer ont été étudiés au chapitre 11. Des appareils spéciaux permettent d'engendrer ces signaux d'essai ; on en mesure ensuite les déformations.

4. MESURES SPÉCIFIQUES AUX SYSTÈMES NUMÉRIQUES

Le développement des systèmes numériques étant récent, on ne dispose pas encore de règles précises donnant l'ensemble des mesures à effectuer.

4.1. Mesure du taux d'erreurs

Un signal pseudo-aléatoire connu est appliqué au modulateur. A la sortie du démodulateur, un système logique compare les éléments binaires obtenus à ceux du signal pseudo-aléatoire, et compte les erreurs.

Cette mesure n'a pas grande signification dans les conditions normales de fonctionnement, puisque le taux d'erreur devrait y être très faible, voire non mesurable. Elle sert à vérifier qu'il n'y a pas d'anomalie.

4.2. Mesure de la marge au seuil

C'est la mesure la plus significative. Elle consiste, *bond par bond*, à mesurer l'atténuation nécessaire pour obtenir un taux d'erreur élevé donné. On effectue donc une mesure de taux d'erreur, en insérant un atténuateur dans l'émetteur.

Index

A

Absorption par les gaz de l'atmosphère, 98, 100.
Accès en bande de base (caractéristiques d'interconnexion aux), 268.
Accès en bande de base, 206.
Accès vidéo, 206.
Adaptation d'une antenne, 158.
Affaiblissement dû à un obstacle, 107.
Affaiblissement équivalent, 184.
Aire équivalente d'une antenne, 78.
Amplificateur en fréquence intermédiaire, 133.
Amplificateur pour mélangeur d'émission, 129.
Angle d'ouverture du faisceau rayonné, 144.
Antenne à plusieurs réflecteurs, 151.
Antenne à source centrale, 149.
Antenne à source excentrée, 149.
Antenne à un réflecteur, 148.
Antenne avec jupe, 149.
Antenne avec radôme, 149.
Antenne Cassegrain, 151.
Antenne isotrope, 77.
Antenne périscopique, 158.
Antennes (mesures concernant les), 293.
Atmosphère de gradient normal, 90.
Atténuation par les hydrométéores, 101.

B

Bande de Carson, 15.
Bandes de fréquences, 64, 66.
Bilan énergétique d'un bond, 79, 81.
Branchements, 135.
Branchements (pertes de), 139.
Brassage, 47.
Brouillage (puissance de), 83.
Brouillage aux points nodaux, 85.
Brouillages (bruit dû aux), 238, 247.
Brouillages (facteur de réduction des), 243.
Brouillages en l'absence de visibilité, 254.
Bruit capté par une antenne, 176.
Bruit des équipements, 203.
Bruit d'intermodulation, 211.
Bruit en téléphonie (objectif de qualité concernant le), 267.
Bruit en télévision (objectif de qualité concernant le), 282.
Bruits en téléphonie (types de), 264.
Bruits en télévision (types de), 265.
Bruit en exploitation (mesure du), 304.
Bruit erratique pondéré en télévision (mesure du), 305.
Bruit thermique (mesure du), 301.
Bruit thermique avant démodulation, 181.
Bruit thermique en téléphonie, 192.

Bruit total (mesure du), 303.
Bruits (sommation des), 265.

C

Centre de phase, 147.
Circulateur, 135.
Circuit fictif de référence en téléphonie, 266.
Circuit fictif de référence en télévision, 281.
Codage, 33.
Codage direct, 34, 36.
Codage par transition, 35, 37.
Code en ligne, 33.
Coefficient de réflexion (mesure du), 294.
Commande automatique de gain, 133.
Commande automatique de gain (capture de la), 249.
Commutation (critère de), 169.
Commutation (séquence de), 172.
Commutation (structure de la), 172.
Commutation automatique, 168.
Commutation en bande de base, 170.
Commutation en fréquence intermédiaire, 170.
Conduits, 92.
Conversion amplitude-phase, 213.
Cornet circulaire, 147.
Cornet rayonnant, 146.
Cornet réflecteur, 149.
Correcteur de temps de propagation de groupe, 133.
Courbure des rayons, 90.

D

Débrassage, 47.
Décodage direct, 44.
Décodage par transition, 44.
Découplage de polarisation, 155.
Dégagement d'un bond hertzien, 105.
Demi-bandes de fréquences, 69.
Démodulation cohérente, 39.
Démodulateur de fréquence, 19.
Démodulation différentielle, 41.
Désaccentuation en téléphonie, 191.
Désaccentuation en télévision (caractéristiques de), 199.
Diagramme contrapolaire, 78, 154.
Diagramme copolaire, 78, 154.
Diagramme de directivité, 78.
Diagramme d'une antenne ordinaire, 157.
Diagramme-enveloppe, 156.
Diaphonie, 211.
Diffraction, 103, 114.
Discriminateur, 20.
Dispersion d'énergie, 242.
Distorsions (sommation des), 218.
Distorsions d'amplitude de la chrominance, 226.
Distorsions d'amplitude de la luminance, 225.
Distorsions de deuxième espèce, 212, 230.
Distorsions de phase, 213.
Distorsions de première espèce, 210, 229.
Distorsions de propagation, 231.
Distorsions de temps de propagation de groupe (mesure de la), 297.
Distorsions de temps de propagation de groupe entre accès vidéo, 221.
Distorsions du signal de chrominance, 223.
Distorsions du signal de luminance, 221.
Distorsion en numérique, 49.
Distorsions en téléphonie (évaluation des), 218.
Distorsion gain fréquence, 220.
Distorsions linéaires en téléphonie, 209.
Distorsions linéaires en télévision, 220.
Distorsions non linéaires en téléphonie, 209.
Distorsions non linéaires, en télévision, 224.
Distorsions par effet d'écho, 231.

Index

Diversité (amélioration due à la), 120.
Diversité de fréquences, 98.
Diversité d'espace, 98, 112.

E

Echantillonnage, 32.
Eclairement décroissant, 144.
Ellipsoïde de Fresnel, 104.
Emetteurs-récepteurs à amplification directe, 124.
Emetteurs-récepteurs à transposition en fréquence intermédiaire, 128.
Espace libre (propagation en), 77.
Espacement entre canaux adjacents, 68.
Evanouissements par trajets multiples, 94, 194.
Evanouissements profonds (durée des), 95.
Evanouissements sélectifs, 96.
Excursion de fréquence, 10, 17, 280.
Excursion de fréquence (mesure de l'), 299, 305.

F

Facteur de divergence, 108.
Facteur de bruit d'un récepteur, 181.
Facteur de bruit d'un récepteur (mesure du), 296.
Faisceau hertzien auxiliaire, 167.
Filtrage en fréquence intermédiaire, 133, 252.
Filtre de Nyquist, 47.
Franges d'interférences, 112.
Fréquence intermédiaire, 16, 128.

G

Gain différentiel, 226.
Gain d'une antenne, 77, 152.
Gain d'une ouverture équiphase, 143.
Gain du périscope, 159.
Guides d'ondes, 140.

H

Hauteur d'obstacles (variation de), 91.
Huyghens-Fresnel (principe de), 115.
Hydrométéores (atténuation par les), 101.

I

Impulsion-barre (signal), 222.
Indice de modulation, 10.
Indice de réfraction, 88.
Indice d'occupation spectrale d'un plan de fréquences, 73.
Indisponibilité, 168, 265.
Infraréfraction, 92.
Informations de service (transmission des), 165.
Instants d'échantillonnage, 44.
Intermodulation intersymboles, 49.
Intermodulation luminance-chrominance, 226.

L

Liaisons numériques (brouillages des), 290.
Liaisons numériques (qualité des), 288.
Liaisons numériques (structure des), 282.
Limiteurs, 19, 129.
Lobes secondaires, 144, 155.
Longueur des bonds, 272, 291.

M

Marge d'évanouissement, 195.
Mélangeur d'émission, 129.
Mélangeur de réception, 132.
Modulateur de fréquence, 18.
Modulation à deux états de phase, 34, 35.
Modulation à quatre états de phase, 36, 38.
Modulation de fréquence, 9.
Modulation de phase, 9.
Multiplex (puissance de crête du), 12.

Multiplex (puissance moyenne du), 11.
Multiplex téléphonique analogique, 11.

N

Niveau du signal en téléphonie, 267.
Niveau du signal en télévision, 264, 281.
Nombre de bonds (parité du), 74.

O

Obstacles (variations d'altitude des), 91.
Obstacle en lame de couteau, 106.
Obstruction du trajet entre antennes, 106.
Oscillateur à boucle de phase, 130.
Oscillateur à multiplicateur, 130.
Oscillateur modulable en phase, 134.
Oscillateur local, 130.
Ouverture équiphase, 143.
Ouverture équiphase (diagramme de rayonnement d'une), 144.
Ouverture équiphase (gain d'une), 143.

P

Parasites récurrents (mesure des), 301.
Passifs (emploi des), 82.
Passif (relais), 160.
Passif double, 162.
Pente du démodulateur (mesure de la), 301.
Pente du modulateur (mesure de la), 301.
Perturbateurs internes, 244.
Perturbateurs externes, 246.
Perturbations (bruit dû aux), 238.
Perturbations (spectres du bruit dus aux), 240, 241, 247.
Perturbations à distance, 244.
Perturbations en local, 245.
Phase différentielle, 226.

Pilote de continuité, 169.
Plans de fréquences à deux fréquences, 67.
Plans de fréquences à quatre fréquences, 68, 160.
Pluie (atténuation due à la), 101.
Polarisations (alternance des), 69.
Pondération psophométrique, 186.
Pondération vidéométrique, 197.
Préamplificateur en fréquence intermédiaire, 133.
Préaccentuation en téléphonie, 187 à 190.
Préaccentuation en télévision, 198.
Propagation guidée, 92.
Protection de démodulation, 243.
Protection de démodulation (valeurs de la), 255 à 262.
Psophomètre normalisé, 187.
Puissance d'émission (mesure de la), 295.
Puissance d'émission, 280.

Q

Qualité en téléphonie (objectifs de), 267.
Qualité en télévision (objectifs de), 281.
Quantification, 33.

R

Rapport d'ondes stationnaires (ROS), 294.
Rapport porteuse/bruit, 184.
Rapport puissance à bruit (RPB), 302.
Rapport signal/bruit en téléphonie, 191.
Rapport signal/bruit en télévision, 196, 202.
Rayon minimum de la Terre fictive, 91.
Rayonnement (formation du), 146.
Réflecteur plan en champ lointain, 161.

Index

Réflecteur plan en champ proche, 158.
Réflexion (coefficient de), 294.
Réflexions partielles dans l'atmosphère, 94.
Réflexions sur le sol, 108.
Réfraction, 88.
Régénération de porteuse, 134.
Régénération de signaux numériques, 43.
Rendement d'une antenne, 78, 152.

S

Seuil (effet des brouillages sur le), 244, 251.
Seuil (puissance de), 196.
Seuil du démodulateur, 24.
Signal de télévision, 12.
Sous-bande de base, 167.
Spectre de bruit après démodulation, 24.
Spectre d'une onde modulée en fréquence, 15, 26 à 30, 189.
Spectre d'une onde modulée par sauts de phase, 46.
Spectre radioélectrique (partage du), 66.
Statistiques de propagation, 118.
Statistiques d'évanouissements par trajets multiples, 94, 95.
Superréfraction, 91.
Sur-bande de base, 168.
Systèmes de télévision (caractéristiques des), 14.

T

Taux d'erreur (mesure du), 306.
Taux d'erreur (sommation des), 287.
Taux d'erreurs en fonction du bruit thermique, 47, 51.
Télécommandes, 165.
Télémesures, 164.
Télésignalisations, 164.
Température de bruit d'une antenne, 178, 180.
Température de bruit d'un récepteur, 181.
Temps de propagation de groupe, 207, 216.
Temps de propagation de groupe (ondulations sinusoïdales du), 232.
Tension de bruit en télévision, 202.
Terre fictive, 90.
Trajets multiples, 94.
Trame hertzienne, 168.
Transcodage, 33.
Transhorizon (faisceaux hertziens), 2.
Tube à onde progressive, 131.

V

Voie de service, 164.

Z

Zone de Fraunhofer, 145.
Zone de Fresnel, 145.
Zone de Rayleigh, 145.
Zone de réflexions, 109.

Extrait de notre catalogue

TÉLÉINFORMATIQUE
Transport et traitement de l'information dans les réseaux et systèmes téléinformatiques,
par C. Macchi et J.-F. Guilbert.

Dunod Informatique.
Ouvrage publié sous la direction du CNET et de l'ENST.
680 pages, 245 figures, 16 × 25, cartonné.

Cet ouvrage est consacré à la téléinformatique, qui couvre un ensemble de techniques qui se sont développées — à un rythme très rapide — au confluent de l'informatique et des télécommunications : utilisation des réseaux pour l'accès à distance à des systèmes de traitement et de stockage de l'information, interconnexion de calculateurs, introduction d'outils informatiques dans les systèmes de communication.

Ce domaine vaste et pluridisciplinaire est ici cerné et exploré dans une synthèse cohérente et systématique, qui décrit successivement le transport et le traitement de l'information, ainsi que leur imbrication dans des réseaux et systèmes téléinformatiques complexes. L'ouvrage donne les bases fondamentales, ordonne les concepts et le langage, décrit les techniques en les illustrant par des exemples concrets et ouvre des perspectives de recherche et de développements futurs.

Cet ouvrage de référence intéresse donc un large public : concepteurs, réalisateurs, étudiants, chercheurs, enseignants et utilisateurs, en informatique ou en télécommunications, qui cherchent à mieux connaître cette discipline jeune et pleine d'avenir.

AIDE-MÉMOIRE DUNOD

Aide-mémoire d'Automatique, par P. VIDAL.

200 pages, 13 × 18, broché.

Cet ouvrage comprend quatre parties :
— analyse et synthèse des systèmes continus, linéaires ou non ;
— analyse et synthèse des systèmes échantillonnés, linéaires ou non ;
— espace d'état, identification ;
— systèmes logiques et séquentiels.

Aide-mémoire d'Informatique, par C. BERTHET.

256 pages, 13 × 18, broché.

Il comporte les chapitres suivants : les systèmes d'information ; la représentation et l'organisation des données ; les fichiers ; les banques de données ; les langages de programmation, FORTRAN, COBOL, PL/1 ; la téléinformatique ; annexes : tables de codification.

Aide-mémoire des Composants de l'électronique, par B. GRABOWSKI.

216 pages, 13 × 18, broché.

Ce livre est divisé en cinq parties : grandeurs physiques et électriques ; matériaux et composants passifs ; réseaux et filtres ; dipôles non linéaires ; tripôles actifs.

Aide-mémoire des Fonctions de l'électronique, par B. GRABOWSKI.

196 pages, 13 × 18, broché.

Cet ouvrage comporte les chapitres suivants : circuits à diode ; éléments amplificateurs ; rétroaction ; amplificateur opérationnel ; dispositifs à seuil ; multiplicateur et fonction-produit ; générateurs harmoniques ; éléments de circuits logiques.

Aide-mémoire de Radiotechnique et Télévision, par B. GRABOWSKI.

216 pages, 13 × 18, broché.

Cet aide-mémoire est composé de sept chapitres : signaux et messages ; domaine des ondes électromagnétiques ; éléments hyperfréquences et antennes ; domaine des télécommunications et de la radiodiffusion ; récepteur radioélectrique, éléments constitutifs ; équipements radioélectriques professionnels ; télévision et image.

Collection « DUNOD TECHNIQUE »

- Dictionnaire technique général anglais-français, J.-G. Belle-Isle.

CARRÉS TURQUOISE : Mathématiques appliquées
- Techniques statistiques. Moyens rationnels de choix et de décision, Georges Parreins.
- La méthode du chemin critique, Arnold Kaufmann et Gérard Desbazeille.

CARRÉS VERTS : Electronique, Electrotechnique
- Les fonctions de l'électronique, Bogdan Grabowski,
  — tome 1 : **Diodes et dipôles** ;
  — tome 2 : **Tripôles actifs**.
- Les moteurs pas à pas, Jean Jacquin.
- Circuits pour ondes guidées, Georges Boudouris et Pierre Chenevier.
- Ondes électromagnétiques, Marc Jouguet,
  — fascicule 1 : **Propagation libre** ;
  — fascicule 2 : **Propagation guidée**.
- L'électronique de puissance, Guy Séguier.
- Télécommunications par faisceau hertzien, M. Mathieu.
- Les systèmes microprogrammés, T. Maurin et M. Robin.

CARRÉS ORANGE : Mécanique
- Les mécanismes à mouvements intermittents, Jean Martin.
- Traité théorique et pratique des engrenages, Georges Henriot, 2 volumes.

CARRÉS JAUNES : Bâtiment, Travaux publics, Génie civil
- Cours pratique de mécanique des sols, Jean Costet et Guy Sanglerat, 2 volumes.
- Précis de géotechnique, Pierre Habib.
- Bruit des ventilateurs et calcul acoustique des installations aérauliques, Paul Ponsonnet et Solyvent Ventec.
- Planification dans le bâtiment. Méthode des tâches composées, Francis Nicol.
- Tables sexagésimales pour le tracé des courbes, J. Gaunin, L. Houdaille et A. Bernard.
- Tables tachéométriques, Louis Pons.

CARRÉS ROUGES : Chimie, Métallurgie
- Dictionnaire de chimie anglais-français, Raymond Cornubert.
- Dictionnaire de chimie allemand-français, Raymond Cornubert.
- Les matières plastiques : fabrication, technologie, Jacques Gossot.
- Chromatographie en phase liquide, J.-J. Kirkland.
- Mise en forme des métaux (calculs par la plasticité), Pierre Baqué, Eric Felder, Jérôme Hyafil et Yannick d'Escatha, en 2 volumes.
- Transformation à l'état solide des métaux et alliages métalliques, Léon Guillet et Philippe Poupeau.
- Le comportement de l'aluminium et de ses alliages, C. Vargel.

CARRÉS BLEUS : Environnement, Nuisances, Assainissement
- L'analyse de l'eau, Jean Rodier.
- Le traitement des eaux, L. Germain, L. Colas et J. Rouquet.